冷链物流系统风险分析

彭本红　屠　羽　王圆缘　周　叶　著

国家自然科学基金项目（71563030，71263040）
江苏高校品牌专业建设工程资助项目（TAPP）　　联合资助
江苏高校优势学科建设工程资助项目（PAPD）

科学出版社
北　京

内容简介

本书以我国冷链物流企业面临的问题为研究背景，以生鲜食品、生鲜农产品以及医药冷链品的不同特征，综合应用系统工程、决策预测、统计技术、风险建模等工具和方法，对冷链物流系统的脆弱性风险、运营风险、商业模式风险进行分析和建模仿真，并对冷链企业的风险进行预警和预测，结合信息经济学的方法进行治理机制设计，为冷链物流风险管控提供指导措施。

本书适合对物流工程与管理、供应链管理、冷链物流、风险管理与系统工程等感兴趣的高校师生，以及从事企业实践工作的管理和技术人员。

图书在版编目(CIP)数据

冷链物流系统风险分析 / 彭本红等著. —北京：科学出版社，2018.10
ISBN 978-7-03-059029-9

Ⅰ. ①冷⋯ Ⅱ. ①彭⋯ Ⅲ. ①冷冻食品-物资供应部门-风险分析 Ⅳ. ①F252.8

中国版本图书馆 CIP 数据核字（2018）第 228167 号

责任编辑：曾佳佳　王腾飞　邢　华 / 责任校对：贾娜娜
责任印制：张　伟 / 封面设计：许　瑞

科学出版社 出版
北京东黄城根北街 16 号
邮政编码：100717
http://www.sciencep.com

北京凌奇印刷有限责任公司 印刷
科学出版社发行　各地新华书店经销

*

2018 年 10 月第 一 版　开本：720×1000　1/16
2022 年 2 月第三次印刷　印张：14 1/2
字数：300 000

定价：99.00 元
（如有印装质量问题，我社负责调换）

前　言

随着我国经济社会的不断发展，电子商务行业迅速崛起，我国的物流业顺势进入了发展快车道。与传统的物流业相比，冷链物流业由于其自身的特殊性，对供应链系统提出了更高的要求。冷链物流业的发展和质量保障与食品安全问题息息相关，冷链物流的良性运行与发展将大大降低生鲜食品的损腐率，从而在相对意义上延长生鲜食品的货架时间，有利于食品安全的把控。2017年4月，国务院印发了《国务院办公厅关于加快发展冷链物流保障食品安全促进消费升级的意见》，文件指出目前我国冷链物流行业起步较晚、基础薄弱，还存在标准体系不完善、基础设施相对落后、专业化水平不高、有效监管不足等问题。目前，需要着力建立一个符合国情的"全链条、网络化、可追溯、新模式、高效率"的现代化冷链物流体系，鼓励企业加强卫星定位、物联网、移动互联等先进信息技术应用，按照规范化、标准化要求配备车辆定位跟踪以及全程温度自动监测、记录和控制系统，积极使用仓储管理、运输管理、订单管理等信息化管理系统，按照冷链物流全程温控和高时效性要求，整合各作业环节。因此，加强符合国情的现代化冷链物流体系建设是我国未来物流业现代化发展的重要布局。

早在20世纪30年代，欧美国家的学者对冷链物流的研究就初具雏形，而我国在七八十年代才开始生鲜食品冷链物流系统的专业化研究。虽然近些年我国冷链物流发展迅猛，但是相比欧美等发达国家，我国的冷链物流系统仍缺少成熟的运作体系及先进的设备。进入21世纪，欧美等发达国家在冷链技术方面的发展已经达到领先水平，在预冷、分拣、包装、运输等方面都已形成成熟的运作体系，同时欧美等发达国家的生鲜食品流通率也远远高于我国，这在很大程度上影响了生鲜食品的损腐率和市场价格。在此情况下，通过研究冷链物流系统存在的风险，来实现冷链物流系统的风险规避和风险管理，显得十分重要。研究冷链物流系统存在的风险可以帮助冷链物流企业提升风险管理水平和服务水平，可以在提升生鲜食品的冷链流通率的同时，降低冷链物流产品的损腐率，从而解决由此产生的产品价格上升及食品安全等问题。冷链物流系统风险的研究也有利于我国现代化冷链物流系统的建设，有助于高效解决食品安全管理问题。

本书在回顾冷链物流系统、风险管理等关键概念和风险管理理论的基础上，应用风险分析及评价的方法，对冷链物流系统存在的三大风险，即脆弱性风险、运营风险、商业模式风险进行深入探究，同时对冷链物流系统风险的预警与规制进行研究。通过对冷链物流系统风险的研究,明晰冷链物流系统存在的关键风险因素,总结冷链物流系统风险管理突破口和管理经验,为我国冷链物流企业的风险管理实践提供理论参考,也为我国冷链物流行业的现代化发展和产业升级提供现实支持和实践指导。

  本书包括五部分,共 16 章,主要包含以下内容。

  第一部分主要对冷链物流系统风险进行概述,介绍冷链物流风险管理的背景知识、研究意义以及冷链物流系统存在的主要风险。第二部分介绍冷链物流系统的脆弱性风险,基于事故致因理论模型并结合德尔菲法,分别对各流程的作业步骤进行脆弱性风险识别,再利用解释结构模型法对其中的关键脆弱性风险因素进行诱导关系研究,寻找问题根源。第三部分研究冷链物流系统的运营风险,从供应链角度探究冷链物流系统存在的几种运营失效模式和冷链断链风险,并给出相应的管理建议。第四部分介绍冷链物流系统的商业模式风险,使用扎根理论的方法探索冷链物流企业商业模式的风险因素,并结合实际研究 O2O(online to offline)商业模式下冷链物流系统所面临的风险,以及目前冷链物流企业进入市场可能面临的金融风险等。第五部分在总结以上冷链物流系统风险的基础上,宏观把握冷链物流风险治理的内容,从冷链物流供应链伙伴选择、冷链物流系统的风险预测预警以及服务质量规制三方面,着手建立冷链物流系统风险治理机制。

  冷链物流系统风险分析是冷链物流业风险管理的关键步骤,本书从系统角度对冷链物流系统风险所做的深入研究和探讨,将丰富现有冷链物流系统风险研究的内容,也将为冷链物流企业的风险管理带来有益借鉴。当然,相关研究方兴未艾,此书难免存在不足之处,恳请读者批评指正!

目 录

前言
第1章 冷链物流系统风险概述 ·······1
1.1 研究背景与意义 ·······1
1.2 冷链物流系统风险概念 ·······3
1.3 本书框架 ·······6
参考文献 ·······8
第2章 冷链物流系统脆弱性 ·······9
2.1 生鲜食品冷链物流系统的一般作业流程 ·······9
2.2 生鲜食品冷链物流系统的脆弱性风险 ·······10
2.3 事故致因理论 ·······10
2.4 本章小结 ·······16
参考文献 ·······16
第3章 冷链物流系统脆弱性风险识别 ·······17
3.1 集货流程脆弱性风险识别 ·······17
3.2 存储流程脆弱性风险识别 ·······20
3.3 分拣流程脆弱性风险识别 ·······22
3.4 运输流程脆弱性风险识别 ·······24
3.5 集成多因素事故致因理论模型 ·······26
3.6 本章小结 ·······29
第4章 冷链物流系统脆弱性风险评估 ·······30
4.1 生鲜食品冷链物流系统风险因素层次探究 ·······30
4.2 生鲜食品冷链物流系统脆弱性风险评估 ·······38
4.3 结果讨论 ·······42
4.4 本章小结 ·······43
参考文献 ·······43
第5章 冷链物流系统脆弱性风险控制 ·······44
5.1 冷链物流系统风险控制研究概述 ·······44
5.2 系统理论事故及过程模型 ·······45
5.3 冷链物流系统控制结构 ·······45
5.4 风险控制实例分析 ·······48

5.5 风险控制对策·········50
5.6 本章小结·········52
参考文献·········52

第6章 冷链物流系统风险因素·········54
6.1 冷链物流系统风险因素分析·········54
6.2 冷链物流系统风险因素的社会网络分析·········59
6.3 结果讨论·········62
6.4 本章小结·········63
参考文献·········63

第7章 冷链物流系统的运营失效风险·········65
7.1 基于SCOR模型的冷链物流系统流程失效分析·········65
7.2 基于FMEA模型的冷链物流系统失效模式风险评价模型·········70
7.3 实例分析·········73
7.4 管理启示·········81
7.5 本章小结·········82
参考文献·········82

第8章 冷链物流系统风险建模·········83
8.1 贝叶斯网络·········83
8.2 冷链物流系统风险因素·········85
8.3 冷链物流系统风险贝叶斯网络的构建·········88
8.4 实例仿真·········90
8.5 本章小结·········94
参考文献·········94

第9章 冷链物流系统断链风险·········95
9.1 冷链物流系统断链风险因素分析及指标体系建立·········95
9.2 冷链物流系统断链风险的熵权可拓决策模型·········100
9.3 实例分析·········104
9.4 本章小结·········109
参考文献·········110

第10章 冷链物流系统价值共创·········111
10.1 冷链物流系统价值共创实行机制·········111
10.2 研究结论与启示·········120
10.3 本章小结·········121
参考文献·········121

第11章 冷链物流系统的商业模式风险·········123
11.1 冷链物流系统商业模式风险识别·········123

11.2　基于冷链物流系统的探索性多案例分析 ·················· 124
　　11.3　本章小结 ··· 135
　　参考文献 ··· 136
第12章　冷链物流系统商业模式风险评价 ································ 138
　　12.1　冷链物流系统与O2O商业模式 ··································· 138
　　12.2　冷链物流系统O2O商业模式风险 ······························· 140
　　12.3　冷链物流系统O2O商业模式风险模糊评价 ··················· 142
　　12.4　冷链物流系统O2O商业模式风险控制 ························ 150
　　12.5　本章小结 ··· 154
　　参考文献 ··· 154
第13章　冷链物流系统金融风险分析 ······································ 155
　　13.1　冷链物流系统金融风险 ··· 155
　　13.2　冷链物流系统金融风险评估 ······································· 160
　　13.3　冷链物流系统金融风险控制 ······································· 163
　　13.4　本章小结 ··· 165
　　参考文献 ··· 166
第14章　冷链物流系统合作伙伴选择 ······································ 167
　　14.1　冷链物流系统合作伙伴评价方法 ································· 167
　　14.2　冷链物流系统合作伙伴选择方法 ································· 178
　　14.3　本章小结 ··· 185
　　参考文献 ··· 186
第15章　冷链物流系统预测与预警 ··· 188
　　15.1　冷链物流系统运营风险的预测 ···································· 188
　　15.2　冷链物流系统运营风险的预警 ···································· 197
　　15.3　结论与启示 ·· 203
　　15.4　本章小结 ··· 204
　　参考文献 ··· 205
第16章　冷链物流系统质量规制及治理 ··································· 206
　　16.1　我国冷链物流系统服务质量规制的概述 ······················· 206
　　16.2　冷链物流系统服务质量规制的博弈分析 ······················· 210
　　16.3　冷链物流系统服务质量治理对策 ································· 218
　　16.4　本章小结 ··· 219
　　参考文献 ··· 220
后记 ··· 221

第 1 章　冷链物流系统风险概述

1.1　研究背景与意义

冷链物流系统被称为易变质食品冷藏链（perishable food cold chain）[1]，属于现代化的供应链系统。冷链物流泛指冷藏及冷冻类食品在生产、贮藏、运输、销售以及到消费前的各个环节，始终处于规定的低温环境下，以保证食品质量、减少食品损耗的一项系统工程（图 1-1）。它是随着科学技术的进步与制冷技术的发展而建立起来的，是以冷冻工艺学为基础、以制冷技术为手段的低温物流过程。冷链物流的适用范围包括生鲜农产品、海产品、加工食品、快餐原料及药品等。食品冷链是以保证易腐食品品质为目的，以保持低温环境为核心要求的供应链系统，所以它比一般常温物流系统的要求更高、更复杂，建设投资也要大很多。

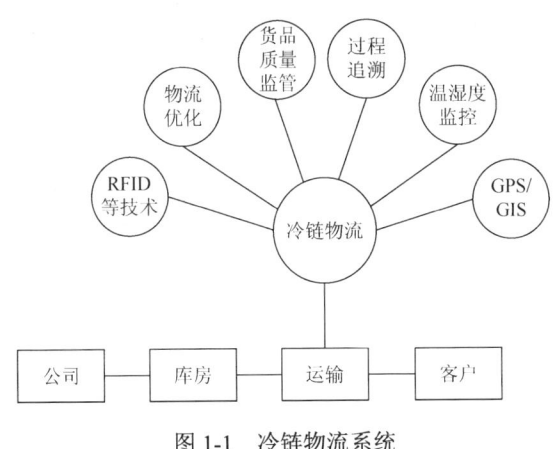

图 1-1　冷链物流系统

近年来，随着社会经济的不断发展和人们生活水平的不断提高，越来越多消费者的消费观念由以往的固定单一向快捷、新鲜、安全与多样化转变。与此同时，随着互联网技术在大众生活中的应用和电子商务的崛起，生鲜产品网购已经成为消费者的心仪之选。中国国际电子商务网的电商报告数据显示[2]，2016 年我国生鲜电商市场交易规模达到 913.9 亿元，同比增长 68.6%，冷链物流迎来了发展的黄金时期。

发达的冷链物流业是现代农业的重要特征[3]。冷链物流业的高速发展为我国第二、三产业的发展带来了新商机，同时也引起了各级政府的高度关注。2010 年，根据国务院《物流业调整和振兴规划》的要求，国家发改委发布了《农产品冷链物流发展规划》，该规划制定了农产品冷链物流未来 5 年的发展蓝图，明确了 7 项主要任务，并提出为实现农产品冷链物流发展目标要实施的 8 大重点工程[4]。受国家政策的引导，近年来我国农产品冷链物流呈现井喷式发展，但截至 2015 年年底，我国果蔬、肉类、水产品冷链流通运输率分别为 15%、30%和 40%，这一数据远远低于欧美等发达国家。欧美发达国家或地区的肉禽冷链流通率已经达到 100%，果蔬类产品的冷链流通率也达到了 95%以上。生鲜农产品的售价与此息息相关，由于我国生鲜农产品的冷链流通率很低，流通过程中的损坏和腐烂率十分高，其中果蔬类损腐率高达 20%～30%，肉类达 12%，水产品达 15%，仅果蔬一项，每年的耗损金额就在 1000 亿元以上。而欧美等发达国家或地区由于较高的冷链流通率，他们的生鲜农产品损腐率一般可以控制在 5%左右。因此，冷链物流的发展和完善是解决我国农产品高损腐率和低安全保障的关键所在，这也是我国中央连续多年出台一号文件政策促进农产品市场流通体系不断完善，从而推动生鲜农产品冷链物流产业发展的重要原因。

建立一个符合国情的"全链条、网络化、可追溯、新模式、高效率"的现代化冷链物流体系，是《国务院办公厅关于加快发展冷链物流保障食品安全促进消费升级的意见》提出的要求，也是关乎我国冷链物流业未来发展的重要举措。2017 年 4 月，国务院印发了《国务院办公厅关于加快发展冷链物流保障食品安全促进消费升级的意见》，文件指出我国冷链物流行业起步较晚、基础薄弱，同时还存在标准体系不完善、基础设施相对落后、专业化水平不高、有效监管不足等问题，鼓励企业加强应用卫星定位、物联网、移动互联等先进信息技术，按照规范化、标准化的要求配备车辆定位跟踪以及全程温度自动监测、记录和控制系统，积极使用仓储管理、运输管理、订单管理等信息化管理系统，按照冷链物流全程温控和高时效性要求，整合各作业环节。针对此，汪旭辉等认为冷链物流体系建设关键不是强调"冷"，而是强调"链"，通过物联网技术的集成运用，可以实现对生鲜农产品的位置跟踪、来源追溯，以及运输、仓储、流通加工等环节的电子化作业，特别是可以对整个流通过程进行温湿度监控，能够有效加强冷链物流各个环节的沟通，减少信息不对称问题，提高冷链效率，防止冷链中断，最大限度地保证产品品质和质量安全[5]。

本书应用风险分析及评价的方法，深入探究冷链物流系统存在的各种风险以及相关风险因素，同时就如何进行风险控制与风险治理展开全面研究，进而尝试提出合理的管理对策，在一定程度上丰富冷链物流系统风险治理的理论框架，因而具有丰富的理论意义。此外，冷链物流业发展是关乎现代化农业发展、电子商务产业发展的一大关键，促进冷链物流业的健康、良性发展，对于我国产业结构调整和企业经营模式升级具有重大作用，因而本书也具有一定的实践意义。

1.2 冷链物流系统风险概念

本节将主要介绍风险管理的基本概念、主要学说与构成要素,风险管理的概念与流程以及冷链物流系统等三大风险。

1.2.1 风险概念及构成要素

风险(risk)的基本含义即未来结果的不确定性。自 20 世纪以来,人们从不同角度展开了对风险的研究,由于研究角度的不同,产生了关于风险的不同学说,主要的风险学说有风险客观说、风险主观说、风险因素结合说等。

持风险客观说的学者认为,风险是客观存在的损失的不确定性(uncertainty),现实论和实证论者都持这一观点。风险主观说并不否认风险的不确定性,但认为个人对未来的不确定性的认识和估计会与个人的知识、经验、精神和心理状态有关,不同的人面对相同的事物会有不同的判断。风险因素结合说着眼于风险产生的原因与结果,认为人类的行为是风险事故发生的主要原因之一。此外,正是由于人类及其财产的存在,风险事故才会造成损失,才能称为风险,因此,"风险是每个人和风险因素的结合体",灾害的发生及其后果与人的行为有着极为复杂的互动关系。

在国际标准组织(ISO)发布的 *ISO Guide 73: 2009 Risk Management-Vocabulary* 中对风险进行了定义和解释,本书也将采用这一定义。这一标准将风险定义为"不确定性对目标的印象"。关于这一定义,还有以下几点需要注意:

(1)影响是指偏离预期,可以是正面的和/或负面的;
(2)目标可以是不同方面(如财务、健康、安全、环境等)和层面(如战略、组织、项目、产品和过程等)的目标;
(3)通常用潜在事件、后果或者两者的组合来区分风险;
(4)通常用事件后果(包括情形的变化)和事件发生的可能的组合来表示风险;
(5)不确定性是指对事件及其后果或可能性的信息缺失或了解片面的状态。

这一风险定义具有很强的实用性,它非常简洁准确地表达了风险这一概念最基本的三个要素,即目标、不确定性和二者之间的关系,使用这种风险概念可以指导人们开展各种情况下的风险评估,具有指导实践的普适性。

风险的构成要素是构成风险存在与否的基本条件,包括风险因素、风险事故、风险损失。

(1)风险因素(risk factor)也称风险条件,是风险事故发生的潜在原因,是造成损失的间接或内在原因。根据其性质可分为物理风险因素(physical risk factor)、道德风险因素(moral risk factor)和心理风险因素(mental risk factor)。

（2）风险事故（risk accident）也称风险事件，是引起损失的直接或外在原因，是使风险造成损失的可能性转化成现实性的媒介，也就是说风险是通过风险事故的发生来导致损失的。

（3）风险损失（risk loss）是指非故意的、非计划的和非预期的财产或经济价值减少。它包括财产损失（loss of property）、收入损失（loss of income）、费用损失（loss of expenses）和责任损失（loss of liability）四种。

1.2.2 风险管理的概念及其流程

风险管理是指各组织机构通过风险识别、风险分析、风险评估，在此基础上优化组合各种风险管理技术，从而减少和减缓风险所造成的损失，以最小的成本达到最大的安全保障[6]。风险管理不是一个单独的过程，它与风险识别、风险分析、风险评价、风险决策和风险交流紧密相连，互相促进，是一个复杂的过程[7]。风险管理的过程如图 1-2 所示。

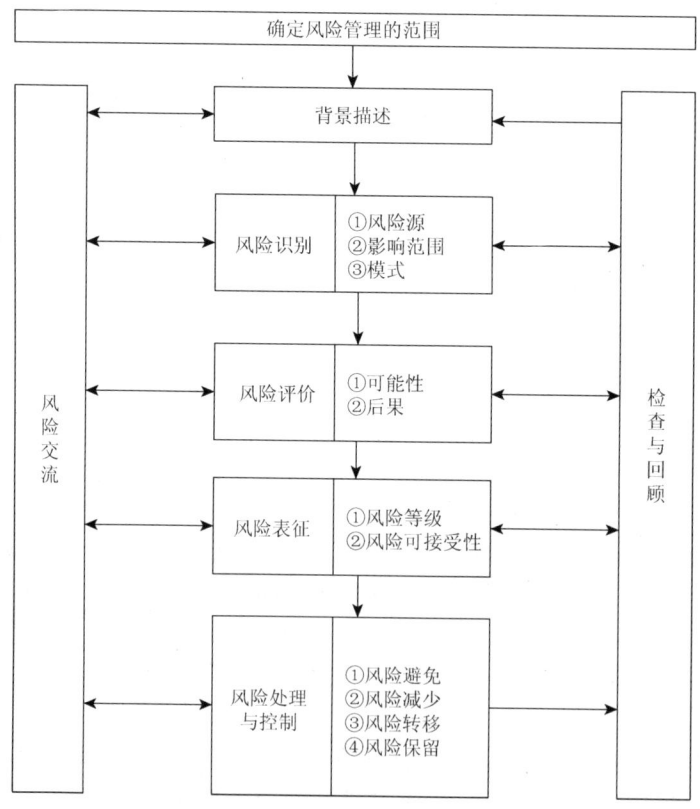

图 1-2　风险管理过程

以下对主要步骤进行介绍。

（1）确定范围：确定风险对象，说明通过风险管理后期望得到什么样的结果。

（2）背景描述：背景资料应提到社会、经济、自然环境，系统的目标和内部各个环节风险轮廓。

（3）风险识别：对事故风险构成因素的辨认和分析，它是风险评估的基础，主要包括风险源、影响范围和模式三个环节。

（4）风险评价：确定影响系统目标实现的因素，客观识别出导致事故的根本原因，考虑风险发生的可能性和后果。

（5）风险表征：根据风险类别和评估要求，使用风险评价方法推算风险水平，确定优先处理权。

（6）风险处理与控制：制定合理的风险管理方案并实施，管理方案包含避免、减少、转移和保留可接受风险。

（7）风险交流：风险交流的目的是改变公众对风险的认识，对持续改变风险管理具有重要意义。

1.2.3 冷链物流系统主要风险

Svensson 将物流系统风险定义为，受供应链内在复杂因素和外在动态因素影响而使供应链受外部环境干扰的性质[8]。现有对物流风险的研究主要是从内因和外因两个层次对物流系统风险因素进行介绍和分析，或着眼于物流流程，分析在物流过程的各个环节可能存在的风险因素。但是，要想从更加宏观的层面把握冷链物流存在的风险，则要从系统的角度出发，本书从冷链物流系统的脆弱性风险、运营风险和商业模式风险出发，剖析冷链物流系统存在的风险因素和其作用机理，探究冷链物流发展的核心影响因素和风险因素，从而为冷链物流系统的风险把控和冷链物流系统的管理打下基础。

（1）脆弱性风险。脆弱性风险是指在内在复杂因素和外在动态因素共同作用下，使供应链受外界干扰的性质。它可分为内在因素和外在因素，其中内在因素包括物流技术、设备、管理水平、信息整合风险，外在因素包括供应链的不确定性、宏观经济环境风险等。

（2）运营风险。冷链物流系统的运营风险主要是在供应链视角下的各种运营失效模式和冷链物流流程环节断链风险，运营失效模式主要包括由于运输成本过高的失效模式、由于加工质量不达标的失效模式、由于退货失败的失效模式和由于货物损失的失效模式等。

（3）商业模式风险。企业与企业之间、企业的内部部门之间乃至企业与顾客之间、企业与渠道之间，都存在各种各样的交易关系和连接方式，这些关系和方式被称为商业模式。冷链物流商业模式风险主要包括管理风险、技术风险、金融风险和环境风险。

1.3 本书框架

冷链物流系统风险管理是指在冷链物流系统服务过程中，对冷链物流系统内部的各个流程以及外在的运营系统和商业模式等，进行风险识别、风险评估和风险控制的过程。风险管理流程要根据风险的不同，选择不同的分析研究方法，根据本书的研究主题，本书将着眼于冷链物流系统的整体性，从内外两个视角分别进行冷链物流系统风险的因素识别和评估。本书的研究内容主要包括冷链物流系统风险概述、冷链物流系统脆弱性风险、冷链物流系统运营风险和冷链物流系统商业模式风险，以及冷链物流系统风险防控与预警五个部分。本书的研究框架如图 1-3 所示。

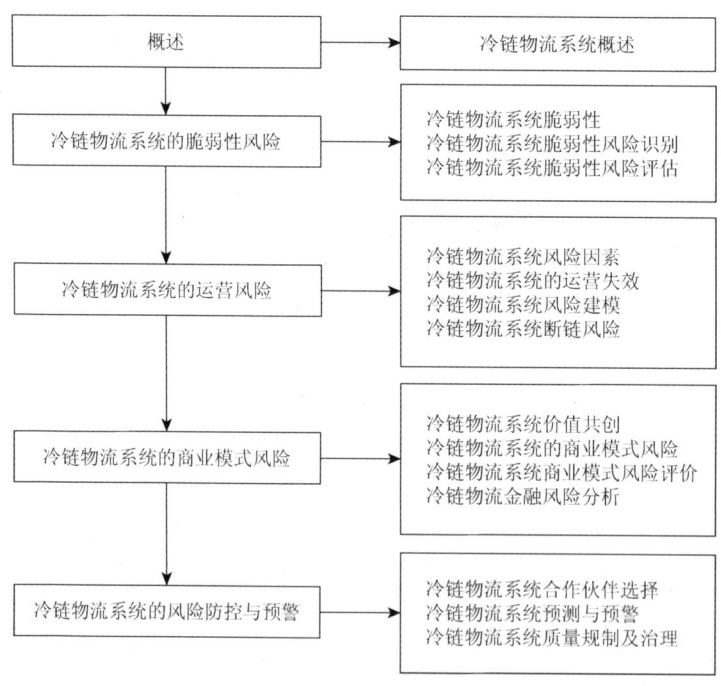

图 1-3 本书的研究框架

具体安排如下。

第一部分，冷链物流系统风险概述。在阅读文献和查阅相关文件的基础上，介绍冷链物流的概念及其在我国的发展现状，根据国家相关政策文件的研读，指出未来我国冷链物流体系建设的作用,以及本研究的重要意义;同时,介绍风险概念、风险管理的流程和冷链物流系统的主要风险,为本书后面关于冷链物流系统风险的研究做理论准备。

第二部分,冷链物流系统的脆弱性风险。首先,通过对生鲜食品冷链物流系统脆弱性风险的研究,归纳出导致其脆弱性风险的因素包括内在风险因素和外在风险因素;其次,基于事故致因理论模型并结合德尔菲法,分别对各流程的作业步骤进行脆弱性风险识别,利用解释结构模型(interpretive structure modeling,ISM)法对其中的关键脆弱性风险因素进行诱导关系研究,划分层次等级,寻找问题根源;再次,构建生鲜冷链物流系统事故树模型进行定量分析,指出运输流程是该系统中最脆弱的流程,得出温、湿度的调节是最主要的脆弱性风险因素的结论,同时发现企业管理水平、人员素质、设备水平这三个关键风险因素,在层级关系中处于"牵一发而动全身"的重要地位;最后,利用 STAMP 模型构建冷链物流系统脆弱性风险控制模型,并从设备创新、规范体系、提升素质水平、规范行业、强化市场主体地位等角度,提出相关具有价值的风险控制对策。

第三部分,冷链物流系统的运营风险。首先,通过对供应链运作参考(supply-chain operations reference,SCOR)模型的冷链运作流程分析,将冷链分为计划、运输、流通加工、仓储配送和客户服务五个环节,指出冷链运作过程中各个环节的失效模式;其次,引入区间二元语义,将失效模式与后果分析扩展模型进行改进,对企业冷链各个运作流程的失效模式进行模型评价,得出风险优先度排序靠前的四种失效模式;再次,对系统失效的影响因素及风险事件进行分析,建立冷链物流系统的贝叶斯网络图;最后,通过剖析冷链物流系统运营全过程,发现冷链物流系统断链主要存在运作风险、设备风险、信息风险、技术风险、人员风险、政策风险、突发风险 7 个方面的风险因素,以此构建冷链物流系统断链风险评价指标体系,并基于熵权可拓决策模型,构建表征我国冷链物流系统断链风险状态的多指标属性评价模型。

第四部分,冷链物流系统的商业模式风险。首先,在利用结构方程讨论冷链物流企业价值共创能力的影响因素及各因素内在关系的基础上,立足于我国冷链物流系统商业模式的实践,结合冷链物流企业商业模式风险因素,以扎根理论为基础,对我国冷链物流企业商业模式的创新风险进行研究,并基于 227 份有效问卷数据进行实证分析;其次,从风险管理的角度出发,结合我国冷链物流企业发展的实际情况,分析 O2O 商业模式下冷链物流系统所面临的风险,利用模糊评价法得到风险因素权重,并提出借助蝴蝶结模型对冷链物流系统进行风险控制;最后,将 HAZOP 和投影决策法相结合,讨论当前很多冷链物流企业进入市场所面临的金融风险,并采用 LOPA 方法对重点风险进行分析。

第五部分,冷链物流系统的风险防控与预警。在总结以上冷链物流系统风险的基础上，宏观把握冷链物流风险治理的内容，从冷链物流供应链伙伴选择到冷链物流系统的风险预测预警和服务质量规制三大方面着手，建立冷链物流系统风险治理机制。具体地，供应链伙伴关系研究主要是采用数据网络包分析和层次分析法（AHP），进行第三方物流服务供应商的选择；冷链物流系统的风险预警预测，首先建立风险预测指标，运用马尔可夫链与贝叶斯网络相结合的方式，对冷链物流系统的运营风险展开预测，然后运用 ANP 与灰色模糊评价相结合的方式，对冷链物流系统运营风险进行预警；最后，针对预测与预警的结果，对冷链物流系统运营中的风险提出防范与控制对策。冷链物流系统风险规制则以药品冷链为例，在分析我国政府冷链物流系统规制现状及存在问题的基础上，运用博弈论分别建立政府与一家及多家药品冷链物流企业的监管博弈，最后针对博弈分析结果提出冷链物流系统服务质量提升的对策。

参 考 文 献

[1] Bogataj M，Bogataj L，Vodopivec R. Stability of perishable goods in cold logistic chains. International Journal of Production Economics，2005，93-94（1）：345-356.

[2] 蔡利丽. 易观：中国生鲜电商市场发展趋势预测 2016-2019. http：//www.ec.com.cn/article/dsyj/dsbg/201703/15386_1.html [2017-3-20].

[3] 袁学国，邹平，朱军，等. 我国冷链物流业发展态势、问题与对策. 中国农业科技导报，2015，17（1）：7-14.

[4] 符勇强，夏绍模，李昌健. 国内冷链物流学术研究的知识图谱分析. 铁道运输与经济，2017，39（3）：68-73.

[5] 汪旭晖，张其林. 基于物联网的生鲜农产品冷链物流体系构建：框架、机理与路径. 南京农业大学学报（社会科学版），2016，(1)：31-41.

[6] 何春艳，刘伟. 风险管理研究综述. 经济师，2012，(3)：17-19.

[7] 王金德. 风险管理过程. 认证技术，2010，(10)：35-37.

[8] Svensson G A. Conceptual framework for the analysis of vulnerability in supply chain. International Journal of Physical Distribution and Logistics Management，2000，30（9）：731-750.

第 2 章　冷链物流系统脆弱性

冷链物流的脆弱性风险是指在内在复杂因素和外在动态因素共同作用下，使供应链系统受外界干扰的性质。它可分为内在因素和外在因素，其中内在因素包括物流技术、设备、管理水平、信息整合风险，外在因素包括供应链的不确定性、宏观经济环境风险等。本章介绍冷链物流系统的脆弱性，并以生鲜食品冷链物流系统为例，从其核心作业流程角度介绍物流系统存在的脆弱性风险，回顾风险管理主要使用的事故致因理论的发展阶段及其代表模型，为第 3 章介绍冷链物流系统脆弱性风险识别做好理论准备。

2.1　生鲜食品冷链物流系统的一般作业流程

本章对冷链物流系统脆弱性风险的分析和介绍将以生鲜食品为对象，生鲜食品的物流系统可以总结为四个核心作业流程：集货、存储、分拣、运输，具体如图 2-1 所示[1]。

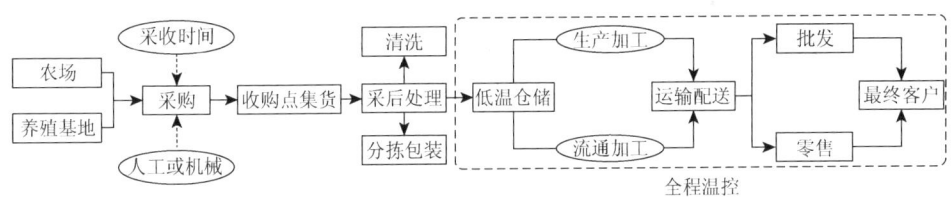

图 2-1　生鲜食品冷链物流系统一般作业流程

（1）集货。集货流程是把从农场或基地（供应商）处采购的生鲜食品在收货点集合，进行检测验收。在查收时，收货员严格按照"三 P"条件，也就是原料品质（produce）、处理工艺（processing）、货物包装（package）来检查食品外观的完好度以及新鲜程度，对于质量残缺和农药残留超过验收标准的食品则拒绝收货。

（2）存储。存储环节是重要环节，它会影响生鲜食品的品质。存储流程的原则是依据生鲜食品的质量特性，按照存储温度存放在不同的冷库进行合理存储，冷库应安装自动调节温度、湿度、监测、记录、报警的系统，及时维护存储环境，定期进行养护周期检查。科学合理的存储流程为下一步分拣流程的有效进行打下良好的基础。

（3）分拣。分拣流程的目的是按照下游客户的订单需求，对产品进行分品种、分级、分去向操作，并从对应的冷库中将生鲜食品拣选出来，分拣流程的原则是对出库的食品进行严格的质量检查，为下一步发货做准备。

（4）运输。运输流程是整个生鲜冷链物流中的关键流程，它是由配送中心的工作人员运输配送食品，在此过程中全程控温和实时监控，运输至批发商或零售商手中，并接受客户验货。

2.2 生鲜食品冷链物流系统的脆弱性风险

由于生鲜食品冷链的复杂性，且在整个供应链中包含了生产商、经销商及终端消费者等对象，冷链的运行需要各个供应链主体之间相互协调才能完成，任一流程或要素发生改变，生鲜冷链的脆弱性风险会随着时间的推移在以后的实际流程操作中凸显。

本章介绍的生鲜食品冷链物流系统脆弱性主要有以下四个方面。

（1）物流技术风险。冷链中的制冷、保温保鲜、GPS全程监控技术是支持冷链顺利进行的基础，但现阶段运输配送流程运用的全程冷链控温控湿技术是冷链发展的短板，大部分企业考虑到运营成本的问题，经常达不到冷链运行的标准，相关风险也随之而来。

（2）设备风险。由于冷链设施设备专用性强，如果企业选用的设备类型无法满足生鲜食品的特定需求，那么生鲜食品的安全将无法得到保障。现阶段我国设施薄弱，专业化的新型冷藏车冷藏箱数量短缺，冷链效率与发达国家之间存在较大差距。

（3）管理水平风险。企业管理水平直接影响着冷链的运作效率和企业运营成本，例如，采购计划的制订与优化有利于减少货物库存，用最少的物资储备费用来保证其正常活动进行。现阶段大部分企业内部还没有形成一套规范的冷链标准体系来指导冷链运行。

（4）信息整合风险。由于生鲜冷链食品具有易腐性与时令性，甩卖、退货、囤货的情况时有出现，导致生产和销售不协调、信息不公开，严重影响需求预测的准确性。

2.3 事故致因理论

2.3.1 发展历程

事故致因理论是人类经过长期探究事故发生的根本因素，从而总结得出的演变规律、发生模式结论,为预防今后类似事件的再现提供依据[2],它被广泛应用于生产生活的各个领域。通过总结国内外事故致因理论(表2-1)可知,它的发展大致经历了4个阶段:单因素、连续事件、事故系统和现代事故理论[3]。

表2-1 国内外事故致因理论总结

类型	事故致因理论	代表理论	优缺点
单因素理论	单因素理论	事故倾向性理论	局限于个人内在因素但事故频发倾向者并不存在
连续事件理论	连续事件理论	多米诺骨牌理论	首先提出人的不安全行为和物的不安全状态的概念,局限性是把产生原因完全归因于人的缺点
		博德事故因果连锁理论	把事故原因完全归因于管理失误
		亚当斯模型	仅对造成现场失误的管理原因进行了探究
		北川彻三模型	超出了企业安全工作的范围,考虑各个社会因素
事故系统理论	流行病学理论	流行病学理论	第一次提出事故发生原因不仅与人员不安全行为有关,还与工作环境有关
	能量理论	能量意外释放理论	指出事故是意外释放的能量,但对事故致因过程未作描述
	轨迹交叉理论	轨迹交叉理论	事故的发生并不是简单地按照人、物两条轨迹独立地运行,呈现出复杂的因果关系
现代事故理论	人员信息处理失误理论	瑟利模型	描述了事故致因的全过程,为事故预防提供了一个良好的思路,但仅考虑了人的因素
		威格里斯沃思模型	把事故完全归因于人失误,未考虑"机器""环境"的因素
		劳伦斯模型(矿山模型)	分析过程较为复杂,实用性差
		撒利模型	根据操作者处理的信息性质提出了一种新的事故致因研究方法
	动态变化理论	扰动理论	仅考虑物的因素
		变化-失误理论	指出事故的发生是由于人员对变化的不适应
		事故致因的突变模型	仅考虑人与物的因素
		安全流变与突变理论	要把影响安全的质划分出流变和突变的界限是很困难的,因为事物的发展总保持自身的连续性,总在一切对立概念所反映的客观内容之间存在中间过渡流程
	瑞士奶酪理论	瑞士奶酪理论	仅从事故预防角度解释事故发生原因
	两类危险源理论	两类危险源理论	类似能量意外释放理论,对致因过程未进行描述

20世纪初,早期致因理论开始萌芽,在这个时期最为盛行的主要是单因素理论,但是它把绝大多数事故发生的原因归咎于人的天性,体现出时代的局限性。20世纪30年代后,人们对安全观念的理解不断强化,事故致因理论逐渐从单因素理论转向多因素理论[4],Heinrich最早于1941年提出事故因果连锁理论,后来许多专家学者在其基础上,总结了符合当代安全观点的博德事故因果连锁理论、亚当斯模型等。

第二次世界大战爆发后,科学技术的飞速发展,飞机、雷达、大炮等新式军事装备的出现,使人们意识到机械设备和物质的危险性在事故中的作用,事故致因理论趋于系统化。Gibson[5]与Haddon[6]提出能量意外释放理论,指出事故是意外释放的能量,如果这种能量转移到人体并超过其承受范围,则人受到伤害。20世纪70年代以后,随着信息论、系统论等现代理论相继成熟并广泛应用于各个领域,事故致因理论进入发展的活跃时期,各种新型理论相继出现,如撒利模型、威格里斯沃思模型、变化-失误理论等。

2.3.2 代表模型

本节将对四类事故致因理论中的几种代表模型进行介绍。

(1) 单因素理论类型。单因素理论是指在相同的工作状态下,一些人因为个人内在因素,比别人更易造成事故。理论模型如图2-2所示。

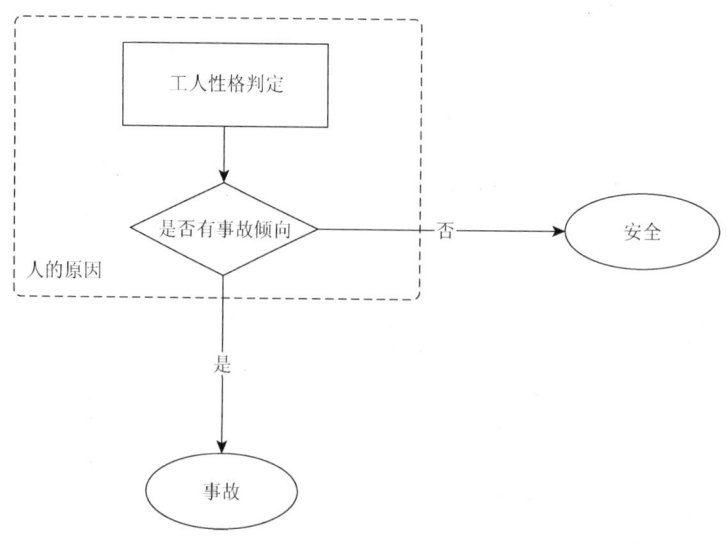

图2-2 单因素理论模型

（2）连续事件理论类型。连续事件理论包括多米诺骨牌理论和博德事故因果连锁理论等。它们提出人的不安全行为和物的不安全状态这一概念，基本观点是事故的发生不是偶然或孤立的，是一系列因果因素导致的，但把发生原因完全归因于人的缺点或管理失误是模型的局限所在。其理论模型如图2-3、图2-4所示。

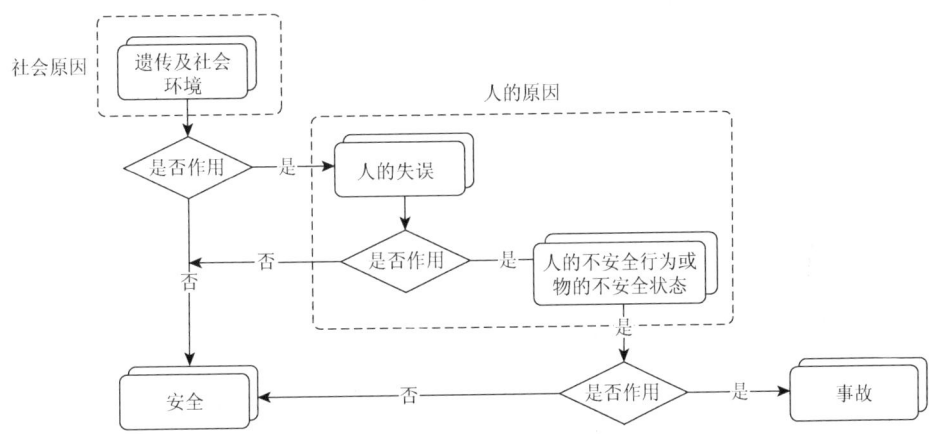

图 2-3　多米诺骨牌理论模型

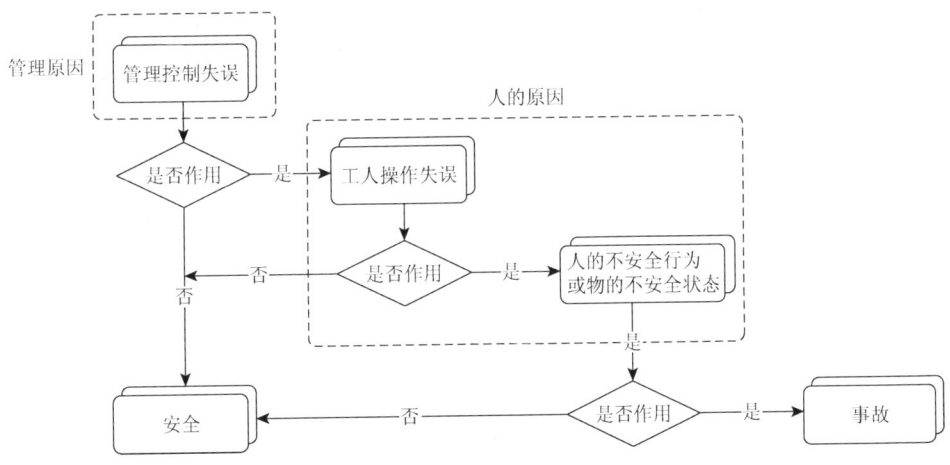

图 2-4　博德事故因果连锁理论模型

（3）事故系统理论类型。事故系统理论包括能量理论、轨迹交叉理论等。它们的共同之处在于把人、机、环境当成整个系统看待，探究三者之间的相互作用、联系、反馈和调整，探究出事故的致因，揭示出预防事故的途径[7]。其理论模型如图 2-5、图 2-6 所示。

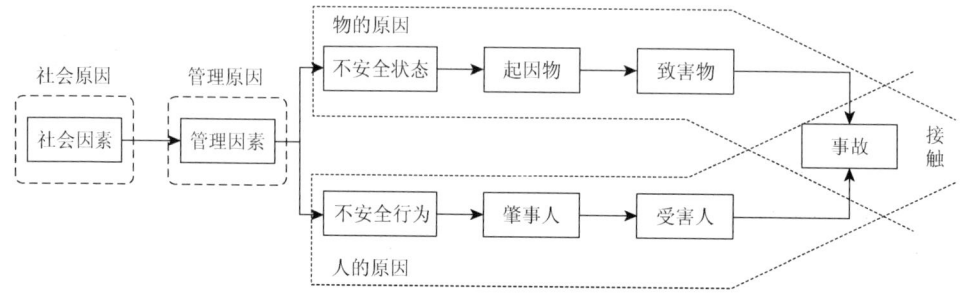

图 2-5 轨迹交叉理论模型

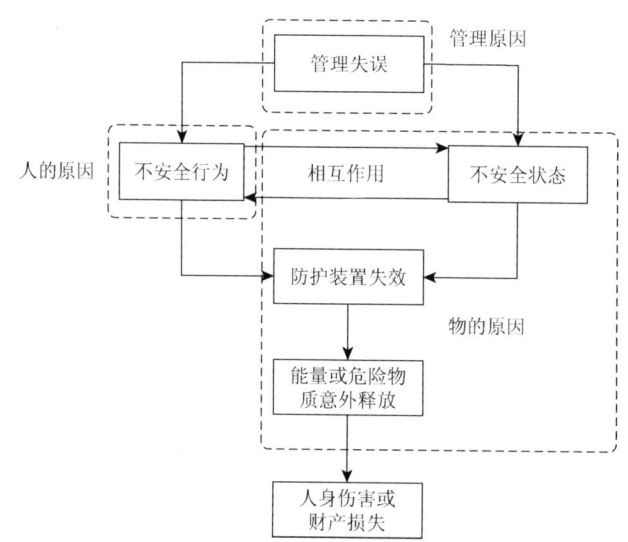

图 2-6 能量理论模型

（4）现代事故理论类型。现代事故理论包括瑟利模型、变化-失误理论、两类危险源理论等。这些理论都体现出动态和变化的观点，世界是在不断运动变化着的，对于管理者来说，不能够实时地顺应变化，则将产生管理失误；操作者不能够实时地顺应变化，则产生技术性失误；外界环境的变化也会导致机器、设施等的故障，进而发生事故。其理论模型如图 2-7～图 2-9 所示。

第 2 章 冷链物流系统脆弱性

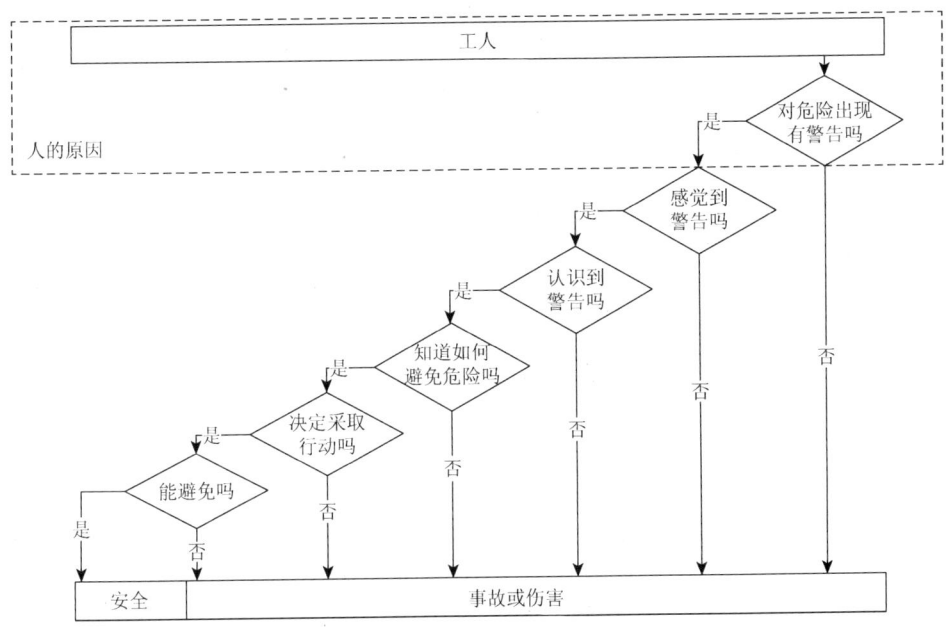

图 2-7 瑟利模型

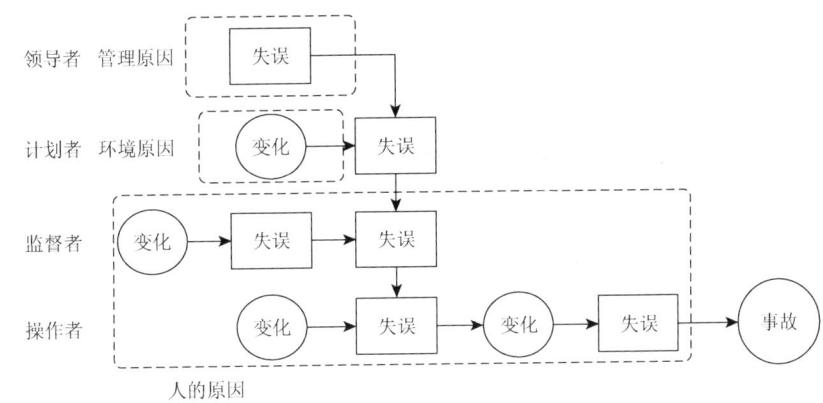

图 2-8 变化-失误理论模型

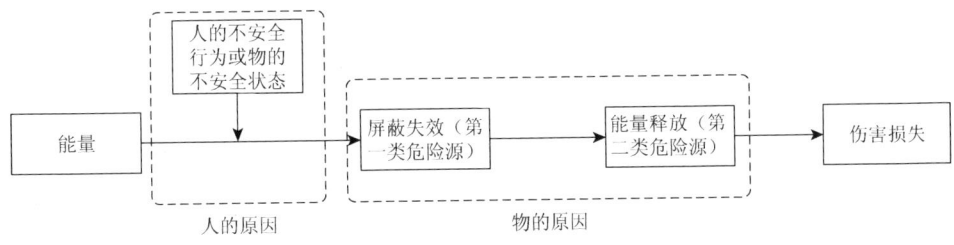

图 2-9 两类危险源理论模型

2.4 本章小结

以生鲜食品冷链物流系统为例,综合国内外相关学者的研究,通常将造成生鲜食品冷链物流脆弱性风险的因素分为外在因素和内在因素,且来自于自然、社会、经济系统等多个方面,有多种表征。通过回顾事故致因理论,更好地做到生鲜食品冷链物流系统的风险识别,并将这些因素细化到冷链物流的各个流程。第3章将从事故致因理论着手,进行生鲜食品冷链物流系统脆弱性风险的关键风险因素识别。

参 考 文 献

[1] 方昕. 中国食品冷链的现状与思考. 物流技术与应用, 2004, 9 (11): 55-59.

[2] 覃容, 彭冬芝. 事故致因理论探讨. 华北科技学院学报, 2005, 2 (3): 1-10.

[3] 钟茂华, 魏玉东, 范维澄, 等. 事故致因理论综述. 火灾科学, 1999, (3): 38-44.

[4] 牛聚粉. 事故致因理论综述. 工业安全与环保, 2012, 38 (9): 45-48.

[5] Gibson J J. A brief for basic research, behavioral approaches to accident research. Association for the Aid of Crippled Children, New York, 1960: 128-145.

[6] Haddon W J. Energy damage and the 10 countermeasure strategies. J Trauma, 1973, (13): 321-331.

[7] 李万帮, 肖东生. 事故致因理论述评. 南华大学学报(社会科学版), 2007, 8 (1): 57-61.

第3章 冷链物流系统脆弱性风险识别

冷链物流系统脆弱性风险识别是脆弱性风险评估与控制的基础，在冷链物流过程中如果不能提前识别风险，则风险造成的损失将不能估计，更无法进行风险的预防与控制。由第2章可知，生鲜冷链物流系统由四个核心作业流程构成，本章将以生鲜食品冷链物流系统作业流程为切入点，深入分析各流程存在的风险因素，并采用实际案例模拟识别其中的关键脆弱性风险因素，综合建立包含多个关键因素的事故致因理论集成模型，分析总结生鲜食品冷链物流系统存在的关键脆弱性风险及其管理启示。

3.1 集货流程脆弱性风险识别

3.1.1 作业流程

生鲜冷链物流中的集货流程作业包含收货和验货两个子环节，作业流程包括制订采购计划、到货准备、核对信息（订单、检验检疫报告、出库单）、测温检验、测湿检验、分拣、初加工、分级预冷、入库、打印收货报告、验收记录等。具体如图3-1所示。

主要由以下各项具体作业构成：

（1）制订采购计划。按照市场需求，结合终端客户对生鲜食品的需求量，以及上游供应商的供货特点、配送方式来制订采购计划，通过与上游供应商协调确定采购时间、采购种类和采购数量，并接收供应商的发货、到货通知，及时跟踪订单情况。

（2）到货准备。按照制订的采购计划，在接到供应商发出的到货通知后，提前整理好场所，准备好收验货时所必备的温度、湿度检测仪器以及相应装卸设施。

（3）核对信息。收货人员需要订单、出库单、检验检疫报告三方面的信息。首先，核对订单上数量是否与实际采购数量一致，食品外观形态是否完整，若为劣品则拒绝收货。其次，需要检查供应商的签名出库单是否有公章四联票。另外，需要检查是否随货带有检验检疫报告及相关证明，此外若报告中农药残留不符合验收标准则拒绝收货。

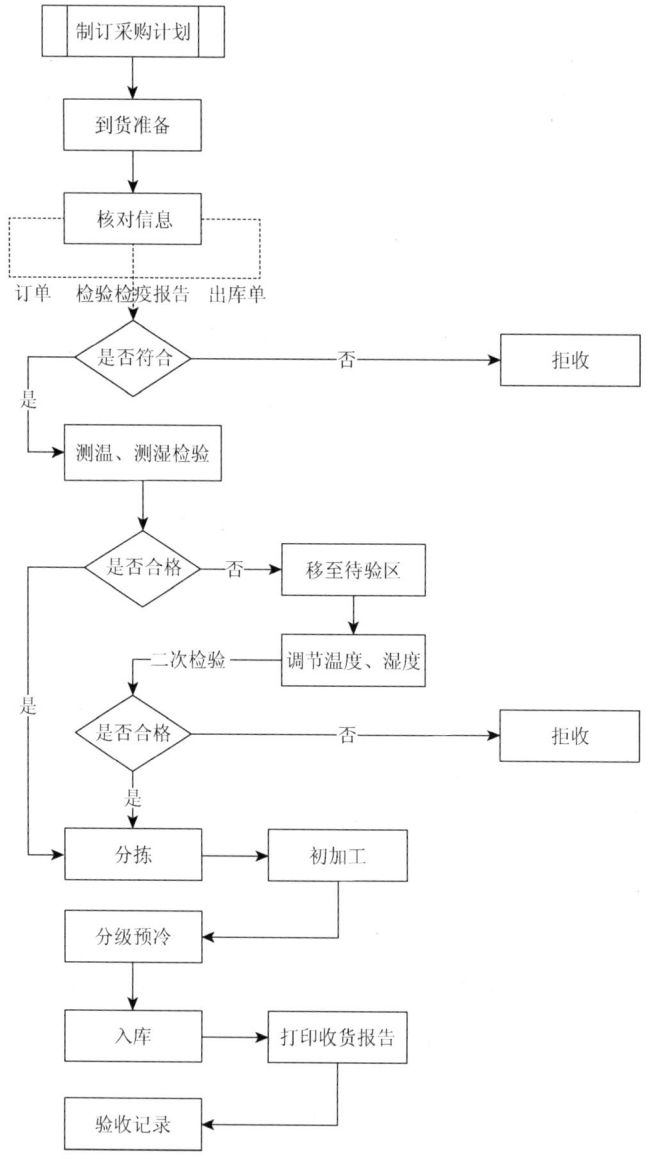

图 3-1 集货流程作业流程

（4）测温、测湿检验。利用自动温度、湿度检测设备对生鲜食品进行测温测湿，若两者都符合要求，方可入库。若第一次检测不合格，则先将其移至待验区，调节温度、湿度后进行二次检测，若二次检测后仍不合格，则拒收货物并退回给上游供应商。

（5）分拣。对温度、湿度检验合格的生鲜食品按照品种进行分类处理。

(6) 初加工。对分好类的食品简单冲洗、去掉运输过程中被破坏的部分,并包装。

(7) 分级预冷。采用预冷设施对生鲜食品实施分级快速降温,保持其新鲜度。

(8) 入库。将清点后的生鲜食品采用人工或叉车等设备方式,搬至冷库的相应位置存放。

(9) 打印收货报告。收货人员打印对应的收货报告进行存档。

(10) 验收记录。对集货流程各个步骤进行记录,内容包括供应商、收货数量、日期、质量状况、温度湿度信息记录、收货时间、入库时间、收货人员等。

3.1.2 集货流程风险因素识别实例分析

集货流程风险管理的目标是保证生鲜食品品质和安全,提高集货效率,按照本流程风险管理目标,使用德尔菲法对各个作业流程进行关键脆弱性风险因素辨识。

依据以上的 9 项关键作业,做出调查表如表 3-1 所示。通过电子邮件方式发送给南京市生鲜食品行业内 35 家规模以上企业,咨询生鲜食品企业采购部门专家,回收有效调查表 30 份。

表 3-1 集货流程风险识别专家调查表

关键作业名称	风险级别
制订采购计划	1 2 3 4 5
到货准备	1 2 3 4 5
核对信息	1 2 3 4 5
测温、测湿检验	1 2 3 4 5
分拣	1 2 3 4 5
初加工	1 2 3 4 5
分级预冷	1 2 3 4 5
入库	1 2 3 4 5
验收记录	1 2 3 4 5

注:请按照风险级别评判风险的严重程度,用整数1~5为风险赋值。另外,如果发现有本调查表内未出现的风险,请一并提出反馈。

根据回收的 30 份调查统计表,得出关键作业脆弱性风险等级。结果如表 3-2 所示。

表 3-2　集货流程脆弱性风险等级表

关键作业名称	平均风险等级
制订采购计划	3.58
到货准备	1.26
核对信息	3.12
测温、测湿检验	3.92
分拣	2.14
初加工	3.28
分级预冷	3.43
入库	3.52
验收记录	4.13

因为统计结果与各专家所填的调查表出入不大，因而没有进行二次调研，本书利用脆弱性风险等级表（表 3-2）对各关键作业进行探究。研究结果显示，到货准备作业以及分拣作业这两项作业，属于只要提高人员自身素质水平就可以做成的作业，所以不属于关键脆弱性风险因素。

3.2　存储流程脆弱性风险识别

3.2.1　作业流程

存储操作的作业流程主要包含制订存储计划、分类存储、生鲜食品养护作业（设备维护、温湿度监控、冷库环境维护）、库存清点、生鲜食品定期质量检查（建立质检清单、质检领料、领料返还）以及存储流程的信息记录。具体如图 3-2 所示。

主要由以下各项具体作业构成：

（1）制订存储计划。由仓管员按期制订生鲜食品的储位管理及养护计划，或由计算机依据所储存生鲜食品的性质自动生成储存养护计划，计划应包含负责人员、存储日期、存储规则、养护规则、需要的存储温度等。

（2）分类存储。依据生鲜食品的特性进行分品种存储，放入冷库相应货架。

（3）生鲜食品养护作业。养护作业包括设备维护、温湿度监控、冷库环境维护三大方面。

（4）库存清点。利用 RFID（射频识别）技术对已入库的生鲜食品进行（人工或管理软件）清点，从而对存储流程的收发结存等活动进行有效控制，若清点结果显示缺货，应当及时补货，并做好相应的补货信息记录，从而保证公司的正常运营。

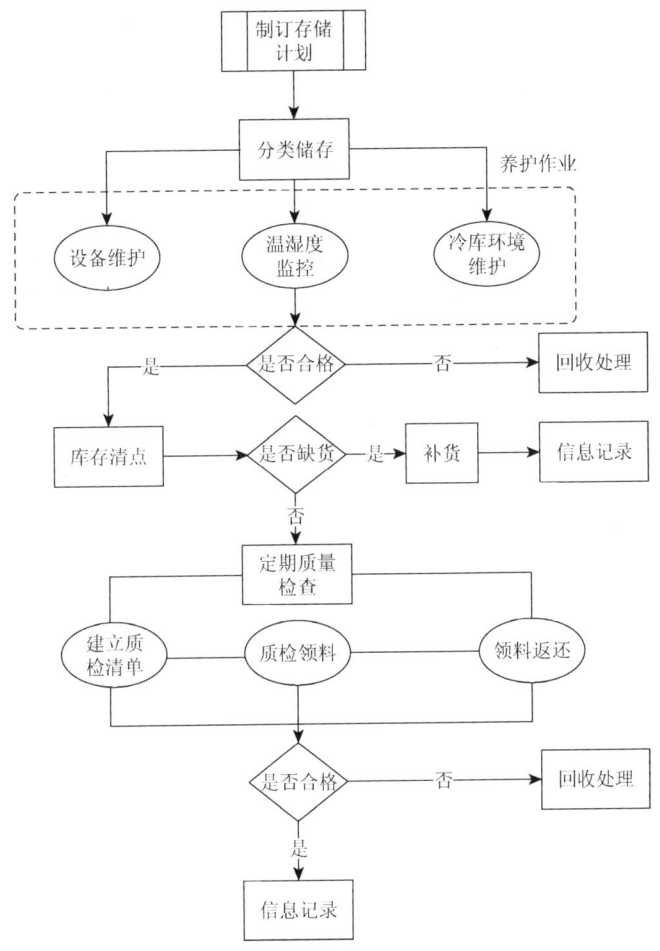

图 3-2 存储流程作业流程

(5) 生鲜食品定期质量检查。这一流程作业主要针对的是在集货流程经过第二次测温、测湿检验后才合格的生鲜食品,应当定期对其进行质量检查,主要包括建立质检清单、质检领料、查看检验报告、领料返还主要流程。若检验不合格,则用作回收处理。

(6) 信息记录。对上一流程定期质量检查合格的商品,在系统里做好相应的存储信息记录,以便日后查询。

3.2.2 存储流程风险因素识别实例分析

存储流程风险管理的目标为保证生鲜食品品质和安全,使生鲜食品按照冷库的合理位置存储从而提高分拣效率。依据本流程风险管理目标,利用德尔菲法对各个作业流程进行关键脆弱性风险因素识别。

利用电子邮件方式发送给南京市生鲜食品行业内 35 家规模以上公司,咨询生鲜食品企业仓库管理部门专家,根据回收的 30 份调查统计表,得出关键作业脆弱性风险等级。因为统计结果与各专家所填的调查表出入不大,因而没有进行二次调研,通过风险等级表(表 3-3)对各关键作业进行探究。需要注意的是:

(1)分类存储。工作人员按照生鲜食品的种类与特性存储,在有效的管理制度下,本项作业易于准确完成,所以不属于关键脆弱性风险因素。

(2)库存清点。库存清点作业在人员到位的情况下不太可能存在风险,所以也不属于关键脆弱性风险因素。

表 3-3 存储流程脆弱性风险等级表

关键作业名称	平均风险等级
制订存储计划	3.85
分类存储	2.28
生鲜食品养护作业	4.15
库存清点	2.37
生鲜食品定期质量检查	3.46
信息记录	3.52

3.3 分拣流程脆弱性风险识别

3.3.1 作业流程

分拣流程的作业流程主要包括制订分拣作业计划、订单复核、拣货(分类与集中)、包装、贴标签,以及分拣流程的信息记录。具体如图 3-3 所示。

(1)制订分拣作业计划。根据下游客户的需求以及生鲜食品的种类制订相匹配的拣货单,制订合理的拣货作业计划,这在很大程度上能加快拣货的进程,加快生鲜冷链物流的效率,从而减小生鲜食品的损耗费用,保证了生鲜的品质。

(2)订单复核。订单复核主要是核对拣选生鲜食品与订单信息是否相符合,复核内容包括检查有无标签脱落或者模糊不清、是否超过有效期、是否有检验检疫报告等。若不合格,则用于回收处理。

(3)拣货。拣货员将通过订单复核后的生鲜食品按照不同的客户或配送路线进行分类与集中。

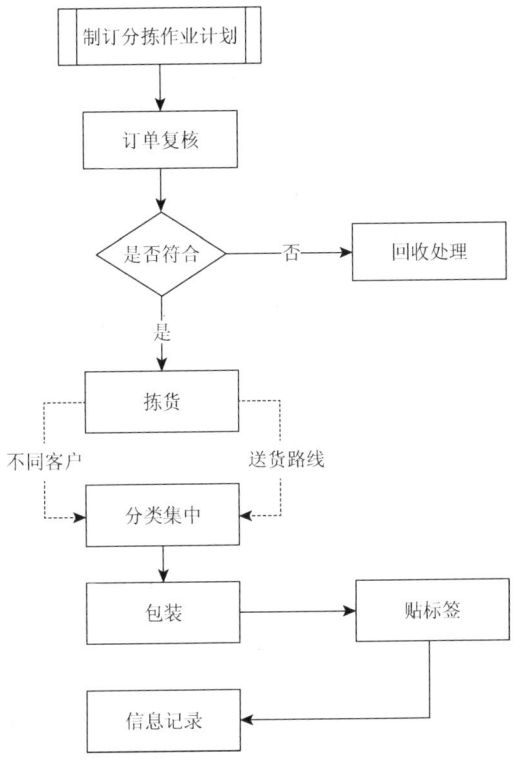

图 3-3 分拣流程作业流程

(4) 包装。根据生鲜食品种类与消费人群的不同,采取合适的包装形式。同时还要考虑流通时长的因素,若流通时长较短,可以采取简易包装;若流通时长较长,则采取精包装。

(5) 贴标签。在对生鲜食品包装过后,按照客户的需求会在包装线上贴上标签,其内容包括产品名称、数量、客户名称、配送地点、流通时长、客户收货地点等。

(6) 信息记录。对分拣流程的各个流程做好信息记录,包括订单复核信息、客户需求信息、配送地点信息、流通时长与运输工具信息。

3.3.2 分拣流程风险因素识别实例分析

分拣流程风险管理的目标是准确无误地复核订单,分拣品质的生鲜食品,提高分拣效率,为运输作业的顺利进行做好准备。依据本流程风险管理目标,利用德尔菲法对各个作业流程进行关键脆弱性风险因素识别。

利用电子邮件方式发送给南京市生鲜食品行业内 35 家规模以上公司,咨询生鲜食品企业成品库房部门专家，根据回收的 30 份调查统计表，得出关键作业脆弱性风险等级。结果如表 3-4 所示。

表 3-4 分拣流程脆弱性风险等级表

关键作业名称	平均风险等级
制订分拣作业计划	3.83
订单复核	4.12
拣货	3.76
包装	3.52
贴标签	2.13
信息记录	3.64

因为统计结果与各专家所填的调查表出入不大，所以没有进行二次调研，通过风险等级表（表 3-4）对各关键作业进行探究。研究结果显示贴标签作业操作简单不易出错，故不属于分拣流程关键脆弱性风险因素。

3.4 运输流程脆弱性风险识别

3.4.1 作业流程

运输流程的作业流程主要包括制订送货计划、发货通知、出车准备（检查车况、车厢预冷和清洁消毒）、出库检查、装车、运输、送货验收、签回单与信息记录。具体如图 3-4 所示。

主要由以下各项具体作业构成：

（1）制订送货计划。依据下游消费者的需求，确定货物数目、种类、时间、线路等。

（2）发货通知。根据送货计划的内容，邮件通知客户货物预计到达的时间、地点以及数量和种类，让客户做好验货准备。

（3）出车准备。出车准备包括检查运送车况、清洁消毒、车厢预冷，同时检查温控、湿控装置是否正常工作，确保本次运输作业的人身安全和食品安全。

（4）出库检查。在送货之前，最后一次核对订单信息，检查客户是否对货物有特殊要求，同时检测生鲜食品的温度和湿度是否合格，不合格的生鲜食品用作回收处理。

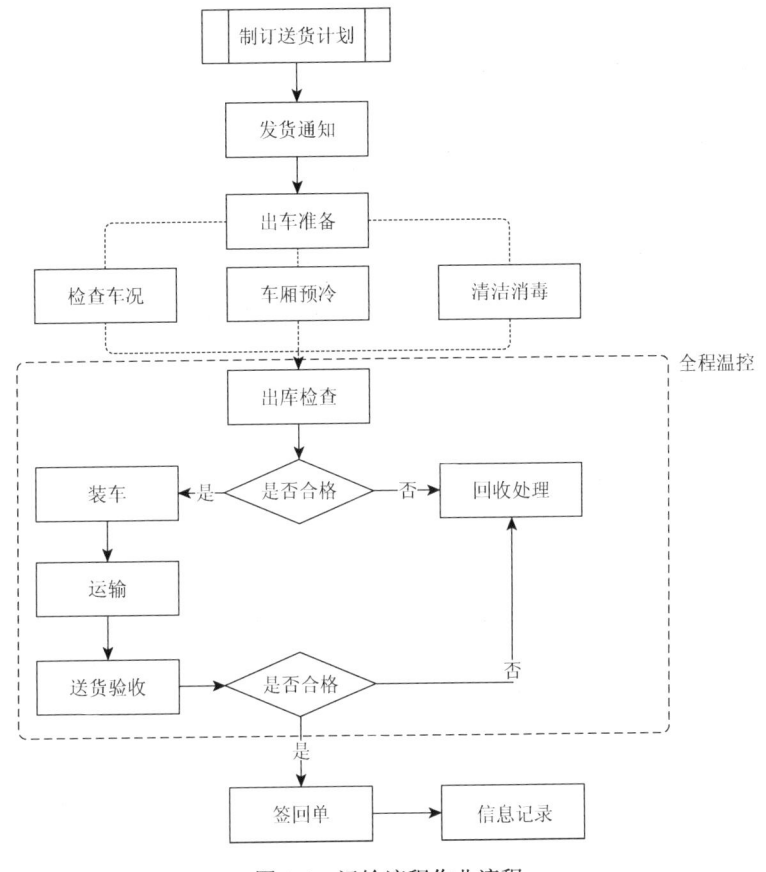

图 3-4 运输流程作业流程

（5）装车。工作人员将通过检测的生鲜食品，按照送货计划安排装入不同的配送车辆。

（6）运输。送货人员按照订单信息将生鲜食品送至最终客户，在运输过程中，冷藏车采用全程温湿控装置进行温湿度自动记录，承运人要及时查看记录并保存，为客户验收货物提供依据。如果温湿度出现异常的情况，应及时报告合理处置，同时每辆车配备全球定位系统（GPS），以便调度人员随时查看车辆所处位置，确保安全。

（7）送货验收。客户收到货物以后首先检查其出库温湿度记录以及运输全程中温湿度记录，同时核对生鲜食品的种类、数量是否与提交的订单相同，最后进行质量检查，并查看检疫检验报告，待全部检查完成后，才签单确认。对于验收不合格的货物，客户填写好拒收的原因带回流通中心，用于回收处理。

（8）信息记录。分拣的各个流程做好信息记录，包括出车准备记录、出库检查记录、全程温湿控记录、客货验收记录。

3.4.2 运输流程风险因素识别实例分析

运输流程风险管理的目标为保证运输过程中生鲜食品的安全,及时快速地送到终端客户手中。依据本流程风险管理目标,利用德尔菲法对各个作业流程进行关键脆弱性风险因素识别。根据回收的30份调查统计表,得出关键作业脆弱性风险等级。结果如表3-5所示。

表 3-5 运输流程脆弱性风险等级表

关键作业名称	平均风险等级
制订送货计划	3.98
发货通知	1.24
出车准备	3.51
出库检查	3.46
装车	3.72
运输	4.38
送货验收	3.79
信息记录	3.86

因为统计结果与各专家所填的调查表出入不大,所以没有进行二次调研,通过风险等级表(表3-5)对各关键作业进行探究,研究结果显示发货通知作业与本流程风险管理目标联系不大,故不属于运输流程关键脆弱性风险因素。

3.5 集成多因素事故致因理论模型

3.5.1 基于事故致因理论的各流程脆弱性风险模型

由3.1节可知,集货流程存在制订采购计划失误、信息核对不准确、温湿度不达标、预冷不及时等不确定性脆弱性风险因素,这些风险因素的集中最后将导致风险事故。结合事故致因理论模型,得到集货流程的脆弱性风险模型如图3-5所示。

由3.2节可知,存储流程存在制订存储计划失误、养护作业失误、定期质量检查不准确等不确定性脆弱性风险因素,这些风险因素的集中最后将导致风险事故。结合事故致因理论模型,得到存储流程的脆弱性风险模型如图3-6所示。

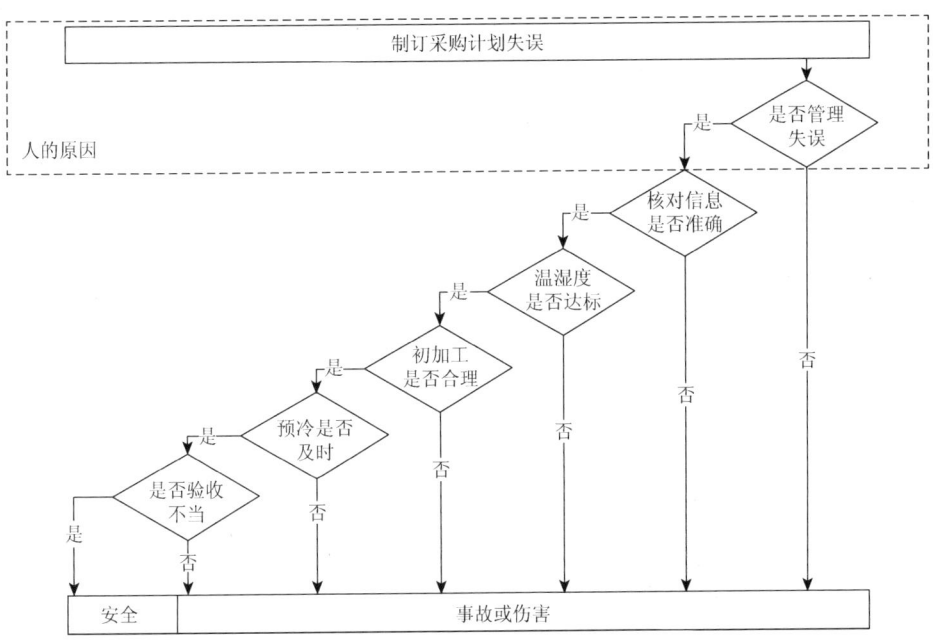

图 3-5　基于事故致因理论的集货流程脆弱性风险模型

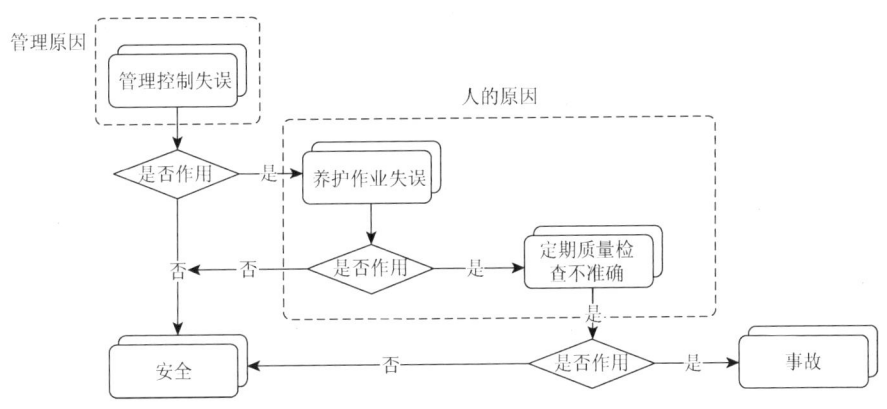

图 3-6　基于事故致因理论的存储流程脆弱性风险模型

由 3.3 节可知,分拣流程存在制订分拣计划失误、订单复核错误、操作失误、包装不合理等不确定性脆弱性风险因素,这些风险因素的集中最后将导致风险事故。结合事故致因理论模型,得到分拣流程的脆弱性风险模型如图 3-7 所示。

由 3.4 节可知,运输流程存在制订运输计划失误、温湿控设备故障、出车准备不充分、出库检查失误等不确定性脆弱性风险因素,这些风险因素的集中最后将导致风险事故。结合事故致因理论模型,得出运输流程的脆弱性风险模型如图 3-8 所示。

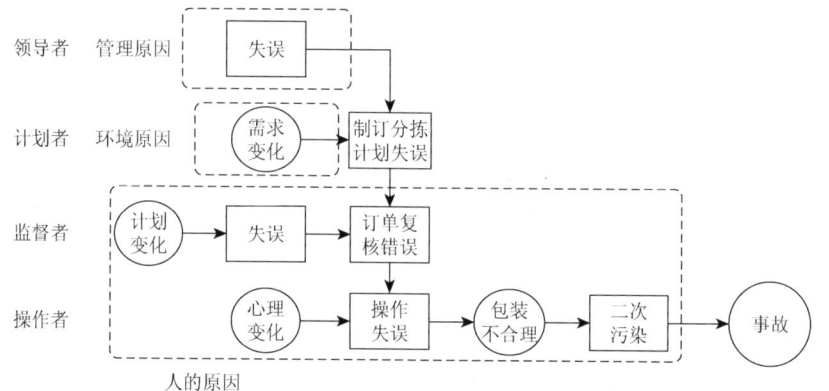

图 3-7　基于事故致因理论的分拣流程脆弱性风险模型

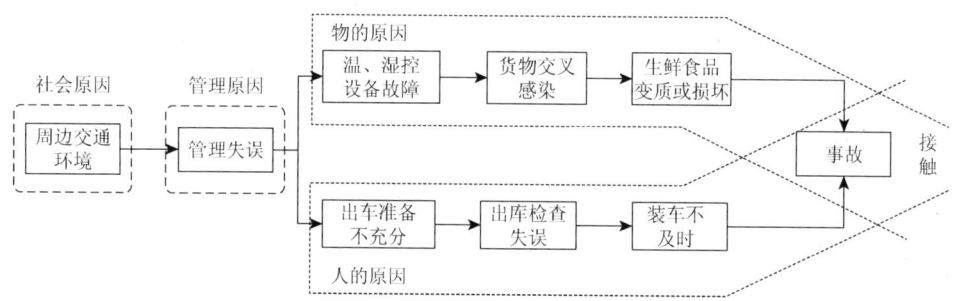

图 3-8　基于事故致因理论的运输流程脆弱性风险模型

3.5.2　含多因素的事故致因理论集成模型

为了进一步系统预测预防事故发生，对事故致因理论中的单因素理论、连续事件理论、事故系统理论和现代事故理论进行系统脆弱性风险探究，本节结合3.5.1 节各流程的脆弱性风险模型，以 6 类致因因素为横轴，以生鲜冷链物流的四项基本流程为纵轴，选取同时含有人、物、社会、管理因素的轨迹交叉理论为系统集成平台，建立包含多因素的事故致因理论集成模型。易知：

（1）事故是由 6 类事故致因因子，即社会因子、环境因子、管理因子、人的因子、技术因子以及物的因子引起的，这些因素相互联系、互为因果，贯穿于冷链集货、存储、分拣、运输流程中。

（2）社会因素导致管理问题的出现，而管理因素和环境因素导致人的变化以及技术变化，技术因素同时又是人的因素的一部分，物的因素同时影响着技术因素，所以生鲜冷链是一个内部复杂的供应链系统，解决问题时不仅要从某一小环节入手，更应着眼于环节与环节之间衔接的突破口，从而针对突破口解决问题。

（3）6 类致因因素或多或少都与整个市场环境紧密相连，资源的合理配置问题对于政府来说依旧是一个棘手的"烫山芋"，"市场为主，政府引导"是发展冷链的基本原则之一，政府应当强化市场的主体地位，为冷链行业创造一个良好的环境。

3.6 本章小结

冷链物流系统脆弱性风险识别是冷链物流系统脆弱性风险管理的一个重要步骤，本章结合事故致因理论模型，针对冷链物流系统四个主要流程的作业步骤，先进行具体作业流程研究，再运用德尔菲法对各个流程脆弱性风险的风险因素进行识别。为了辨认冷链物流系统的核心风险因素，结合事故致因理论，本章建立了各流程的脆弱性风险模型与综合风险模型，并对其中的关键性风险进行了分析，得出相应的管理启示。在完成冷链物流系统风险识别的基础上，第 4 章将重点介绍如何对冷链物流系统脆弱性风险进行评估。

第4章 冷链物流系统脆弱性风险评估

风险评估是风险管理的一个重要步骤，它旨在量化测评已经识别的潜在风险将对系统带来影响和损失的可能程度。在第3章，本书结合事故致因理论模型对生鲜冷链物流作业流程的各个环节进行了关键风险因素识别，本章将采用解释结构模型（ISM）进一步探究各个流程的关键风险要素之间的相互影响关系，将这些因素进行层次探究，并运用事故树分析（FTA）法对生鲜冷链物流系统进行脆弱性风险评估。

4.1 生鲜食品冷链物流系统风险因素层次探究

4.1.1 解释结构模型

解释结构模型法是广泛应用于现代系统工程中的一种探究方法，是最基本、最具特色的系统结构模型化技术。它借助有向图、矩阵等工具以及计算机，将复杂的系统分为若干子系统要素，对要素间相互关系等信息进行处理，最后组成一个多级递阶的结构模型[1]。

解释结构模型法按照以下步骤进行[2]：
（1）设定关键问题；
（2）选择构成系统的影响关键问题的致因；
（3）列举各致因间的相关性；
（4）依据各要素的关联性，建立邻接矩阵和可达矩阵；
（5）解析可达矩阵，构造模型；
（6）根据结构模型建立解释结构模型。

4.1.2 关键风险因素诱导关系探究

第3章对生鲜食品冷链物流各流程的关键风险因素进行辨识，探究了其如何产生，本章将利用解释结构模型对其进行诱因研究，找寻风险存在的本质所在。

集货流程共有七个关键风险因素，对其主要风险因素进行诱因研究得到其诱导关系，如表4-1所示。

第4章 冷链物流系统脆弱性风险评估

表 4-1 集货流程风险因素诱导关系

关键风险因素	符号	诱导关系
制订采购计划风险	R_1	与企业管理水平、人员素质有关
核对信息风险	R_2	与设备水平、人员素质有关
测温、测湿检验风险	R_3	与设备水平、人员素质、工作环境有关
初加工风险	R_4	与设备水平、人员素质有关
分级预冷风险	R_5	与设备水平、工作环境有关
入库风险	R_6	与企业管理水平、人员素质有关
验收记录风险	R_7	与设备水平、人员素质、信息化水平有关

存储流程共有四个关键风险因素,对其主要风险因素进行诱因探究得到其诱导关系,如表 4-2 所示。

表 4-2 存储流程风险因素诱导关系

关键风险因素	符号	诱导关系
制订存储计划风险	R_8	与企业管理水平、人员素质有关
生鲜食品养护作业风险	R_9	与企业管理水平、设备水平、人员素质、工作环境、信息化水平有关
生鲜食品定期质量检查风险	R_{10}	与企业管理水平、设备水平、人员素质、工作环境、信息化水平有关
信息记录风险	R_{11}	与设备水平、人员素质、信息化水平有关

分拣流程共有四个关键风险因素,对其主要风险因素进行诱因探究得到其诱导关系,如表 4-3 所示。

表 4-3 分拣流程风险因素诱导关系

关键风险因素	符号	诱导关系
制订分拣作业计划风险	R_{12}	与企业管理水平、人员素质有关
订单复核风险	R_{13}	与企业管理水平、人员素质有关
拣货、包装风险	R_{14}	与设备水平、人员素质有关
信息记录风险	R_{15}	与设备水平、人员素质、信息化水平有关

运输流程共有七个关键风险因素,对其主要风险因素进行诱因探究得到其诱导关系,如表 4-4 所示。

表 4-4　运输流程风险因素诱导关系

关键风险因素	符号	诱导关系
制订送货计划风险	R_{16}	与企业管理水平、人员素质有关
出车准备风险	R_{17}	与设备水平、人员素质有关
出库检查风险	R_{18}	与企业人员素质有关
装车风险	R_{19}	与设备水平、人员素质有关
运输风险	R_{20}	与交通环境、驾驶员素质有关
送货验收风险	R_{21}	与企业人员素质有关
信息记录风险	R_{22}	与设备水平、人员素质、信息化水平有关

对集货、存储、分拣、运输四个主要流程作业主要风险因素诱导关系进行探究，总结归纳出：生鲜食品冷链物流的流程风险和五个因素有关，即企业管理水平、人员素质、设备水平、周边环境及信息化水平，同时这五个基本因素间也存在诱导关系，如表 4-5 所示。

表 4-5　五个基本因素之间的诱导关系

基本因素	符号	诱导关系
企业管理水平	R_{23}	管理水平受到管理者自身知识水平、能力水平等一系列因素影响，与人员素质相互影响
人员素质	R_{24}	人员素质受到个人教育水平、技术能力、性格能力等一系列因素影响，与企业管理水平相互影响
设备水平	R_{25}	设备水平与设备类型新旧程度有关，受工作环境影响
周边环境	R_{26}	周边环境包括人员工作环境和交通环境，受整个社会大环境的影响
信息化水平	R_{27}	与企业管理水平相互影响

4.1.3　关键风险因素层次关系探究

1. 建立邻接矩阵

邻接矩阵是系统中各要素两两之间的逻辑关系，说明了经过长度为 1 的通路后各要素两两之间的可达程度[3]。邻接矩阵中元素 a_{ij} 可定义如下：

$$a_{ij} = \begin{cases} 1, R_i S R_j \\ 0, R_i \bar{S} R_j \end{cases} \tag{4-1}$$

其中，S 表示因素 R_i 对因素 R_j 有直接影响；$\bar{S}$ 表示因素 R_i 对因素 R_j 没有直接影响。依据式（4-1），得出生鲜食品冷链物流主要风险因素的邻接矩阵，如图 4-1 所示。

符号	23	24	25	26	27	1	2	3	4	5	6	7	8	9	10	11	12	13	14	15	16	17	18	19	20	21	22
23	0	1	0	0	1	1	0	0	0	0	1	0	1	1	1	0	1	1	0	0	1	0	0	0	0	0	0
24	1	0	0	0	0	1	1	1	1	0	1	1	1	1	1	1	1	1	1	1	1	1	1	1	1	1	1
25	0	0	0	0	0	1	1	1	1	0	1	0	1	1	1	0	0	1	1	0	1	0	1	0	1	0	1
26	0	0	1	0	0	0	0	1	0	0	0	1	1	0	0	0	0	0	0	0	0	0	0	1	0	0	0
27	0	0	0	0	0	0	0	1	0	1	1	1	0	0	0	1	0	0	0	0	0	0	0	0	0	0	1
1	0	0	0	0	0	0	0	0	0	0	0	0	0	0	0	0	0	0	0	0	0	0	0	0	0	0	0
2	0	0	0	0	0	0	0	0	0	0	0	0	0	0	0	0	0	0	0	0	0	0	0	0	0	0	0
3	0	0	0	0	0	0	0	0	0	0	0	0	0	0	0	0	0	0	0	0	0	0	0	0	0	0	0
4	0	0	0	0	0	0	0	0	0	0	0	0	0	0	0	0	0	0	0	0	0	0	0	0	0	0	0
5	0	0	0	0	0	0	0	0	0	0	0	0	0	0	0	0	0	0	0	0	0	0	0	0	0	0	0
6	0	0	0	0	0	0	0	0	0	0	0	0	0	0	0	0	0	0	0	0	0	0	0	0	0	0	0
7	0	0	0	0	0	0	0	0	0	0	0	0	0	0	0	0	0	0	0	0	0	0	0	0	0	0	0
8	0	0	0	0	0	0	0	0	0	0	0	0	0	0	0	0	0	0	0	0	0	0	0	0	0	0	0
9	0	0	0	0	0	0	0	0	0	0	0	0	0	0	0	0	0	0	0	0	0	0	0	0	0	0	0
10	0	0	0	0	0	0	0	0	0	0	0	0	0	0	0	0	0	0	0	0	0	0	0	0	0	0	0
11	0	0	0	0	0	0	0	0	0	0	0	0	0	0	0	0	0	0	0	0	0	0	0	0	0	0	0
12	0	0	0	0	0	0	0	0	0	0	0	0	0	0	0	0	0	0	0	0	0	0	0	0	0	0	0
13	0	0	0	0	0	0	0	0	0	0	0	0	0	0	0	0	0	0	0	0	0	0	0	0	0	0	0
14	0	0	0	0	0	0	0	0	0	0	0	0	0	0	0	0	0	0	0	0	0	0	0	0	0	0	0
15	0	0	0	0	0	0	0	0	0	0	0	0	0	0	0	0	0	0	0	0	0	0	0	0	0	0	0
16	0	0	0	0	0	0	0	0	0	0	0	0	0	0	0	0	0	0	0	0	0	0	0	0	0	0	0
17	0	0	0	0	0	0	0	0	0	0	0	0	0	0	0	0	0	0	0	0	0	0	0	0	0	0	0
18	0	0	0	0	0	0	0	0	0	0	0	0	0	0	0	0	0	0	0	0	0	0	0	0	0	0	0
19	0	0	0	0	0	0	0	0	0	0	0	0	0	0	0	0	0	0	0	0	0	0	0	0	0	0	0
20	0	0	0	0	0	0	0	0	0	0	0	0	0	0	0	0	0	0	0	0	0	0	0	0	0	0	0
21	0	0	0	0	0	0	0	0	0	0	0	0	0	0	0	0	0	0	0	0	0	0	0	0	0	0	0
22	0	0	0	0	0	0	0	0	0	0	0	0	0	0	0	0	0	0	0	0	0	0	0	0	0	0	0

图 4-1 邻接矩阵

2. 求解可达矩阵

可达矩阵 R 是指用矩阵的形式来说明邻接矩阵中各个因素之间，通过一段长度的通路后可以到达的程度。在本书采用的解释结构模型中，它用以说明生鲜食品冷链物流各关键风险要素之间的彼此影响关系。在明确各关键风险因素之间的关系之前，需要对其进行层级划分，即利用可达矩阵将识别出的全部关键风险因素通过计算划分为不同的等级[4]。

可达矩阵的计算方法如下：

（1）按照式（4-1）创建的邻接矩阵，对邻接矩阵与单位矩阵求和，计算 $[A+I]^2, [A+I]^3, \cdots, [A+I]^n$。

（2）当出现 $R=[A+I]^{n-1}=[A+I]^{n}=[A+I]^{n+1}$ 时，所求 R 即邻接矩阵 A 的可达矩阵。

通过 MATLAB 编程，计算出可达矩阵 R，如图 4-2 所示。

$$
R=\begin{bmatrix}
1&1&0&0&1&1&1&1&1&0&1&1&1&1&1&1&1&1&0&1&1&1&1&1&1&1&1\\
1&1&0&0&1&1&1&1&1&0&1&1&1&1&1&1&1&1&0&1&1&1&1&1&1&1&1\\
0&0&1&0&0&0&1&1&1&1&0&1&0&1&1&1&0&0&1&1&0&1&0&1&0&0&1\\
0&0&1&1&0&0&1&1&1&1&0&1&0&1&1&1&0&0&1&1&0&1&0&1&0&0&1\\
0&0&0&0&1&0&0&0&0&0&0&1&0&1&1&1&0&0&0&1&0&0&0&0&0&0&1\\
0&0&0&0&0&1&0&0&0&0&0&0&0&0&0&0&0&0&0&0&0&0&0&0&0&0&0\\
0&0&0&0&0&0&1&0&0&0&0&0&0&0&0&0&0&0&0&0&0&0&0&0&0&0&0\\
0&0&0&0&0&0&0&1&0&0&0&0&0&0&0&0&0&0&0&0&0&0&0&0&0&0&0\\
0&0&0&0&0&0&0&0&1&0&0&0&0&0&0&0&0&0&0&0&0&0&0&0&0&0&0\\
0&0&0&0&0&0&0&0&0&1&0&0&0&0&0&0&0&0&0&0&0&0&0&0&0&0&0\\
0&0&0&0&0&0&0&0&0&0&1&0&0&0&0&0&0&0&0&0&0&0&0&0&0&0&0\\
0&0&0&0&0&0&0&0&0&0&0&1&0&0&0&0&0&0&0&0&0&0&0&0&0&0&0\\
0&0&0&0&0&0&0&0&0&0&0&0&1&0&0&0&0&0&0&0&0&0&0&0&0&0&0\\
0&0&0&0&0&0&0&0&0&0&0&0&0&1&0&0&0&0&0&0&0&0&0&0&0&0&0\\
0&0&0&0&0&0&0&0&0&0&0&0&0&0&1&0&0&0&0&0&0&0&0&0&0&0&0\\
0&0&0&0&0&0&0&0&0&0&0&0&0&0&0&1&0&0&0&0&0&0&0&0&0&0&0\\
0&0&0&0&0&0&0&0&0&0&0&0&0&0&0&0&1&0&1&0&0&0&0&1&0&0&0\\
0&0&0&0&0&0&0&0&0&0&0&0&0&0&0&0&0&1&0&0&0&0&0&0&0&0&0\\
0&0&0&0&0&0&0&0&0&0&0&0&0&0&0&0&0&0&1&0&0&0&0&0&0&0&0\\
0&0&0&0&0&0&0&0&0&0&0&0&0&0&0&0&0&0&0&1&0&0&0&0&0&0&0\\
0&0&0&0&0&0&0&0&0&0&0&0&0&0&0&0&0&0&0&0&1&0&0&0&0&0&0\\
0&0&0&0&0&0&0&0&0&0&0&0&0&0&0&0&0&0&0&0&0&1&0&0&0&0&0\\
0&0&0&0&0&0&0&0&0&0&0&0&0&0&0&0&0&0&0&0&0&0&1&0&0&0&0\\
0&0&0&0&0&0&0&0&0&0&0&0&0&0&0&0&0&0&0&0&0&0&0&1&0&0&0\\
0&0&0&0&0&0&0&0&0&0&0&0&0&0&0&0&0&0&0&0&0&0&0&0&1&0&0\\
0&0&0&0&0&0&0&0&0&0&0&0&0&0&0&0&0&0&0&0&0&0&0&0&0&1&0\\
0&0&0&0&0&0&0&0&0&0&0&0&0&0&0&0&0&0&0&0&0&0&0&0&0&0&1
\end{bmatrix}
$$

图 4-2　可达矩阵

（3）各主要风险因素的层次划分。根据可达矩阵 R 求可达集 $P(R_i)$ 与先行集 $Q(R_i)$，可达集与先行集的交集 $I(R_i)$。其中，可达集 $P(R_i)$ 是指可达矩阵 R 中因素 R_i 对照的行中，包含 1 的矩阵元素对照的列因素的集合，代表因素 R_i 所到达的因素，即

$$P(R_i)=\{R_j|r_{ij}=1\} \tag{4-2}$$

先行集 $Q(R_i)$ 是指可达矩阵 R 中因素 R_i 对照的列中，包含 1 的矩阵元素对照的行因素的集合，代表能够到达 S_i 的因素，即

$$Q(R_i)=\{Q_j|r_{ij}=1\} \tag{4-3}$$

设 $I(R_i)$ 为可达集与先行集的交集，则
$$I(R_i) = P(R_i) \cap Q(R_i) \tag{4-4}$$

根据图 4-2 的可达矩阵 R，结合式（4-2）~式（4-4）对 R 进行数据探究，求解过程如表 4-6 所示。

表 4-6 可达集 $P(R_i)$、先行集 $Q(R_i)$ 与交集 $I(R_i)$

R_i	$P(R_i)$	$Q(R_i)$	$I(R_i)$
R_{23}	23, 24, 27, 1, 2, 3, 4, 6, 7, 8, 9, 10, 11, 12, 13, 15, 16, 17, 18, 19, 20, 21, 22	23, 24	23, 24
R_{24}	23, 24, 27, 1, 2, 3, 4, 6, 7, 8, 9, 10, 11, 12, 13, 15, 16, 17, 18, 19, 20, 21, 22	23, 24	23, 24
R_{25}	25, 2, 3, 4, 5, 7, 9, 10, 11, 14, 15, 17, 19, 22	25, 26	25
R_{26}	25, 26, 2, 3, 4, 5, 7, 9, 10, 11, 14, 15, 17, 19, 22	26	26
R_{27}	27, 7, 9, 10, 11, 15, 22	27	27
R_1	1	23, 24, 1	1
R_2	2	23, 24, 25, 26, 2	2
R_3	3	23, 24, 25, 26, 3	3
R_4	4	23, 24, 25, 26, 4	4
R_5	5	25, 26, 5	5
R_6	6	23, 24, 6	6
R_7	7	23, 24, 25, 26, 27, 7	7
R_8	8	23, 24, 8	8
R_9	9	23, 24, 25, 26, 27, 9	9
R_{10}	10	23, 24, 25, 26, 27, 10	10
R_{11}	11	23, 24, 25, 26, 27, 11	11
R_{12}	12, 14, 19	23, 24, 12	12
R_{13}	13	23, 24, 13	13
R_{14}	14	25, 26, 14, 12	14
R_{15}	15	23, 24, 25, 26, 27, 15	15
R_{16}	16	23, 24, 16	16
R_{17}	17	23, 24, 25, 26, 17	17
R_{18}	18	23, 24, 18	18
R_{19}	19	23, 24, 25, 26, 19, 12	19
R_{20}	20	23, 24, 20	20
R_{21}	21	23, 24, 21	21
R_{22}	22	23, 24, 25, 26, 27, 22	22

令 L_1, L_2, $\cdots$, L_k 表示不同的关键风险因素层次级别, 样本空间 $S_i = \{L_1, L_2, \cdots, L_k\}$, 则:

$$L_k = R_i \in \left\{ \frac{S - L_1 - L_2 - \cdots L_{k-1} P(R_i)}{P_{k-1}(R_i) \cap Q_{k-1}(R_i)} = P_{k-1}(R_i) \right\} \quad (4\text{-}5)$$

由表 4-6 可以看出, R_{23}、R_{24}、R_{25}、R_{26}、R_{27} 都符合 $Q(R_i) = P(R_i) \cap Q(R_i)$, 所以 $L_1 = \{R_{23}, R_{24}, R_{25}, R_{26}, R_{27}\}$。从表 4-6 中划去 R_{23}、R_{24}、R_{25}、R_{26}、R_{27}, 继续求解 $I(R_i) = P(R_i) \cap Q(R_i)$, 所得结果如表 4-7 所示。

表 4-7 可达集 $P(R_i)$、先行集 $Q(R_i)$ 与交集 $I(R_i)$

R_i	$P(R_i)$	$Q(R_i)$	$I(R_i)$
R_1	1	1	1
R_2	2	2	2
R_3	3	3	3
R_4	4	4	4
R_5	5	5	5
R_6	6	6	6
R_7	7	7	7
R_8	8	8	8
R_9	9	9	9
R_{10}	10	10	10
R_{11}	11	11	11
R_{12}	12, 14, 19	12	12
R_{13}	13	13	13
R_{14}	14	14, 12	14
R_{15}	15	15	15
R_{16}	16	16	16
R_{17}	17	17	17
R_{18}	18	18	18
R_{19}	19	19, 12	19
R_{20}	20	20	20
R_{21}	21	21	21
R_{22}	22	22	22

根据表 4-7 的结果可知, $L_2 = \{R_1, R_2, R_3, R_4, R_5, R_6, R_7, R_8, R_9, R_{10}, R_{11}, R_{12}, R_{13}, R_{15}, R_{16}, R_{17}, R_{18}, R_{20}, R_{21}, R_{22}\}$, 将以上元素划掉后再求 L_3, 求解结果如表 4-8 所示。

表 4-8 可达集 $P(R_i)$、先行集 $Q(R_i)$ 与交集 $I(R_i)$

R_i	$P(R_i)$	$Q(R_i)$	$I(R_i)$
R_{14}	14	14	14
R_{19}	19	19	19

求出 $L_3 = \{R_{14}, R_{19}\}$，此时 $S - L_1 - L_2 - L_3 = \Phi$，所以生鲜食品冷链物流主要风险因素可以划分为三个层次，层次表如表 4-9 所示。

表 4-9 生鲜食品冷链物流 ISM 层次表

层次	风险因素
第一层次	企业管理水平、人员素质、设备水平、周边环境及信息化水平
第二层次	制订（集货、存储、分拣、运输）计划风险、核对信息风险、测温湿检验风险、初加工风险、分级预冷风险、入库风险、生鲜食品养护作业风险、生鲜食品定期质量检查风险、订单复核风险、出车准备风险、出库检查风险、运输风险、送货验收风险、（集货、存储、分拣、运输）流程的信息记录风险
第三层次	拣货风险、包装风险和装车风险

依据表 4-9 的分层次结果，生鲜食品冷链物流集货、存储、分拣、运输四个流程主要风险因素划分为三个层次，各层级之间的相互影响关系，如图 4-3 所示。

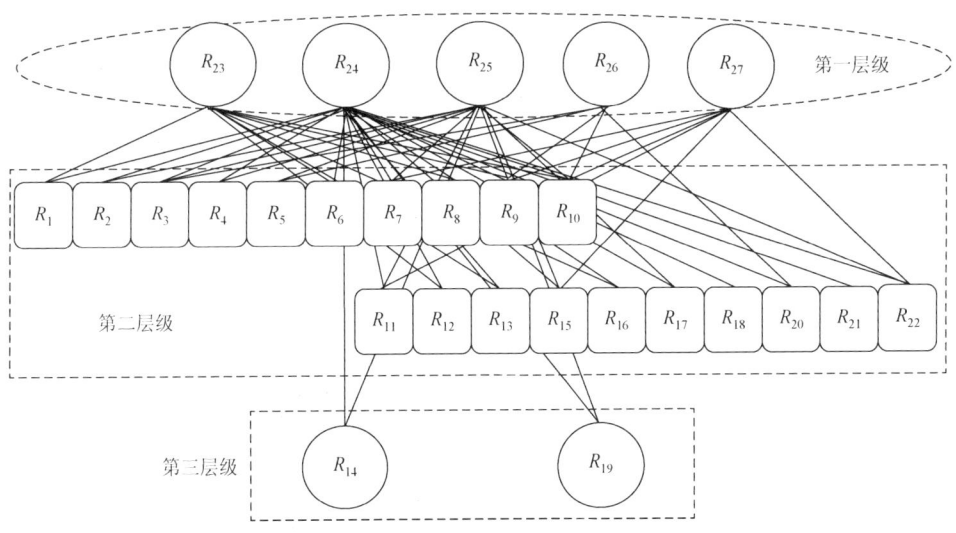

图 4-3 生鲜食品冷链物流 ISM 层次图

研究图 4-3 可以得出以下结论：
（1）企业管理水平、人员素质、设备水平这三个关键风险因素在层级相互影响关系图中处于"牵一发而动全身"的重要地位。从某个意义来说,生鲜冷链物流的脆弱性风险主要是由这三个主导因素造成的,同时这三个因素之间还相互影响,因此,要想进一步改善生鲜冷链物流的脆弱性风险必须从这三方面入手,提高企业管理水平和人员素质。此外,由于企业人员素质还包括个人的技术能力、人员素质提高,相应的个人操作技术能力提高,设备的损耗程度降低,设备水平自然地相应提高,生鲜冷链物流风险也就越小。

(2)造成生鲜冷链物流脆弱性风险的因素不单单局限于某一具体的作业流程,而是贯穿于整个冷链物流系统中,任一流程、任一要素的改变,都会带来风险,风险的集中导致风险事故,最终造成整个供应链的脆弱性,因此,在改善生鲜冷链脆弱性风险的同时除了统筹全局、兼顾局部平衡,还要考虑它们之间的矛盾作用,争取提出全局性的有效的合理对策。

(3)整个供应链中存在从供应商到消费者之间的信息流,由于生鲜冷链食品具有易腐性与时令性,甩卖、退货、囤货的情况时有出现,导致生产和销售不协调、信息不公开,严重影响需求预测的准确性,所以企业应当加强信息整合的能力,从而准确做出需求预测。

4.2 生鲜食品冷链物流系统脆弱性风险评估

4.2.1 事故树分析法

事故树分析法起源于故障树分析法,是指把最不愿意发生的故障状态作为探究目标,叫作顶事件;查出造成这一故障全部可能发生的直接原因,叫作中间事件;再层层追寻到部件或元件或人为原因,叫作底事件;最后用对应的代表符号及逻辑门把顶事件、中间事件和底事件连接成为一个"树"的图形[5]。事故树分析法主要由以下几个步骤构成。

(1)准备阶段;
(2)编制事故树;
(3)定性研究;
(4)定量研究;
(5)研究结果总结与应用。

接下来将利用事故树分析法对生鲜冷链物流风险进行评估。

4.2.2 事故树模型建立

根据第3章分析得到的集货、存储、分拣、运输流程关键风险因素,构建事故树,如图4-4所示。

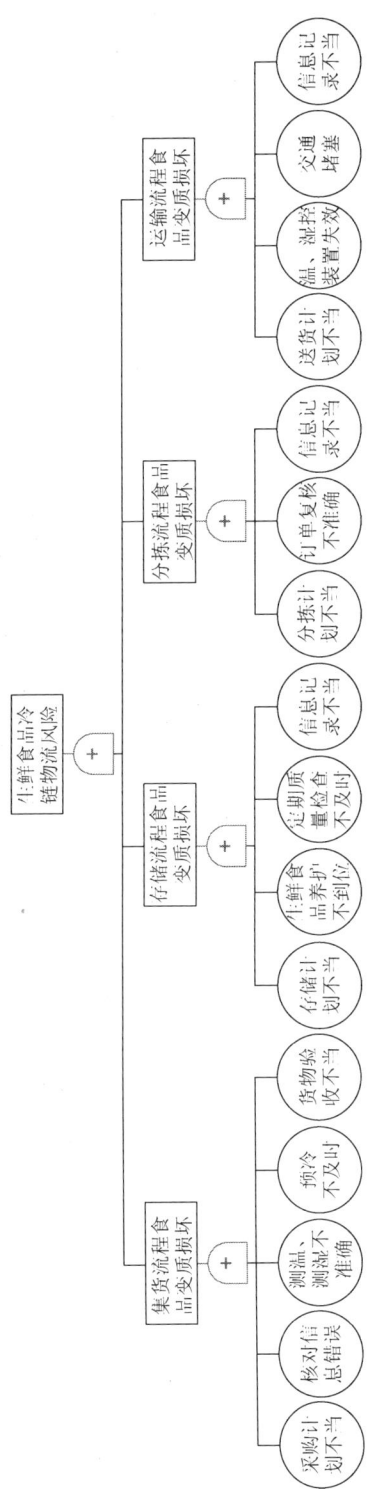

图 4-4 生鲜食品冷链物流事故树

由图 4-4 可知，事故树的顶事件为生鲜冷链物流风险，其次，4 个中间事件依次为集货、存储、分拣、运输流程货物损坏，它们与顶事件用逻辑门相连接，代表同时发生，任一流程的风险都会造成生鲜冷链风险，最后每个中间事件由多个基本事件构成。

造成集货流程食品变质损坏的事件有采购计划不当，核对信息错误，测温、测湿不准确，预冷不及时和货物验收不当；造成存储流程食品变质损坏的事件有存储计划不当、生鲜食品养护不到位、定期质量检查不及时和信息记录不当；造成分拣流程食品变质损坏的事件有分拣计划不当、订单复核不准确和信息记录不当；造成运输流程食品变质损坏的事件有送货计划不当，温、湿控装置失效，交通堵塞和信息记录不当。

4.2.3 生鲜产品冷链物流系统风险评估案例分析

本节具体以 B 企业为案例，探究生鲜食品冷链物流具体作业环节。

B 企业是位于江苏省南京市的某电子商务股份有限公司，主营生鲜类产品，以尊重食材、原色、原味、原生为经营理念，甄选出最佳批次产品，保证生鲜食品的质量安全。同时建有自营的冷链物流配送体系，全程控温冷链，实现从田间到餐桌的一站式服务。它总占地面积 200 余亩[①]，共建设有 2 个冷库，总库容 75000t，一期工程 15000t 低温冷库，二期工程 60000t 高低温两用冷库，用于储存生鲜食品。

本节在对 B 公司实地调研的基础上，经统计研究和企业安环部、采购部、物流部、成品库房部专家打分，整理出事故树基本事件概率，如图 4-5 所示。

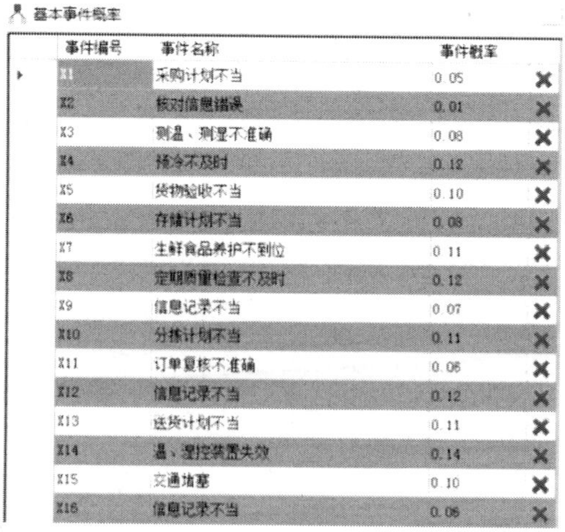

事件编号	事件名称	事件概率
X1	采购计划不当	0.05
X2	核对信息错误	0.01
X3	测温、测湿不准确	0.08
X4	预冷不及时	0.12
X5	货物验收不当	0.10
X6	存储计划不当	0.08
X7	生鲜食品养护不到位	0.11
X8	定期质量检查不及时	0.12
X9	信息记录不当	0.07
X10	分拣计划不当	0.11
X11	订单复核不准确	0.06
X12	信息记录不当	0.12
X13	送货计划不当	0.11
X14	温、湿控装置失效	0.14
X15	交通堵塞	0.10
X16	信息记录不当	0.06

图 4-5 事故树基本事件概率

---

① 1 亩≈666.67m^2。

依据 FreeFta 事故树绘制与研究软件，可以算出顶事件的概率、结构重要度和基本事件的概率重要度：顶事件的概率为 0.7811，结构重要度为同等重要。

对于其他基本事件的概率重要度，软件求解过程如图 4-6 所示。

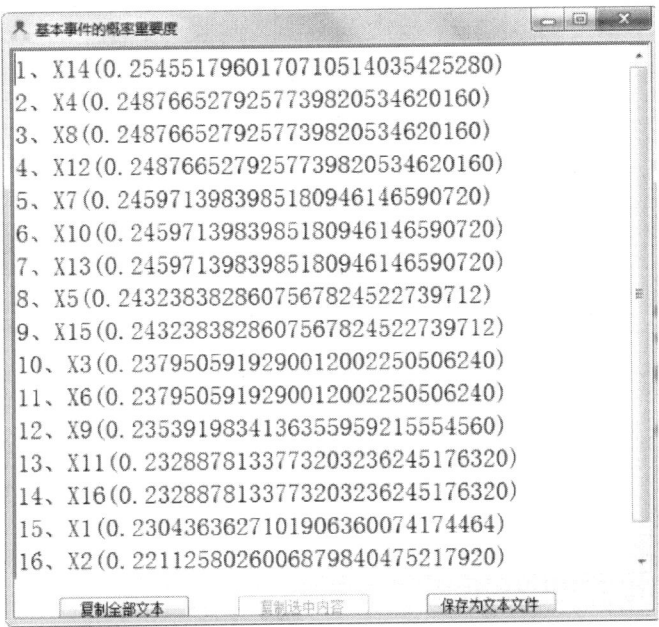

图 4-6　FreeFta 基本事件的概率重要度

对求解出的数据进行排序，如表 4-10 所示。

表 4-10　基本事件概率重要度

编号	基本事件	概率(Q_i)	概率重要度 $I_p(i)$	排序
$X14$	温、湿控装置失效	0.14	0.2546	1
$X8$	定期质量检查不及时	0.12	0.2488	2
$X4$	预冷不及时	0.12	0.2488	2
$X12$	信息记录不当	0.12	0.2488	2
$X7$	生鲜食品养护不到位	0.11	0.2460	5
$X10$	分拣计划不当	0.11	0.2460	5
$X13$	送货计划不当	0.11	0.2460	5
$X5$	货物验收不当	0.10	0.2432	8
$X15$	交通堵塞	0.10	0.2432	8
$X6$	存储计划不当	0.08	0.2380	10

编号	基本事件	概率(Q_i)	概率重要度 $I_p(i)$	排序
$X3$	测温、测湿不准确	0.08	0.2380	10
$X9$	信息记录不当	0.07	0.2354	12
$X11$	订单复核不准确	0.06	0.2329	13
$X16$	信息记录不当	0.06	0.2329	13
$X1$	采购计划不当	0.05	0.2304	15
$X2$	核对信息错误	0.01	0.2211	16

由表 4-10 可知：

$$I_p(14) > I_p(4) = I_p(8) = I_p(12) > I_p(7) = I_p(10) = I_p(13) > I_p(5) = I_p(15) > I_p(3)$$
$$= I_p(6) > I_p(9) > I_p(11) = I_p(16) > I_p(1) > I_p(2)$$

由事故树计算可知，生鲜食品冷链物流系统存在较多风险且贯穿于冷链物流的集货、存储、分拣、运输流程中，大量不确定性风险因素的集中最终将导致风险事故，造成整个冷链物流系统的脆弱性风险，所以，要依据基本事件发生的概率，对生鲜食品冷链物流各流程提出改善脆弱性风险建议，从而提高生鲜食品安全。

4.3 结 果 讨 论

（1）由基本事件结构重要度可知，四个流程的结构重要度都相等，说明在整个冷链流程中，每个流程都同等重要。任一流程的任一要素改变，都会带来风险，风险的集中导致风险事故，最终造成整个供应链的脆弱性风险。

（2）由基本事件概率重要度看出，运输流程的温、湿控装置失效的概率重要度最高，其次为集货流程预冷不及时、存储流程的定期质量检查不及时等，再次为运输流程送货计划不当。由此可见，运输流程是造成生鲜冷链物流系统脆弱性风险的重要流程，而温湿度的调节是关键影响因素，所以，在提出改善脆弱性风险的对策时应当着重于加强物流设施设备的建设，确保在运输整个流程中全程控温与控湿，提高生鲜食品运输的质量与效率。

（3）由事故树整体可知，以生鲜企业的管理运营角度，要想改善生鲜冷链物流系统的脆弱性风险，必须统筹全部环节，同时对集货、存储、分拣、运输流程的基本事件进行控制，同时还要考虑它们之间的矛盾作用、资源的合理配置、市场的规范化程度也应考虑在内，以全方位的角度，提出全局性的有效的合理控制对策。

4.4 本章小结

本章在第 3 章风险识别的基础上，对生鲜食品冷链物流系统的关键性风险进行了层次探究，并利用事故树分析法对风险进行了必要的风险评估，初步度量了冷链物流系统脆弱性风险因素将导致的影响和影响程度。在对 B 公司实际案例的分析基础上，得出运输流程中的温控装置、预冷工作和存储流程的定期质量检查，为生鲜食品冷链物流系统脆弱性风险中最为关键、对系统整体良好运作影响程度最高的因素。这给了生鲜物流企业的管理者一些启示，在后期的管理中应当重点考虑这些因素，统筹整个冷链物流系统流程，更好地应对和改善生鲜食品冷链物流系统的脆弱性风险。

参 考 文 献

[1] 白冰，李平. 基于 ISM 的可达矩阵的简便算法. 价值工程，2015，(4)：213-215.
[2] 张广平. 解释结构模型法（ISM）在科研技术装备管理职能作用探究中的应用. 科研管理，2000，21（2）：68-74.
[3] 张静，李茂清. 由邻接矩阵求解可达矩阵的一种改进简便算法. 电脑知识与技术（学术交流），2007，1（1）：177-178.
[4] 李丽. 药品冷链物流流程风险管理探究. 北京：北京交通大学，2012.
[5] 陈国华，张根保，任显林，等. 基于故障树探究法的供应链可靠性诊断方法及仿真探究. 计算机集成制造系统，2009，15（10）：2034-2038＋2049.

第 5 章　冷链物流系统脆弱性风险控制

冷链物流系统是一个多层次的复杂系统，在第 3、4 章本书介绍了生鲜食品冷链物流系统脆弱性风险的识别和评估，本章将利用系统理论事故及过程模型（STAMP）建立生鲜食品冷链物流系统风险控制系统，在冷链物流环节的基础上建立冷链物流系统控制层级，分析局部控制层级，定义每个控制器的正确控制约束，从而有效防止冷链物流系统的脆弱性风险事故的发生。此外，针对第 4 章解释结构模型（ISM）分析出的三大核心影响因素，分别提出管理建议，从而能够更好地规避冷链物流系统脆弱性风险，降低运营成本和损失。

5.1　冷链物流系统风险控制研究概述

早在 20 世纪 30 年代，欧美国家的学者对冷链物流的研究就已初具雏形，而我国在七八十年代才开始进行生鲜食品冷链物流系统的专业化研究。虽然近些年我国冷链物流发展迅猛，但是相比欧美等发达国家，我国的冷链物流系统仍缺少成熟的运作体系以及先进的设备。进入 21 世纪，欧美等发达国家在冷链技术方面的发展就已经达到领先水平，在预冷、分拣、包装、运输等方面，都已经形成了成熟的运作体系，同时具备先进的生产配套设施。

Casper 非常重视冷链物流标准化的建设，其在文章中提及，国外一些物流运输企业在冷链物流运输过程中，运用物联网方面的设备以及物流信息系统，对运输生鲜食品的车辆全程温度把控，货舱门开关的次数都实施全程监控[1]。Kaplan 等首先对冷链物流企业做了冷链性能评价，根据其评价结果提出相应的改善其冷链性能的相关措施，同时运用层次分析法对其他同类企业进行冷链性能评价，从而便于借鉴和使用[2]。Sterman 研究了一系列的冷链物流相关技术，特别是 RFID 技术在冷链物流运营中对运输货物的温度控制和位置监控所发挥的重要作用[3]。

我国对生鲜食品冷链物流系统风险控制的研究，主要是利用可靠性理论或者其他风险模型识别风险，优化冷链物流系统流程，给出规避风险的方法，从而减少风险因素的发生，降低因风险而带来的损失。罗红梅针对生鲜食品电商网络运送连接过程中可能出现的脆弱性风险提出了新的配送运用模式，建立了串并联的食品冷链物流配送模型并给出了规避方法[4]。罗红梅等通过可靠性理论的提出和分析，从食品冷链物流系统的四个基本环节出发，考虑了冷链物流系统存在的风险因素[5]。孔德财较全面地分析了奶制品冷链物流流程，他认为除了物流信息技术不完善、设施设备不先进，管理人员和操作人员安全意识不强烈、操作不规范等人为原因，也是导致奶制品冷链物流风险增加的重要原因[6]。

因此，本书在总结国内外学者研究的基础上，采用了常用于地铁踩踏事故的STAMP方法，分析生鲜食品冷链物流系统的风险控制流程和控制方法，以期能够取得更好的控制效果。

5.2 系统理论事故及过程模型

STAMP（系统理论事故及过程模型）是在系统条件下，对可能发生的风险因素进行分析，从而预测得到可能发生的事故[7]，该理论的主要观点是事故的发生主要是由于约束没有得到控制，或者没有被良好执行。在这个模型中，上层对下层发出控制指令，下层对上层的指令做出信息反馈。STAMP认为，一旦约束失效或者控制没有得到良好的执行，事故就会发生，当出现三类控制不当情形时，即控制器发出不当指令、下层执行上层控制命令时发生错误、下层对上层的反馈信息不及时以及不准确，就会产生控制缺陷，从而引发事故（图5-1）。

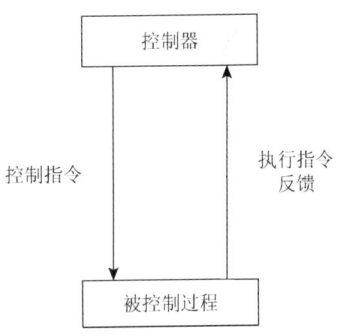

图 5-1 系统控制回路

在STAMP中，主要分为三个层次板块：安全约束、分层安全控制结构和分层安全控制过程。STAMP是通过控制结构来实现多层次安全控制的安全控制模型。而控制结构，即包含一个控制器，控制器里含有过程模型和控制算法，这些算法构成对下层被控制过程的安全约束。控制过程则是上层控制器对下层被控制过程发出控制指令，下层的被控制模型接收到来自上层控制器发出的控制指令后执行指令，并且对上层控制器做出信息反馈的过程。整个控制过程通过不断地执行与反馈，来达到控制过程系统运行平衡的效果。无论是指令发出错误还是反馈信息有误，都会导致事故发生[8]。

5.3 冷链物流系统控制结构

本节将介绍针对整个冷链物流系统各环节所建立的冷链物流系统安全控制结构。

5.3.1 冷链物流系统安全控制结构

对于 STAMP 来说,构建冷链物流风险控制结构就是运用 STAMP 对冷链物流系统风险因素进行基础分析。通过对 STAMP 中安全控制结构的解释,以及生鲜食品冷链物流过程的了解,熟悉各环节之间的联系,找出各控制器以及控制器需要发出的控制约束,再结合生鲜食品冷链物流系统的流程和必要流通环节,给出如图 5-2 所示的冷链物流安全控制结构[9]。

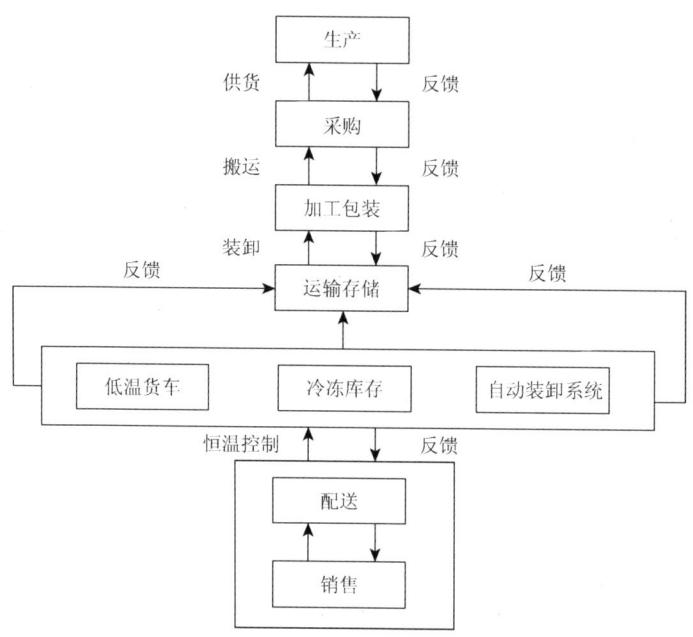

图 5-2 冷链物流安全控制结构

从图 5-2 可以看出,冷链物流从生产、采购,到加工包装、运输存储,再到配送、销售至终端消费者手中,几大环节环环相扣,实现了从上层环节到下层环节的控制,下层结构对上层结构也有一定的信息反馈。各层级控制回路如下:

(1) 生产厂商生产标准化的食品给采购方进行采购,并且和采购方通力合作,做好食品离开生产线的及时预冷工作,同时接受采购方的信息汇报与反馈。生产方作为控制层级的控制器,向采购方提供需求数量、质量合格的生鲜产品,采购方在采购时,为了避免出现订单数量与需求不匹配,所采购食品细菌残留质量不达标等风险,在做出采购订单的同时,及时向生产方反馈所采购产品的信息。

(2）采购方将食品交给食品加工包装厂时会选择环境卫生符合标准的厂商,采购到加工的控制层级中,采购方作为控制器,对加工包装方发出控制指令,指导加工包装方完成对应产品的正确加工包装方式,而加工包装方在具体做食品加工时,对各种产品包装方式与包装过程、产品温度、包装过程产品食品卫生指标向采购方做出完整的信息反馈,用以保证这个控制层级的动态平衡。

（3）加工厂商将加工好的生鲜食品交由拥有自动化搬卸系统的运输与储藏团队,将各类食品的适宜储藏温度信息交由运输物流团队,运输储藏团队将该温度下的食品储藏情况反馈给加工包装厂商。

（4）储藏运输团队和销售配送方始终保持交流信息沟通,运输储藏团队直接交货给下端销售商或者配送方,同时接受销售端的货品清点、汇报与反馈,防止出现订单量不匹配、产品不合格的情况,其中任何一个层级环节出现问题,都有可能导致冷链物流系统的失效。

5.3.2 冷链物流局部控制层级

在了解冷链物流整体控制层级之后,结合生鲜食品冷链物流过程环节,逐个找出过程中不同的控制器与被控制层级,以及相对应的控制约束。运输和存储是冷链物流环节过程的主体,且环节复杂,对设备仪器要求较高,作为控制器来说,所承担和发出的控制约束较多,也较严格。

发出约束控制是 STAMP 风险分析的基础,约束条件不当或者控制指令错误将产生不良后果。在运输过程中,货车所运输的生鲜食品应时刻保持食品所需的温度,低温货车在运输过程中会因为各项原因导致温度失控,从而导致生鲜产品腐坏变质。因此,保持低温货车恒温,是有效控制冷链物流减少风险的关键约束条件。用于储藏生鲜食品的低温冷库系统保持所运输食品所需要的温度,并控制温度不变是预防风险发生的安全约束。自动装卸系统在冷链物流运输途中,搬卸货自动化,避免了人工搬运过程中生鲜食品长期暴露在阳光下,致使温度升高,从而导致产品损坏变质的风险,也是预防风险发生的重要安全约束。在低温恒温系统和自动装卸系统两个系统中,通过外温检测与产品温度自检可以实现约束控制。

5.3.3 控制器及其安全约束

过程控制是 STAMP 的一个重要组成部分。过程控制是指在绘制结构控制图的基础上,对事故的结构进行具体的过程分析,完成高层级对低层级的控制与低层级对高层级的反馈的过程。本节以食品冷链物流系统为例,分析生鲜食品从生产、采购、加工包装、储藏运输,到销售配送这一流程的简单控制结构,并分析其控制过程。冷链物流系统控制过程如图 5-3 所示。

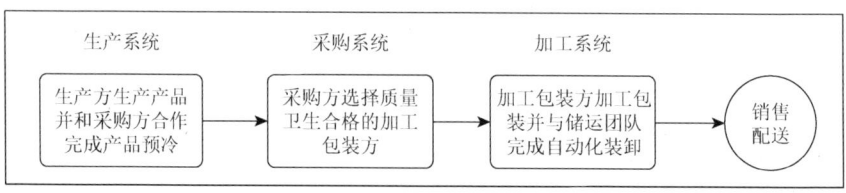

图 5-3　冷链物流系统控制过程

当出现约束条件不当或者控制指令错误时,将导致事故的发生。比如,生产方将生产好的产品直接交给采购方,采购方将会采购到产品质量参差不齐的食品,这是由于预冷工作这一约束条件没有完全实现而导致的结果。采购方不经卫生考核交由加工不符合标准的厂商进行食品加工,导致食品加工时细菌滋生,加工厂商没有给出食品储藏适宜温度,或者没有与储运团队合作匹配达成自动化装卸系统,而导致产品安全质量出现问题或者冷链恒温控制断链,也是生鲜食品冷链物流系统常会面对的脆弱性事故风险。在局部控制层级中,要想生鲜食品冷链物流不间断,每一个控制器都应该遵守必要的控制约束。各流程控制约束如表 5-1 所示。

表 5-1　基于 STAMP 冷链物流控制层级设计约束

环节	设计约束	可能的设计缺陷
生产	保证生产符合安全规定 与采购方完成产品预冷控制	生产方不按生产安全生产 没有与采购方保持合作
采购	必须选择正规加工包装方 从标准化生产方采购食品	预冷设备配备不完全
加工包装	与储运匹配达到自动装卸 达到一定加工卫生标准 操作工人自身素质达标	加工环境不符合标准 加工工人素质欠缺
储运	必须保证恒温控制系统温度 掌握各类食品储藏要求 搬卸货物达到自动化水平 与其他合作方保持沟通交流	温度控制因人工或设备问题不能实现 自动化搬卸不能实现 对不同产品的储存温度把控不好
销售	必须保证冰柜存放合理	冷藏冰柜设备没有标准化

5.4　风险控制实例分析

在 STAMP 风险识别分析下,发现在生鲜冷链物流系统的脆弱性风险中,温度因素是最重要也是最不容易控制的。为了保障冷链物流系统温度恒定,需要单独建立冷链物流恒温控制系统,利用 STAMP 的有效分析,考虑为了使冷链运输过程的温度达到规定要求,控制层级应该发出哪些控制指令。

在生鲜食品冷链物流系统中,食品在采购流程开始就对温度有着非常高的要求。温度一旦失控或不在控制范围内,将会引起控制失效,导致食品腐烂变质事故的发生。因此,需要单独对温度的控制建立恒温控制系统,从而保证产品温度始终处于其自身的需要范围内[10]。在恒温控制系统中,产品储存温度是冷链物流系统失效风险发生的一个安全约束。在这一控制层级中,智能控温主机作为控制层级的控制上层,对恒温控制系统发出控制指令,同时,下层子系统对控制器发出信息进行整理与反馈,及时对系统温度实施有效控制,保持温度在产品自身需要的范围内,防止温度失控导致产品变质风险的发生[11]。

在恒温控制系统中,上层控制器所发出的控制指令主要由冷链物流工作人员依据所运输和储存的产品特性进行判定和输入,而处于运输和储藏过程的各类食品自身所需的外界温度,是工作人员需要判定的温度失控风险界限范围值。当产品储藏温度高于这个风险界限范围值时,可以判定是由控制室温度的升高而引起冷链物流系统失效,引起黄灯警戒,自动进入下一个风险范围的判定,这个风险数据范围主要是通过各类被保存或处于冷链运输状态的生鲜食品所需要的温度决定的,可以主要从冷冻与冷藏两个方面进行判定。

操作人员将冷藏冷冻温度风险界限范围值输入智能主机中,操作人员在控制层级中属于下层控制层级,而智能主机在控制层级中属于上层控制主体,智能主机将它所判断的冷链物流储存环境的温度范围值显示在显示屏上,操作人员根据这个温度范围值来控制恒温系统,将所得到的信息回馈整理,信息反馈给主机,以此保障这个控制层级的动态平衡[12]。恒温系统控制过程如图 5-4 所示。

利用运送货物的货车上的温度感应装置感应出当前产品储存环境的温度,并将检测的温度与设定的安全界限进行比对,如果感应出的温度高于安全界限温度,将重新启动货运车恒温系统以降低产品环境温度;如果感应出的温度在安全界限温度内,那么整个恒温控制系统将正常运行。温度测试过程如图 5-5 所示。

如果仅凭人工测量获得产品环境温度,则系统容易出现较大误差,所以在恒温控制系统中需要增加用于测量产品自身温度的专业系统。当温度感应监控系统检测出产品环境温度过高时,则恒温控制系统将被激活并工作,即若检测出的产品环境温度高于限定值,报警系统将立即被激活,随之恒温控制系统将被启动并工作,恒温系统通过与温度感应监控系统的互相配合与实时信息传输,从而将产品环境温度调到最佳水平[13]。

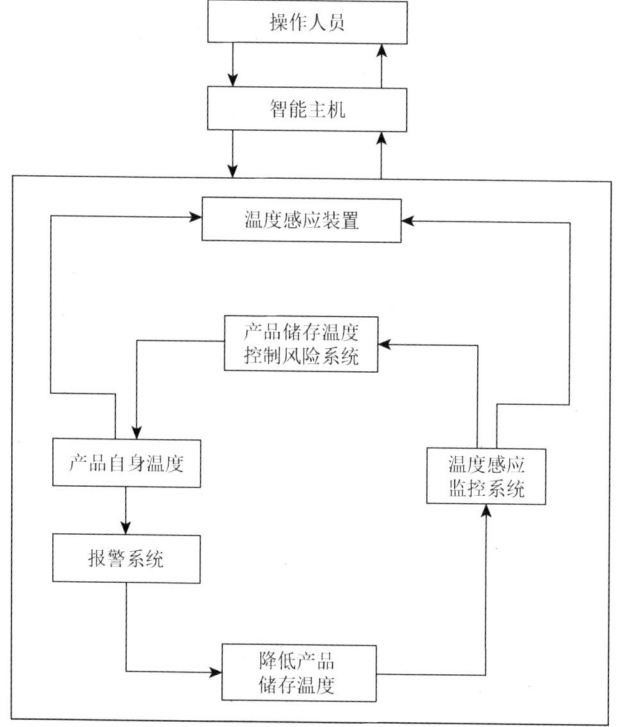

图 5-4 恒温系统控制过程结构

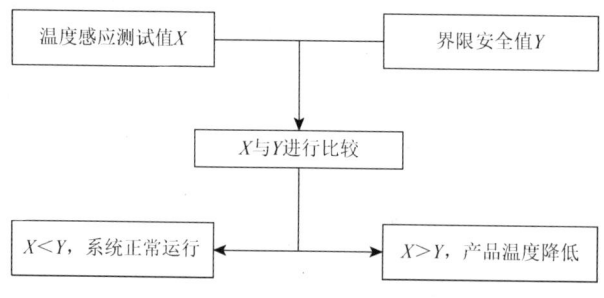

图 5-5 温度测试过程图解

5.5 风险控制对策

第 3 章开展了基于事故致因理论的生鲜冷链物流系统脆弱性风险识别,第 4 章对其进行了深入探究与评估,并进行了诱导关系层次探究和构建事故树研究,再加上本章的 STAMP 控制结构模型和冷链物流系统控制结构,本书较深层次地解析了导致生鲜食品冷链物流系统脆弱性风险的关键风险因素。本节将结合之前所做的研究，从规范体系、提升素质水平、设备创新方面提出相应的改善生鲜食品冷链物流系统脆弱性风险对策。

5.5.1 整合信息，建立完整独立的冷链信息化体系

一个企业信息整合的能力与企业管理水平有关。管理水平是生鲜食品冷链物流系统脆弱性风险存在的一个根本性因素，建立完整独立的冷链信息化体系，有利于提升作业效率与管理水平。在集货和存储流程方面，通过信息化系统将食品与其储架的货位信息录入系统，以便及时地取货和补货，了解食品的特性（保质期）和库存情况；在运输方面，上下游之间利用 EDI 技术、GPS 技术来相互交流，实现供应链一体化，对冷藏箱和冷藏车进行全方位动态监控，使供应商和最终客户之间可以进行信息共享；在最终售后服务方面，为生鲜食品安全质量提供信息化保障，做到信息可溯源、有据可依，对于质量不过关的食品追溯至源头。

5.5.2 提高企业员工素质水平，培养复合型人才

员工素质水平是造成生鲜冷链物流系统脆弱性风险的主导因素之一。在冷链物流系统的各流程中，订单核对与复核、初加工简单包装、定期质量检查等都与企业人员素质水平有关，但综合型人才的稀缺是影响生鲜食品冷链物流发展的一个主要原因[14]。因此，政府部门应增加对生鲜食品冷链物流重要性的宣传途径，企业管理层应对从事相关工作的基层人员进行培训，使其熟练运用冷链技术，规范操作；此外，高等院校也应重视冷链物流专业教育，鼓励学生参与相关课程的选课，向社会提供冷链物流复合型人才。

5.5.3 加强基础设施建设，引入先进技术

生鲜食品在整个冷链物流流程中对温湿控设备有很强的依赖性，一旦设备失效，食品的品质必将受到威胁，也将导致生鲜食品冷链物流系统的脆弱性风险。尽管存储流程制订养护计划定期对设备进行维护，可以解决部分失效问题，但对基础设施设备进行技术改造或更新，才是解决问题的根本方法。在包装设备方面，利用可回收的 EPP 箱，由电商厂家自行清洁，操作简便，节省成本；在存储技术设备方面，引进自动化预冷技术，包括储藏技术自动化、库房自动化预警系统以及高密度动力存储（HDDS）电子数据交换技术，提高保鲜的效率，保障品质；在运输设备方面，借鉴国外多式联运发展先进的技术经验，采用冷藏集装箱多式

联运，将集装箱与传统运输方式结合，不仅能够克服传统运输方式不能进行"门到门"服务的缺点，还极大地提高了传统冷藏运输的质量。

5.5.4 规范行业，强化市场主体地位

生鲜冷链物流系统是综合化的供应链系统，行业间的竞争环境错综复杂。政府部门应当加强对行业的监管力度，在集货和存储环节重点进行生产日期、温湿度控制的监管，在销售终端重点检查冷藏箱、冷藏车等设备是否按照规定装有全程温控、湿控装置，做到将冷链全过程纳入监管体系之中并定期抽查，严惩企图蒙混过关的企业。此外，还应强化市场的主导地位，合理进行资源配置，为冷链物流行业的健康发展提供一个良好的氛围。

5.6 本 章 小 结

本章结合 STAMP，从层级控制的角度出发，分别从生产—采购、采购—包装、包装—储运、储运—销售几个控制层级分析了冷链物流流通环节的脆弱性与风险因素。冷链物流流通环节从生鲜食品被生产之后，始终应该处于冷藏冷冻温度中，所以温度控制在系统中是保障各环节不出事故的重要节点，因而在 STAMP 分析的基础上建立了冷链物流恒温控制系统。另外，由第 4 章 ISM 结果可知，企业管理水平、设备水平和人员素质这三个核心因素对绝大多数的风险因素都有影响，因而在改善生鲜食品冷链物流系统脆弱性风险时，提高企业管理水平和企业人员素质水平，对改善脆弱性风险有积极作用。此外，在改善生鲜冷链物流系统脆弱性风险的同时，除了要统筹全局，保持局部平衡，还要考虑它们之间的矛盾作用，争取提出全局性的合理对策。

参 考 文 献

[1] Casper C. Safety starts with temperature control. Food Logistics，2007，（12）：16-20.
[2] Kaplan R S，Norton D P. The balanced scorecard-measures that drive performance. Harvard Business Review，1992，70（1）：71-79.
[3] Sterman J D. Modeling managerial behavior：Misperceptions of feedback in a dynamic decision making experiment. Working Papers，1989，35（3）：321-339.
[4] 罗红梅. 电商生鲜品冷链物流运作及风险控制研究. 曲阜：曲阜师范大学，2014.
[5] 罗红梅，李学工. 基于可靠性理论的食品冷链物流风险控制模型. 标准科学，2014，（1）：72-76.
[6] 孔德财. 乳制品冷链物流系统风险评价研究. 长沙：长沙理工大学，2014.
[7] 阳小华，刘杰，刘朝晖，等. STAMP 模型及其在核电厂 DCS 安全分析中的应用展望. 核安全，2013，12（3）：42-47，88.

- [8] 李娟, 汪厚祥, 林海涛. 基于 STAMP 的舰载作战系统软件安全研究. 舰船科学技术, 2010, 32（9）: 63-66, 75.
- [9] 朱新球. O2O 生鲜电商食品冷链物流系统风险管理研究——以上海厨易配菜有限公司为例. 物流技术, 2017, 36（3）: 127-133.
- [10] Gaber T, Griffith T K. The assessment of community vulnerability to acute hazardous materials incidents. Journal of Hazardous Materials, 1979, 3（4）: 323-333.
- [11] 王建华, 孙剑, 李翔玉, 等. 基于 STAMP 模型的建筑施工安全事故研究——以武汉东湖景区"913"事故为例. 住宅科技, 2015,（5）: 47-50.
- [12] 缑变彩, 李婧琳, 王帆. 基于 STAMP 的地铁施工安全控制结构研究. 山西建筑, 2013, 39（34）: 269-271.
- [13] 闫宏伟. 基于 STAMP 的轨道交通全自动运行系统安全分析研究. 北京: 北京交通大学, 2016.
- [14] 吴传淑. 中美农产品冷链物流对比. 世界农业, 2015,（7）: 79-82.

第6章 冷链物流系统风险因素

本章立足我国冷链物流行业发展现状，对冷链物流系统风险成因进行剖析。运用社会技术系统理论将各影响因素进行分类，然后利用系统动力学软件构建出动态反馈模型，最后借助社会网络分析法寻找出其中的关键性因素。

6.1 冷链物流系统风险因素分析

6.1.1 引言

近年来，信息技术发展迅速，国际贸易规模不断扩大，物流业也适时地抓住了此次机遇，取得了前所未有的进步，其中，冷链物流的经营成绩尤为突出。随着人均收入水平的提高，居民对冷链物流商品的要求也更加严格，冷链物流行业面对的风险也越来越大。迄今为止，很多学者已经对冷链物流系统的风险因素做了较为广泛的研究。

罗军等从食品供应链出发，剖析其特有结构与运作特点，全面阐述了我国食品供应链运作中的五大风险，基于风险防范的角度，从食品源头控制、供应链重构、信息化和冷链物流四个方面提出了防范食品供应链风险的措施，并以山西黎城核桃加工企业为实例进行调查，进一步证明了其风险防范措施的有效性[1]。赵晓飞总结了我国传统农产品供应链模式的弊端，提出了现代农产品供应链体系的构想：以信息化为基础，以渠道体系为核心，以组织体系为支撑，以服务体系和安全体系为保障促进农产品供应链系统的高效运作[2]。颜波等首先按照物联网的三个层次对整个农产品供应链上的风险加以识别，归纳出物联网背景下的农产品供应链风险因素，主要包括：感知层风险、网络层风险及应用层风险。其次，利用 OWA 算子对风险因素进行定量评估，并使用风险扩散及收敛模型找出衡量供应链风险波动的定量指标。最后，提出了基于物联网视角的农产品供应链风险管理与控制的建议[3]。刘沛等指出可以从减少中间环节出发，缩短供应链长度，进而减少冷链物流的不确定性风险，并提出了以连锁超市为主导的生鲜产品供应链[4]。程鹏运用联合事件树分析法、故障树分析法构建了供应链失效风险的贝叶斯网络模型，并以北京一家大型童车生产企业为例，对供应链失效风险进行了评估，结果表明该模型更有利于研究供应链失效风险[5]。刘雪梅等则全面剖析了冷链物流供应链中可能存在的风险因素，并提出相应的防范措施，以期实现有效规避冷链物流系统风险的目的，进一步推动冷链物流供应链的发展[6]。在供应链脆弱性风险研究方面，宁钟认为供应链的复杂性带来了风险性和脆弱性。经过分析将供应链脆弱性的原因分为七大类,即当前供应链运行模式注重效率而非效力、全球化趋势扩大、生产分销的集中化、外包生产日益盛行、供应商数量缩减、需求波动频繁和供应链运作缺乏透明性。同时提出需要采用变化管理的方法应对这些挑战[7]。王玲等遵循"脆弱性的内涵界定—脆弱性影响因素—脆弱性评估—脆弱性预警—供应链恢复力"的研究思路,对国内外文献进行了梳理与评述,并对未来研究方向进行了展望[8]。

综上可知,现有的研究多是从一种角度出发,缺乏对整个冷链物流系统风险综合、全面的研究。为弥补这一空白,本章将从技术、管理、社会三个方面分析冷链物流系统存在的风险因素,并从定性和定量两个角度探索冷链物流系统风险的主要因素及各种因素间的内在联系。

6.1.2 基于社会技术理论的冷链物流风险要素分析

1. 社会技术系统

社会技术系统理论是由英国学者 Treaster 通过对达勒姆煤矿采煤现场的作业组织进行研究后提出的,该理论认为,组织是由社会系统和技术系统相互作用而形成的社会技术系统,即包括正式组织、非正式组织、技术系统、成员的素质等多种因素形成的复合系统。它强调组织中的社会系统不能独立于技术系统而存在,技术系统的变化也会引起社会系统发生变化,即组织不仅是由厂房、人力、资金、机器和生产程序综合起来的物质组织,也是调整人的行为的"人的组织"或由人的行为构成的人群关系系统。这种理论对构成一个组织的许多复杂的因果关系了解得更为深入,其中,社会技术系统包括管理系统、技术系统和社会系统,系统中的各因素相互影响、相互作用。

2. 社会技术系统理论模型

在总结归纳现有文献的基础上,结合社会技术系统理论,对冷链物流系统风险进行分析,将各个风险要素分为以下三类风险。

(1) 管理方面的风险因素。管理方面的风险因素包括企业经营战略、需求预测准确性、技术人员操作水平、冷链供应链管理水平、应急预案的完善、物流信息沟通与共享、投资风险、冷链企业财务运转、原料质量与性能、服务规范体系的完善。

(2) 社会系统方面的风险因素。社会系统方面的风险因素包括市场供需情况、国家政策支持与监督、加工环境卫生达标程度、市场供需不平衡、交通堵塞、恶劣天气。

(3) 技术方面的风险因素。技术方面的风险因素包括温度湿度监控技术、冷藏车质量、预冷技术水平、产品包装合格率、冷库设备质量、库存控制水平。

6.1.3 基于系统动力学的因素动态反馈模型

1. 系统动力学

系统动力学综合了自然科学和社会科学，用于分析研究信息反馈系统。系统动力学模型的特点是各影响因素之间相互作用，形成因果关系反馈图，通过观察因果关系反馈图来找出其中的关键性因素。在系统动力学的动态反馈模型中，各个主体因素之间都存在着相互作用，"+"代表着正反馈，表示两个因素朝着同一个方向发展；"-"代表着负反馈，表示两个因素朝着相反的方向发展。

2. 系统动力学动态反馈模型

结合之前的社会技术系统模型，冷链物流系统风险因素被归纳到管理风险、社会系统风险和技术系统风险这三大类里，现在利用系统动力学探索各个风险因素中的因果关系。

管理风险要素因果反馈图如图 6-1 所示。

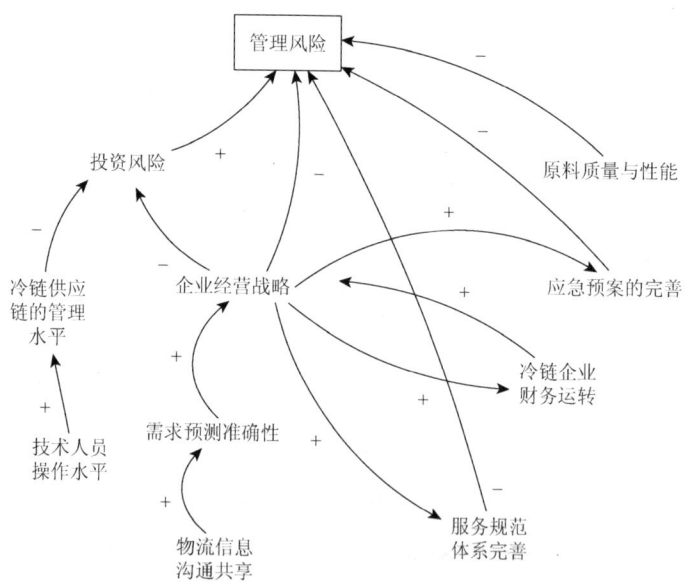

图 6-1 管理风险要素因果反馈图

图 6-1 中管理风险各个因素之间的反馈回路为：技术人员操作水平 ⇄ 冷链供应链的管理水平 ⇄ 投资风险 ⇄ 管理风险；物流信息沟通共享 ⇄ 需求预测准确性 ⇄ 企业经营战略 ⇄ 投资风险 ⇄ 管理风险；企业经营战略 ⇄ 服务规范体系完善 ⇄ 管理风险；企业经营战略 ⇄ 应急预案的完善 ⇄ 管理风险；原料质量与性

能⇒管理风险;企业经营战略⇒冷链企业财务运转;冷链企业财务运转⇒企业经营战略⇒管理风险。

社会系统风险要素因果反馈图如图 6-2 所示。

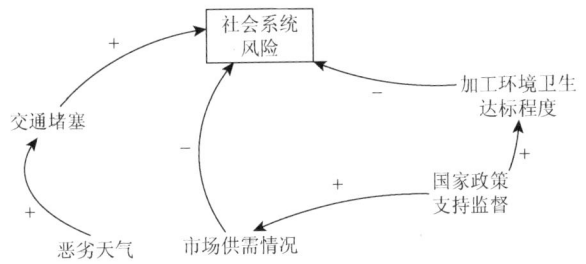

图 6-2 社会系统风险要素因果反馈图

图 6-2 中的因果反馈回路为:恶劣天气⇒交通堵塞⇒社会系统风险;国家政策支持监督⇒市场供需情况⇒社会系统风险;国家政策支持监督⇒加工环境卫生达标程度⇒社会系统风险。

技术系统风险要素因果反馈图如图 6-3 所示。

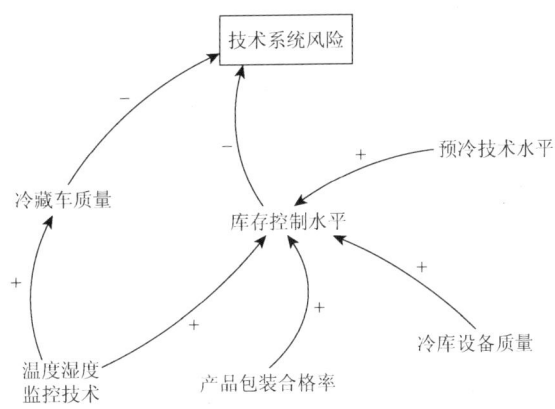

图 6-3 技术系统风险要素因果反馈图

图 6-3 中的因果反馈回路为:温度湿度监控技术⇒冷藏车质量⇒技术系统风险;温度湿度监控技术⇒库存控制水平⇒技术系统风险;产品包装合格率⇒库存控制水平⇒技术系统风险;冷库设备质量⇒库存控制水平⇒技术系统风险;预冷技术水平⇒库存控制水平⇒技术系统风险。

3. 系统动力学模型分析

将以上三个子系统综合成一个总系统,如图 6-4 所示。

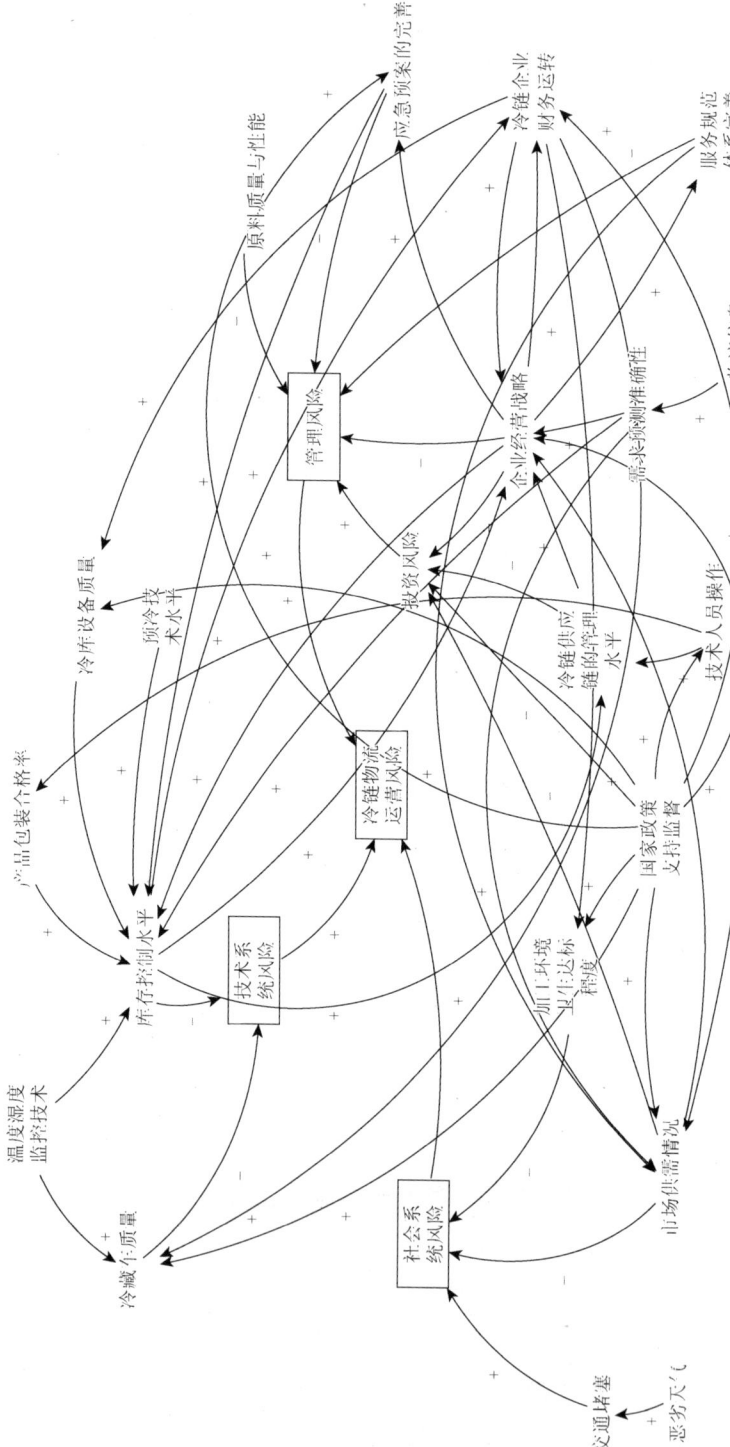

图 6-4 冷链物流系统风险要素因果反馈图

从综合反馈图中可以看出，冷链物流系统风险中的因素是相互作用、相互影响的。针对冷链物流企业，运营情况会受市场需求变化的影响，需求预测的准确性会直接影响企业经营战略的制定。同时，加强对技术人员的培训也是至关重要的，冷链物流企业需要提高库存管理能力，规范冷链物流服务体系，完善风险应急方案，从而增强冷链物流企业的竞争实力。

6.2 冷链物流系统风险因素的社会网络分析

本节将冷链物流系统风险因素作为网络节点，将它们之间的相互作用作为连线，利用社会网络分析法深入探究各影响因素之间的关系。

6.2.1 指标建立

参照现有文献的风险指标评价体系，结合上节的社会技术系统理论的相关内容，得到了如表 6-1 所示的冷链物流系统风险影响因素指标体系。

表 6-1 冷链物流系统风险影响因素指标体系

一级指标	二级指标	文献来源
管理风险	企业经营战略（I_1） 需求预测准确性（I_2） 技术人员操作水平（I_3） 冷链供应链的管理水平（I_4） 应急预案的完善（I_5） 物流信息沟通共享（I_6） 投资风险（I_7） 冷链企业财务运转（I_8） 原料质量与性能（I_9） 服务规范体系完善（I_{10}）	赵晓飞[2] 颜波等[3] 刘沛等[4] 程鹏[5] 陈小霖等[9]
社会系统风险	市场供需情况（I_{11}） 国家政策支持监督（I_{12}） 加工环境卫生达标程度（I_{13}） 交通堵塞（I_{14}） 恶劣天气（I_{15}）	王雪峰[10] 刘雪梅等[6] 宁钟[7]
技术系统风险	温度湿度监控技术（I_{16}） 冷藏车质量（I_{17}） 预冷技术水平（I_{18}） 产品包装合格率（I_{19}） 冷库设备质量（I_{20}） 库存控制水平（I_{21}）	王玲[8] 张秀萍[11]

6.2.2 关联分析

本阶段的关联分析是对之前建立的冷链物流系统风险影响因素指标体系中的影响因素进行系统的分析,探究出各指标之间的相互作用与联系。主要是建立冷链物流系统风险影响因素邻接矩阵,该矩阵是用来表示各影响因素间的关联(影响)程度和相互作用关系的数据方阵。这个矩阵中的各行、各列依次表示各个影响因素指标,矩阵中的数值则表示的是各指标之间的影响程度。0 表示影响因素之间没有关联,1 表示影响因素之间弱关联,2 表示影响因素之间强关联。采用专家打分法,邀请 20 位对冷链物流领域有深入研究的教授级学者根据自己的经验给 21 个指标之间的联系打分,最终确定冷链物流系统风险影响因素的邻接矩阵。由于 21×21 的矩阵涉及的数据很多,给出前 10 个影响因素之间的邻接矩阵作为示例,如表 6-2 所示。

表 6-2 冷链物流风险影响因素邻接矩阵(前 10 个影响因素)

	I_1	I_2	I_3	I_4	I_5	I_6	I_7	I_8	I_9	I_{10}
I_1	0	0	0	0	2	0	2	2	0	1
I_2	1	0	0	1	0	0	1	2	0	1
I_3	0	0	0	2	0	0	1	0	0	1
I_4	0	2	0	1	0	0	2	0	1	0
I_5	0	0	0	1	0	0	0	0	0	1
I_6	2	2	0	0	1	0	2	2	0	1
I_7	0	0	0	0	0	0	1	0	0	0
I_8	2	0	0	0	1	0	2	0	0	1
I_9	0	0	0	2	0	0	0	0	0	0
I_{10}	0	0	0	0	1	0	0	0	2	0

6.2.3 矩阵分析

本章通过 UCINET 软件对冷链物流系统风险影响因素邻接矩阵进行中心性分析。中心性是社会网络分析的重点之一,用来定量描述网络中各个节点所拥有的"权力"。这种权力是指各个节点之间实存或潜在的互动模式,一般由影响和支配两方面构成,其中,影响维度是指一个节点对其他节点产生影响的能力;支配维度是指一个节点通过提供恩惠或施加惩罚来控制另一个节点,意味着其他节点对该节点的屈服。中心性大的因素能够对其他风险因素产生重大影响,因此,本章采用社会网络分析中的中心性分析方法对冷链物流系统风险影响因素进行分析，结果如表 6-3 所示。

表 6-3　冷链物流风险影响因素中心性分析结果

影响因素	点出度	点入度	中间中心度	内接近中心度	外接近中心度
I_1	0.000	10.000	59.000	15.152	10.762
I_2	12.000	8.000	47.000	12.903	8.000
I_3	9.000	9.000	29.333	12.500	7.762
I_4	3.000	11.000	9.000	12.346	4.762
I_5	9.000	2.000	9.000	11.976	8.772
I_6	5.000	1.000	9.000	11.905	8.889
I_7	5.000	10.000	2.000	11.765	8.929
I_8	4.000	0.000	2.000	11.364	8.475
I_9	3.000	7.000	1.333	11.364	8.333
I_{10}	2.000	5.000	1.333	11.111	8.475
I_{11}	2.000	2.000	1.000	10.929	8.621
I_{12}	1.000	5.000	0.000	5.249	9.174
I_{13}	1.000	2.000	2.000	5.000	9.804
I_{14}	1.000	4.000	1.000	5.000	4.762
I_{15}	1.000	2.000	0.000	5.000	7.804
I_{16}	1.000	0.000	1.000	4.762	10.811
I_{17}	0.000	12.000	1.000	4.762	12.195
I_{18}	1.000	1.000	0.000	4.762	9.174
I_{19}	0.000	4.000	1.000	4.762	4.762
I_{20}	0.000	2.000	1.000	4.762	5.000
I_{21}	8.000	0.000	0.000	4.762	9.259
标准差	3.667	3.667	8.095	8.673	7.834
方差	4.004	3.859	16.080	3.706	2.282

1. 点度中心性分析

根据构建的邻接矩阵，可以采用点入度和点出度来研究冷链物流系统风险各影响因素的中心性，以此表示与该点具有直接连接或相邻连接的连线数和连接的强度。如表 6-3 所示，冷链企业财务运转（I_8）、恶劣天气（I_{15}）、湿度温度监控技术（I_{16}）拥有比较低的点入度，表示这些影响因素不容易受其他影响因素的影响；

而技术人员操作水平（I_3）、应急预案的完善（I_5）、库存控制水平（I_{21}）拥有比较高的点出度，表明这几个影响因素节点与其他的节点交往行为比较多，会对其他因素产生直接的影响。

2. 中间中心性分析

中间中心度测量的是网络中的一个节点控制其他节点的能力。如果一个点的中间中心度为 0，则说明该点处于网络的边缘，不能控制任何节点，当某一节点的中间中心度越高，代表这一节点连接其他两个群体的可能性越大，就有越强的控制其他节点的能力。如表 6-3 所示，企业经营战略（I_1）、需求预测准确性（I_2）、技术人员操作水平（I_3）这三个节点具有较高的中间中心度，即表示这三个影响因素是其他因素节点的来往枢纽，在网络中处于重要地位，拥有较强大的控制其他节点之间交往活动的能力。表中任意一个影响因素节点与其他所有节点的距离的标准差为 8.095，这表示系统中任意一节点与其他各影响因素节点之间的关联比较弱。表中的方差为 16.080，方差与标准差的比值是 1.98，远远大于 1，这个数据提醒冷链物流企业需要特别重视中间中心性比较高的风险影响因素，即企业经营战略（I_1）、需求预测准确性（I_2）、技术人员操作水平（I_3）这三个节点是冷链物流企业成功运营的关键。

3. 接近中心性分析

点的接近中心度是测量一个节点不受其他节点控制的指标，分为内接近中心度和外接近中心度。接近中心度可以用点与点之间的"距离"来衡量，如果一个点具有较高的接近中心度，说明该点与网络中所有其他点的"距离"都很短，也说明该点越不受其他点控制。由表 6-3 可知，国家政策支持监督（I_{12}）、温度湿度监控技术（I_{16}）、冷藏车质量（I_{17}）、预冷技术水平（I_{18}）、库存控制水平（I_{21}）这几个因素是具有较高的外接近中心度，是冷链物流系统的关键性风险影响因素，而加工环境卫生达标程度（I_{13}）、冷链供应链的管理水平（I_4）和恶劣天气（I_{15}）这几个因素既没有较低的内接近中心度，也没有较高的外接近中心度，表明这些影响因素的控制力十分薄弱。

6.3 结果讨论

本节从三种不同的角度分析各个风险影响因素在整个冷链物流系统中的重要性，如表 6-4 所示。由于没有考虑到各节点之间的交往规模，三种分析结果存在一些不一致的地方，但总体而言结果相差不大。

表 6-4 三种分析结果对比

指标分析	需要高度关注的影响因素	处于最末位的影响因素
点度中心性分析	技术人员操作水平、应急预案的完善、库存控制水平	冷链企业财务运转、恶劣天气、湿度温度监控技术
中间中心性分析	企业经营战略、需求预测准确性、技术人员操作水平	加工环境卫生达标程度、交通堵塞、产品包装合格率、冷库设备质量
接近中心性分析	国家政策支持监督、温度湿度监控技术、冷藏车质量、预冷技术水平、库存控制水平	冷链供应链的管理水平、加工环境卫生达标程度、恶劣天气

其中，技术人员操作水平、温度湿度监控技术和预冷技术水平这类风险因素都会比较直接地影响到货品的储存、运输和配送，如果要采取措施来减少冷链物流系统中的风险，可以先从技术方面加以改进。冷链物流企业可以通过对市场的供求情况进行实际分析，提高预测的准确性，从而制定符合当前市场环境的经营战略，对相关突发事件的预防方案进行完善，进而降低运营中存在的风险。鉴于我国的冷链物流还处于基础起步阶段，行业法律法规还不完善，需要国家加强立法与市场监督，给予有利于冷链物流企业发展的政策支持。其他因素如加工环境、天气与交通、产品包装等处于最末位的因素对冷链物流企业的运营产生的影响很小，只需相关方稍加注意与防范即可。

6.4 本章小结

本章首先利用社会技术系统理论，将冷链物流系统风险分成三大类，即管理风险、社会系统风险、技术系统风险。其次，利用系统动力学软件构建了冷链物流系统风险因素动态反馈图在系统动力学模型的基础上，全面地分析了各风险因素的因果关系。最后，通过社会网络分析法对风险因素进行定量研究，得到影响冷链物流系统风险的关键性因素，并针对关键风险提出了预防措施。结果表明，国家的政策支持对冷链物流系统抵御风险具有重要作用，政府提供的资金支持可以帮助冷链物流企业改善财务资金的运转状况，尤其是对一些技术设施的资金支持，如冷藏车等，可以直接性地改善冷链物流企业运营情况。此外，冷链物流企业自身可以加强对技术人员的培训来降低运营过程中出现的技术性错误。冷链物流企业之间还可以开展合作，公开、共享信息，实现双赢或多赢。对于变幻莫测的市场需求，冷链物流企业可以结合自身发展战略，合理规划产量，将库存控制在安全线内。

参 考 文 献

[1] 罗军，张文杰. 我国食品供应链风险识别及管理策略研究. 物流技术，2015，34（5）：205-207.

[2] 赵晓飞. 我国现代农产品供应链体系构建研究. 农业经济问题, 2012, (1): 15-22.
[3] 颜波, 石平, 丁德龙. 物联网环境下的农产品供应链风险评估与控制. 管理工程学报, 2014, 28 (3): 196-202.
[4] 刘沛, 刘超. 生鲜农产品供应链风险规避与物流优化研究. 中国物流与采购, 2010, (17): 74-75.
[5] 程鹏. 供应链风险评估中贝叶斯网络的应用. 生产力研究, 2012, (3): 215-216.
[6] 刘雪梅, 李照男. 农产品供应链风险研究. 农业经济, 2011, (1): 47-48.
[7] 宁钟. 供应链脆弱性的影响因素及其管理原则. 中国流通经济, 2004, 18 (4): 13-16.
[8] 王玲, 褚哲源. 供应链脆弱性的研究综述. 软科学, 2011, 25 (9): 136-139.
[9] 陈小霖, 冯俊文. 农产品供应链风险管理. 生产力研究, 2007, (5): 28-29.
[10] 王雪峰. 绿色农产品封闭供应链风险评估研究. 安徽农业科学, 2011, 39 (26): 16318-16320.
[11] 张秀萍. 供应链脆弱性研究评述. 中国流通经济, 2012, 26 (3): 35-38.

第 7 章 冷链物流系统的运营失效风险

我国冷链物流中存在比较明显的供应链松散现象,将供应链集成整合的思想引入冷链物流的优势是能够较大程度上降低物流成本,提高物流效率,优化配置冷链资源,从而实现冷链最经济模式。本章将在供应链理论的基础上,利用供应链运作参考(SCOR)模型和失效模式与影响分析(failure mode and effect analysis, FMEA)模型来探讨冷链物流系统运营失效的各种模式及其风险性排序,同时给出管理决策建议,从而帮助决策者在决策时更加清晰明确地进行风险规避和采取风险改进措施。

7.1 基于 SCOR 模型的冷链物流系统流程失效分析

7.1.1 供应链运作参考模型

SCOR 模型是供应链协会(supply chain council,SCC)制定的一个针对供应链管理的跨行业标准。SCOR 模型不只是针对供应链运作的结构模型,而是将供应链各运作流程、目标管理和供应链效益最大化结合起来的综合性一体化模型。SCOR 模型针对生产制造型企业的计划、采购、生产、配送和退货五个基本流程进行逐层分解分析,找出供应链各环节中存在的问题,便于进行改进和优化[1]。通过在供应链分析中对 SCOR 模型的应用与了解可以发现,供应链中各个企业可以从职能和供应链两个角度对企业流程进行分析比较:从供应链角度看,SCOR 模型的水平层表述了供应链中全部成员伙伴;从职能角度看,SCOR 模型的垂直层将整个供应链运作分解为定义层、配置层、流程元素层等若干层次,每一层都是一条完整的供应链,便于对整个供应链的流程运作和绩效评估等方面进行分析[2]。

7.1.2 冷链物流系统 SCOR 模型构建

基于改进的 SCOR 模型将冷链分解为 3 个层次,如图 7-1 所示。第 1 层为冷链的 5 个基本流程,分别为计划、运输、仓储加工、配送和客户服务,对冷链的范围和内容做出了基本定义,并制订了企业各级目标。第 2 层根据业务状况对供应链进行配置，为企业制订实施运行方案。第3层对第2层的各个流程再次进行细化，使流程更加具体，在这一层面对上一层面的每一个流程进行失效分析。

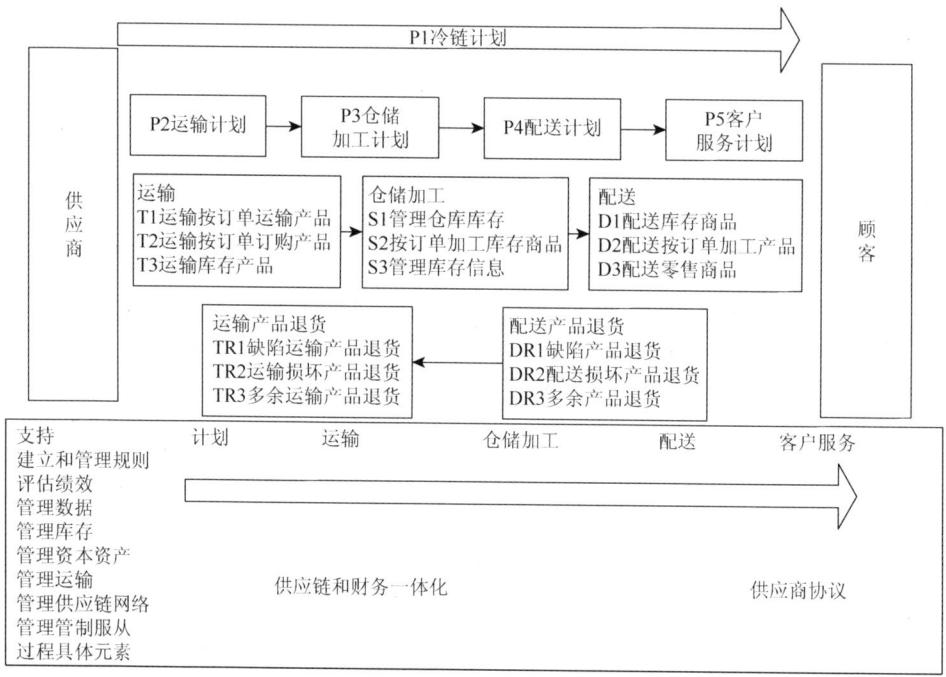

图 7-1 冷链 SCOR 模型层次分析图

7.1.3 计划流程失效分析

1. 计划流程失效分析

图 7-2 为基于 SCOR 模型对冷链计划流程中的冷链网络和组织管理网络的各环节具体分析。

根据图 7-2 计划流程的各环节分析，可以得出计划流程的潜在失效分析，见表 7-1。

表 7-1 计划流程的潜在失效分析

潜在失效模式	没有能力制订计划	制订计划不完善
潜在失效后果	运输、仓储加工、配送、客户服务需求和供应不平衡	整个冷链的断裂、混乱
潜在失效原因（冷链网络因素）	冷链中各企业伙伴未形成一致的战略目标	冷链绩效管理不完善，冷链库存管理不完善，冷链配送不完善，数据收集不完备
潜在失效原因（组织因素）	未能制订出较为准确的冷链计划	冷链各企业不具有较强的风险意识，制订计划的流程不完善，冷链计划与企业职能不一致

第 7 章 冷链物流系统的运营失效风险

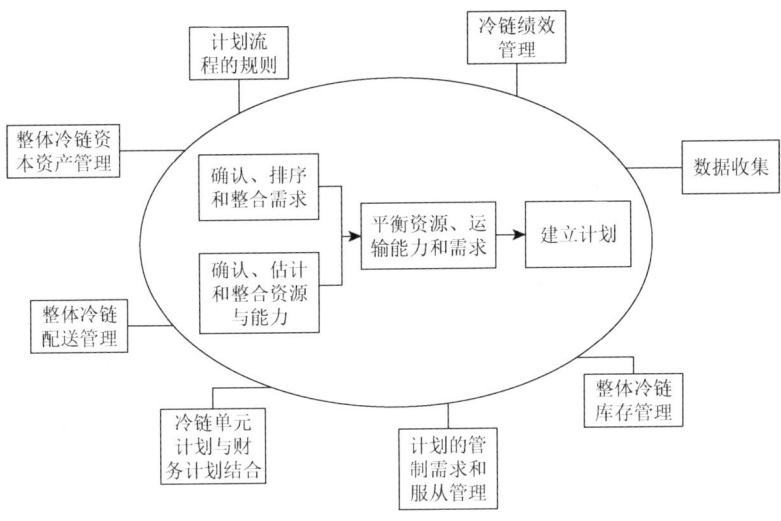

图 7-2 基于 SCOR 模型对冷链计划流程中的冷链网络和组织管理网络的各环节具体分析

2. 运输流程失效分析

图 7-3 为基于 SCOR 模型对冷链运输流程中的冷链网络和组织管理网络的各环节具体分析。

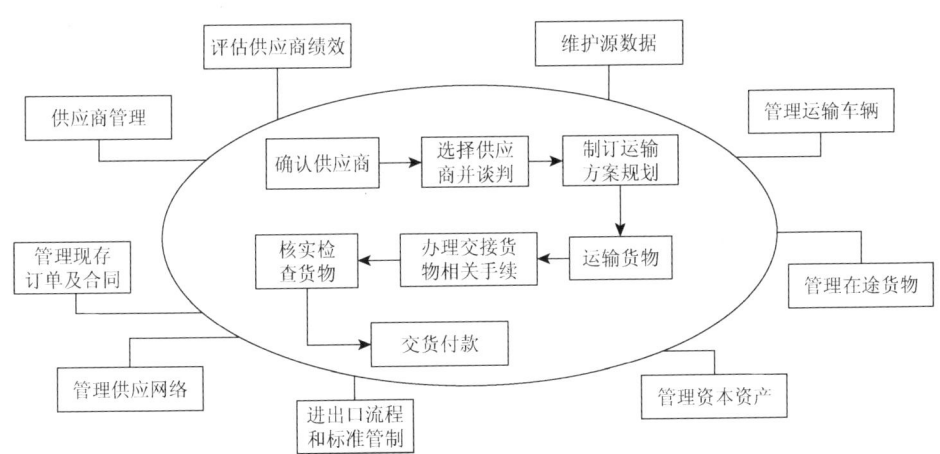

图 7-3 基于 SCOR 模型对冷链运输流程中的冷链网络和组织管理网络的各环节具体分析

根据图 7-3 运输流程的各环节分析,可以得出运输流程的潜在失效分析,见表 7-2。

表 7-2 运输流程的潜在失效分析

潜在失效模式	运输成本过高	运输延误	货物损失
潜在失效后果	冷链成本增加	客户流失,合作伙伴缺失,影响企业形象	企业信誉受损,间接影响企业效益
潜在失效原因（冷链网络因素）	客户突发状况等原因导致的空载	交通事故,出入境相关事项阻碍	冷冻集装箱技术问题导致的温度失控
潜在失效原因（组织因素）	运输计划不完备,供应商管理不完善	企业风险意识薄弱	在途物品管理不完善,设施设备管理不完善
潜在失效原因（环境因素）		恶劣天气,环境突发状况	恶劣天气,环境突发状况

3. 仓储加工流程失效分析

图 7-4 为基于 SCOR 模型对冷链仓储加工流程中的冷链网络和组织管理网络的各环节具体分析。

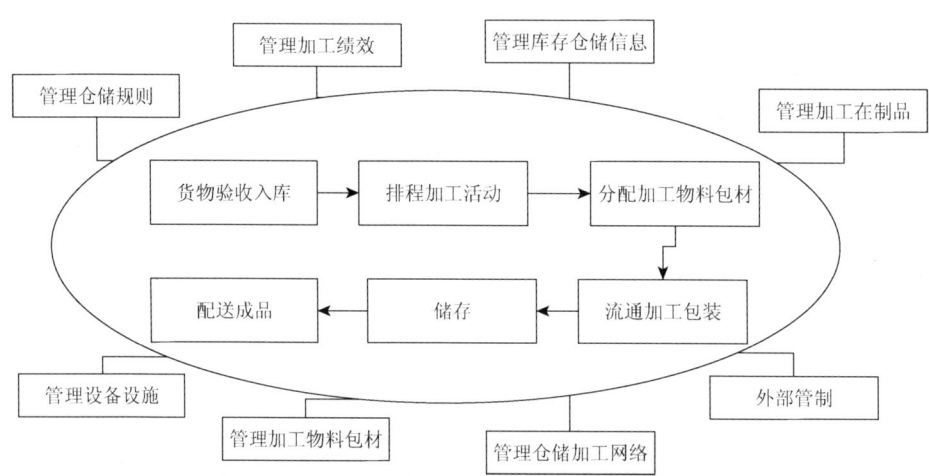

图 7-4 基于 SCOR 模型对冷链仓储加工流程中的冷链网络和组织管理网络的各环节具体分析

根据图 7-4 仓储加工流程的各环节分析,可以得出仓储加工流程的潜在失效分析,见表 7-3。

表 7-3 仓储加工流程的潜在失效分析

潜在失效模式	加工质量不达标	包装设计不合理
潜在失效后果	加工成本上升	包装材料损耗大,影响产品销售
潜在失效原因（冷链网络因素）	包装材料选取不合理	流通加工过程中对原产品造成损坏,进口产品因产品自标信息或检验检疫等信息不完备
潜在失效原因（组织因素）	流通加工流程不清晰,包装管理不完善	进口货物清单等相关流程管理不完善,加工管理准则不清晰,加工标准化程度较低

4. 配送流程失效分析

图 7-5 为基于 SCOR 模型对冷链配送流程中的冷链网络和组织管理网络的各环节具体分析。

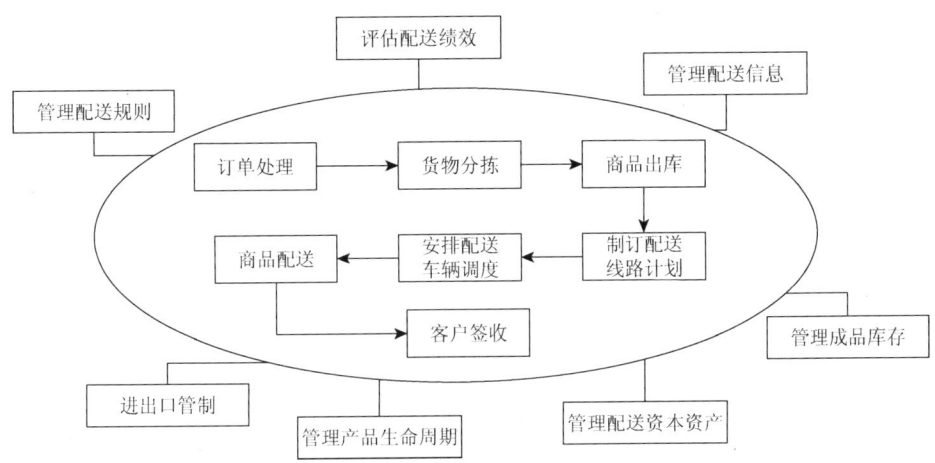

图 7-5　基于 SCOR 模型对冷链配送流程中的冷链网络和组织管理网络的各环节具体分析

根据图 7-5 配送流程的各环节分析,可以得出配送流程的潜在失效分析,见表 7-4。

表 7-4　配送流程的潜在失效分析

潜在失效模式	库存积压	货物丢失	交货错误
潜在失效后果	企业持有资本上升	配送成本上升,货物丢失影响企业信誉	交货时间延长,配送成本上升
潜在失效原因(冷链网络因素)	配送效率低、绩效差	配送网络不健全	配送信息共享程度低
潜在失效原因(组织因素)	库存管理不完善	仓储配送规则不健全,配送资本资产管理不完善	配送信息不完备

5. 客户服务流程失效分析

图 7-6 为基于 SCOR 模型对冷链客户服务流程中的冷链网络和组织管理网络的各环节具体分析。

根据图 7-6 客户服务流程的各环节分析,可以得出客户服务流程的潜在失效分析,见表 7-5。

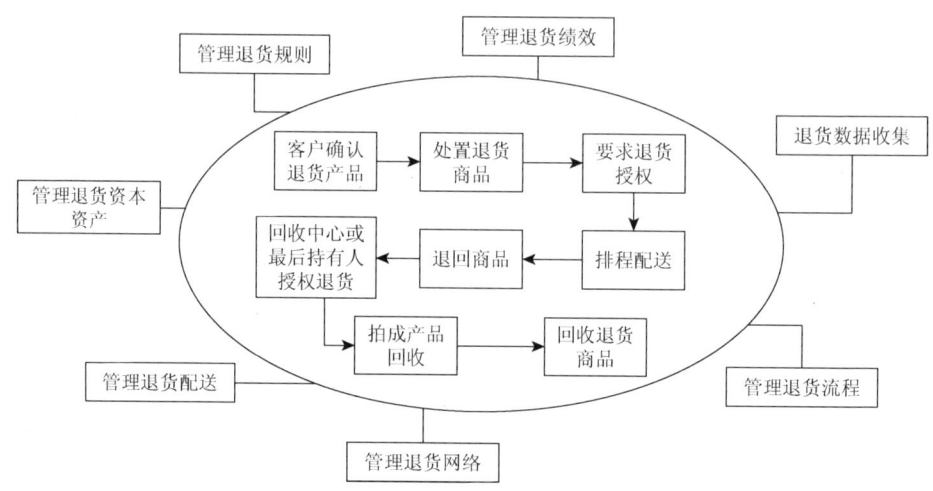

图 7-6 基于 SCOR 模型对冷链客户服务流程中的冷链网络和组织管理网络的各环节具体分析

表 7-5 客户服务流程的潜在失效分析

潜在失效模式	就退换货产品与冷链上游供应商未达成一致	就退换货产品与冷链下游客户未达成一致
潜在失效后果	企业持有资本上升,利益损失增加	客户流失,影响企业形象
潜在失效原因（冷链网络因素）	客户服务管理网络不完备	客户服务管理网络不完备
潜在失效原因（组织因素）	客户服务规则不健全,客户服务数据收集不完善	退换货库存和配送、资产管理不完善

7.2 基于 FMEA 模型的冷链物流系统失效模式风险评价模型

7.2.1 FMEA 模型

FMEA 已逐渐成为企业进行质量管理与风险分析的工具,其主要优势在于它既可以在事前阶段,通过对各个失效模式的发生度、严重度和检测度进行分析计算,对风险优先度较高的失效模式采取预防措施,避免风险的发生,又可以在事后阶段,通过对已经发生的风险模式进行分析,确定风险发生的原因,找出风险因子,针对风险因子制定对应措施,降低风险度。

FMEA 模型已经在各个领域得到广泛应用,吴迪等将业务流程优化（BPI）的核心思想与 FMEA 模型结合,从风险管理角度对业务流程进行风险分析与控制[3]。尤筱玥等分别从质量、时间、数量几个方面在构建失效模块层次结构的基础上识别失效模式,并结合相关案例数据对 FMEA 模型分析企业外包风险[4]。但是,由于现实操作中很难用精确的数据来分析计算,在对风险处理过程中容易出现模棱两可的信息,因而一些学者将模糊集理论应用于 FMEA 模型分析中,Liu 等利用模糊语言变量对风险因子及其权重进行评价,提高了 FMEA 的有效性。

FMEA 模型中主要涉及失效模式三方面的参数,即严重度(severity,S)、发生度(occurrence,O)和检测度(detection,D),而确定这三个参数主要通过德尔菲法,将专家小组的投票结果进行数据转换,计算其对应的严重度、发生度和检测度的相应数据,最后根据这三个参数计算风险优先系数(risk priority number,RPN),并通过严重度、发生度和检测度计算风险优先系数,根据风险优先系数确定风险较高的失效模式。假设严重度、发生度和检测度的评价范围均为 1～10,则风险优先系数的范围为 1～1000,若风险优先系数越高,则表示该失效模式的失效风险越大,越应该优先采取相应措施进行解决和预防。

由于传统的 FMEA 模型数据来源于专家小组的投票结果,其计算分析结果的主观性较强,同时由于现实生活中企业在处理风险的过程中经常存在模糊不清的数据信息,所以在对定性分析语言及文字描述转换为定量的数据时,易导致信息失真或缺失现象。为解决以上问题,将区间二元语义加入 FMEA 模型,使决策者能够选择不同粒度的语言术语集对失效模式进行评价,与此同时,可以用区间二元组来表示和处理各种风险评价信息[5]。

7.2.2 区间二元语义 FMEA 模型

将区间二元语义和 FMEA 模型进行综合运用,充分考虑各失效模式中风险因子的主观和客观权重,并考虑决策者的偏好和态度等主观性因素,可以使分析计算结果更加具有说服力。

区间二元语义 FMEA 模型的具体计算过程如下:假设运用德尔菲法过程中有 t 个成员 $D_k(k=1,2,\cdots,t)$,需要对 m 个失效模式 $M_i(i=1,2,\cdots,m)$ 进行评价,假设每个失效模式中又有 n 个风险因子 $F_j(j=1,2,\cdots,n)$,令各决策者 D_k 的权重 $\lambda_k \geq 0(k=1,2,\cdots,t)$,且满足 $\sum_{k=1}^{t}\lambda_k=1$。由此可以得出 $E_k=(e_{ij}^{(k)})_{m\times n}$ 为决策者 D_k 的语义评价矩阵,其中 $e_{ij}^{(k)}$ 表示决策者 D_k 在评价失效模式 M_i 关于风险因子 F_j 给出的语义短句,令 $w_j^{(k)}$ 为决策者 D_k 给定的风险因子 F_j 的语义权重,其中 D_k 采用不同粒度 Z_k 的语言评价集。

此时,运用区间二元语义 FMEA 模型进行分析,具体步骤如下。

（1）将语义评价矩阵 $E_k = (e_{ij}^{(k)})_{m \times n}$ 转换为区间二元评价矩阵 $\tilde{R}_k = [\tilde{r}_{ij}^{(k)}]_{m \times n} = [(r_{ij}^{(k)}, 0), (t_{ij}^{(k)}, 0)]_{m \times n}$，其中，$r_{ij}^{(k)}, t_{ij}^{(k)} \in S$，$S = \{S_i | i = 0, 1, \cdots, g\}$，且 $r_{ij}^{(k)} \leq t_{ij}^{(k)}$。

（2）根据 D_k 构建 $\tilde{R} = [\tilde{r}_{ij}]_{m \times n}$，由此可得 F_j 的聚合二元权重向量 $w = [(\omega_j, \alpha_{\omega j})]_{1 \times n}$，其中，$\tilde{r}_{ij} = [(r_{ij}, \alpha_{ij}), (t_{ij}, \varepsilon_{ij})] = \left[\left(\sum_{j=1}^{n} \frac{\lambda_k r_{ij}^{(k)}}{z_k}, \alpha_{ij} \right), \left(\sum_{j=1}^{n} \frac{\lambda_k t_{ij}^{(k)}}{z_k}, \varepsilon_{ij} \right) \right]$, $i = 1, 2, \cdots, m$, $j = 1, 2, \cdots, n$,

$(\omega_j, \alpha_{\omega j}) = \left(\sum_{k=1}^{t} \lambda_k \omega_j^{(k)}, \alpha_{\omega j} \right)$，$j = 1, 2, \cdots, n$。

（3）确定风险因子的主观权重：

根据步骤（1）和（2）中 F_j 的聚合权重 $(\omega_j, \alpha_{\omega j}), j = 1, 2, \cdots, n$，运用量纲一化方法计算 F_j 的主观权重 $\tilde{\omega}_j = \dfrac{\Delta^{-1}(\omega_j, \alpha_{\omega j})}{\sum_{j=1}^{n} \Delta^{-1}(\omega_j, \alpha_{\omega j})}$，$j = 1, 2, \cdots, n$。

（4）确定风险因子的客观权重风险因子的客观权重，$\omega_{ij} = \dfrac{y_{ij}}{\sum_{j=1}^{n} y_{ij}}$，$i = 1, 2, \cdots, m$,

$j = 1, 2, \cdots, n$。其中 $y_{ij} = 1 - \dfrac{\Delta^{-1} d(\tilde{\alpha}_{\sigma(ij)}, \tilde{\mu}_i)}{\sum_{j=1}^{n} \Delta^{-1} d(\tilde{\alpha}_{\sigma(ij)}, \tilde{\mu}_i)}$，$i = 1, 2, \cdots, m$，$j = 1, 2, \cdots, n$，

$\tilde{\mu}_i = \Delta \left(\dfrac{1}{n} \sum_{j=1}^{n} \Delta^{-1}(r_{ij}, \alpha_{ij}), \dfrac{1}{n} \sum_{j=1}^{n} \Delta^{-1}(t_{ij}, \varepsilon_{ij}) \right)$，$i = 1, 2, \cdots, m$。

（5）建立风险因子的参考序列：

由于区间二元语义将最小二元组 $(s_{ij}, 0)$ 作为 F_j 最低风险的参考值，所以 $F_j = A_0 = [r_{0j}]_{1 \times n} = [(s_0, 0) \ (s_0, 0) \ \cdots \ (s_0, 0)]$。

（6）将步骤（4）和（5）的计算结果进行比较分析：

通过 ITHWD 测度计算得出比较序列 ω_{ij} 和 A_0 的距离

$D_i = f(\tilde{A}_i, A_0) = \left(\sum_{j=1}^{n} \omega_{ij} d^{\lambda}(\tilde{r}_{\sigma(ij)}, r_{\sigma(0j)}) \right)^{\frac{1}{\lambda}}$，其中，$d(\tilde{r}_{\sigma(ij)}, r_{\sigma(0j)})$ 表示第 j 大加权区间二元距离 $d(\tilde{r}_{ij}, r_{0j})$，$d(\tilde{r}_{ij}, r_{0j}) = n\bar{\omega}_j d(\tilde{r}_{ij}, r_{0j})$，$j = 1, 2, \cdots, n$，$n$ 为平衡系数，λ 为满足 $\lambda \in (-\infty, +\infty) - \{0\}$ 的参数。

（7）确定失效模式风险排序：

所有失效模式 $M_i (i = 1, 2, \cdots, m)$ 可根据由 ITHWD 测度计算的 $D_i (i = 1, 2, \cdots, m)$ 值进行降序排列得到风险优先度。

7.3 实 例 分 析

7.3.1 案例背景

Z 公司于 2013 年注册成立,是一家政府投资建立、以列车恒温集装箱冷链运输业务为主营业务的物流企业。该公司作为中欧、中哈、中俄、中日、中韩班列的运营主体,业务覆盖铁路、海运、空运业务以及国际多式联运(公铁联运、海铁联运、空铁联运)业务,同时运营海、铁拼箱业务、特种箱(冷藏箱、挂衣箱、45 尺普箱、开顶箱、框架箱)等业务,具备完备的分拨网络,操作流程简捷,为客户提供优质的门到门服务。

由于其运输区域跨越欧亚不同的气候区,温差较大,在运输过程中需采用冷链恒温集装箱运输。由此可见,Z 公司的整个运作流程实质上为冷链物流运作。

7.3.2 模型应用

对于冷链中的各成员来说,冷链计划贯穿整个冷链活动的各个环节,因此,冷链计划对整个冷链运作与效益起到至关重要的作用,而计划则衔接运输、仓储加工、配送、客户服务各个流程。

首先,Z 公司从各个部门中抽调人员组成专家小组,一共抽调 5 个部门的人员组成 5 名决策成员 $D_k(k=1,2,\cdots,5)$,D_k 表示通过讨论研究后列出 SCOR 模型中冷链各个流程中的失效模式,并选出由公司各部门员工投票后票数最多的 10 种失效模式,如表 7-6 所示。

表 7-6 冷链物流失效模式分析

编号	失效模式	失效原因	失效后果
1	制订计划不完善	冷链管理不完善、数据收集不完备、战略目标不一	冷链各环节需求和供应不平衡、冷链断裂、混乱
2	运输成本过高	车辆空载	企业运营成本上升
3	运输延误	恶劣天气、环境等影响	客户流失、企业信誉降低
4	货物损失	交通事故、冷冻集装箱温度失衡	客户流失、增加损失
5	加工质量不达标	包装材料选取不合理、包装过程中对产品造成损坏	加工成本上升、包装材料损耗大、影响产品销售
6	库存积压	配送管理不完备、成品库存管理不完善	企业成本上升、交货延误影响企业信誉
7	货物丢失	仓储管理不完善、天灾	客户流失、增加损失

续表

编号	失效模式	失效原因	失效后果
8	交货错误	配送信息不完备	交货时间延长、增加损失
9	客户流失	冷链各环节未按计划进行	企业效益降低
10	退货失败	客户服务管理网络不完备	企业损失增加、信誉降低

该冷链物流运营中的风险因子包括严重度（S）、发生度（O）、检测度（D）。运用区间二元语义 FMEA 模型，将各专家小组成员的评价结果选用不同粒度的语言术语集：D_1 和 D_5 采用 5 粒度的语言术语集，D_2 和 D_4 采用 7 粒度的语言术语集，D_3 采用 9 粒度的语言术语集，风险因子的主观权重采用 5 粒度语言术语集进行评价，如表 7-7 所示。

表 7-7 语言术语集

分类	语言术语集	决策者
A	a_0 = 很低（VL），a_1 = 低（L），a_2 = 中等（M），a_3 = 高（H），a_4 = 很高（VH）	D_1、D_5
B	b_0 = 很低（VL），b_1 = 低（L），b_2 = 较低（ML），b_3 = 中等（M），b_4 = 较高（MH），b_5 = 高（H），b_6 = 很高（VH）	D_2、D_4
C	c_0 = 极低（EL），c_1 = 很低（VL），c_2 = 低（L），c_3 = 较低（ML），c_4 = 中等（M），c_5 = 较高（MH），c_6 = 高（H），c_7 = 很高（VH），c_8 = 极高（EH）	D_3
D	d_0 = 很不重要（VU），d_1 = 不重要（U），d_2 = 中等（M），d_3 = 重要（I），d_4 = 很重要（VI）	D_1、D_2、D_3、D_4、D_5

由表 7-7 可以得出 F_j 和其主观权重 ϖ_j 的评价结果，如表 7-8 和表 7-9 所示。

表 7-8 失效模式语言评价

决策者	风险因子	失效模式									
		M_1	M_2	M_3	M_4	M_5	M_6	M_7	M_8	M_9	M_{10}
D_1	S	VH	H	H-VH	H	L	M	VL-L	VH	H	H
	O	VL-L	M	L	H	M-H	L	M	M	M	H
	D	M	M	VL-L	M-H	L	H	VH-H	M-M	MH	L-M
D_2	S	M	H-VH	VL	MH	M-MH	MH	ML-M	MH	M-ML	ML-L
	O	L	ML-M	L	ML	M-MH	ML	L	L	H	H
	D	LH-VH	M	H	ML	ML	MH-M	ML	H	M	VL

续表

决策者	风险因子	失效模式									
		M_1	M_2	M_3	M_4	M_5	M_6	M_7	M_8	M_9	M_{10}
D_3	S	L-VL	H	H	L	M-MH	H	L	M-MH	L	M-MH
	O	L	L-ML	ML-M	MH-H	L	M-MH	L	MH	H	L
	D	VH-H	M	L	ML-M	M	MH-H	L	VL-L	EL-L	EL-VL
D_4	S	M	ML-M	M-MH	L	H	ML	MH	H	ML	ML
	O	ML	MH	L	L	MH	MH-H	L	MH-H	VH	L
	D	M	MH	ML	L-ML	L-ML	L	MH	L	VH	L
D_5	S	MH	H	H-VH	L	M	H	M-MH	ML	ML-M	L
	O	ML	ML	ML	ML	L	H	L	L	L	MH
	D	ML-L	L	L	ML	L	VL	L-M	H	L	L

表 7-9 风险因子主观权重评价

风险因子	决策者				
	M_1	M_2	M_3	M_4	M_5
S	VI	VI	VI	VI	VI
O	I	M	I	VI	I
D	VI	I	I	VI	VI

经过投票决定区间二元语义 FMEA 模型中专家小组的评价权重依次为 0.15、0.20、0.30、0.20、0.15。具体计算步骤如下。

（1）将语义评价矩阵 $E_k = (e_{ij}^{(k)})_{10 \times 3}$ 转换为区间二元评价矩阵 $\tilde{R}_k = (\tilde{r}_{ij}^{(k)})_{10 \times 3}$，如表 7-10 所示。

表 7-10 区间二元评价矩阵

失效模式	风险因子		
	S	O	D
M_1	$[(a_3,0),(a_4,0)]$	$[(a_1,0),(a_1,0)]$	$[(a_0,0),(a_1,0)]$
M_2	$[(a_2,0),(a_2,0)]$	$[(a_3,0),(a_3,0)]$	$[(a_2,0),(a_2,0)]$
M_3	$[(a_4,0),(a_4,0)]$	$[(a_0,0),(a_1,0)]$	$[(a_0,0),(a_0,0)]$
M_4	$[(a_3,0),(a_3,0)]$	$[(a_2,0),(a_3,0)]$	$[(a_3,0),(a_3,0)]$
M_5	$[(a_2,0),(a_2,0)]$	$[(a_3,0),(a_4,0)]$	$[(a_3,0),(a_3,0)]$

失效模式	风险因子		
	S	O	D
M_6	$[(a_1,0),(a_1,0)]$	$[(a_2,0),(a_2,0)]$	$[(a_3,0),(a_3,0)]$
M_7	$[(a_0,0),(a_1,0)]$	$[(a_3,0),(a_3,0)]$	$[(a_4,0),(a_4,0)]$
M_8	$[(a_3,0),(a_3,0)]$	$[(a_2,0),(a_2,0)]$	$[(a_1,0),(a_2,0)]$
M_9	$[(a_3,0),(a_3,0)]$	$[(a_3,0),(a_3,0)]$	$[(a_1,0),(a_2,0)]$
M_{10}	$[(a_4,0),(a_3,0)]$	$[(a_3,0),(a_3,0)]$	$[(a_1,0),(a_2,0)]$

将表 7-10 中的风险因子主观权重转化为二元语义变量，如表 7-11 所示。

表 7-11 二元语义变量

风险因子	决策者				
	D_1	D_2	D_3	D_4	D_5
S	$(d_4,0)$	$(d_4,0)$	$(d_4,0)$	$(d_4,0)$	$(d_4,0)$
O	$(d_3,0)$	$(d_2,0)$	$(d_3,0)$	$(d_3,0)$	$(d_3,0)$
D	$(d_4,0)$	$(d_3,0)$	$(d_3,0)$	$(d_4,0)$	$(d_4,0)$

（2）根据 D_k 构建 $\tilde{R}=(\tilde{r}_{ij})_{m\times n}$，由此可得 F_j 的聚合二元权重向量 $w=[(\omega_j,\alpha_{\omega j})]_{1\times n}$，如表 7-12 所示。

表 7-12 集体评价矩阵和聚合主观权重向量

失效模式	S	O	D
M_1	$\Delta[0.683,0.825]$	$\Delta[0.321,0.321]$	$\Delta[0.104,0.217]$
M_2	$\Delta[0.642,0.750]$	$\Delta[0.463,0.533]$	$\Delta[0.317,0.317]$
M_3	$\Delta[0.542,0.650]$	$\Delta[0.246,0.321]$	$\Delta[0.071,0.071]$
M_4	$\Delta[0.508,0.542]$	$\Delta[0.425,0.500]$	$\Delta[0.429,0.538]$
M_5	$\Delta[0.467,0.538]$	$\Delta[0.533,0.571]$	$\Delta[0.500,0.533]$
M_6	$\Delta[0.463,0.463]$	$\Delta[0.458,0.529]$	$\Delta[0.504,0.575]$
M_7	$\Delta[0.388,0.496]$	$\Delta[0.500,0.500]$	$\Delta[0.425,0.500]$
M_8	$\Delta[0.463,0.500]$	$\Delta[0.396,0.429]$	$\Delta[0.246,0.283]$

续表

失效模式	S	O	D
M_9	$\Delta[0.567,0.638]$	$\Delta[0.363,0.363]$	$\Delta[0.138,0.246]$
M_{10}	$\Delta[0.675,0.746]$	$\Delta[0.575,0.575]$	$\Delta[0.075,0.150]$
ω	$\Delta(1.000)$	$\Delta(0.750)$	$\Delta(0.875)$

（3）计算得风险因子的主观权重为 $\tilde{\omega}=[0.381,0.286,0.333]$。

（4）确定风险因子的客观权重，如表 7-13 所示。

表 7-13 失效模式的风险因子客观权重

失效模式	ω_{11}	ω_{12}	ω_{13}
M_1	0.253	0.428	0.319
M_2	0.798	0.428	0.317
M_3	0.251	0.470	0.280
M_4	0.271	0.389	0.340
M_5	0.284	0.422	0.272
M_6	0.306	0.281	0.435
M_7	0.300	0.450	0.250
M_8	0.304	0.446	0.250
M_9	0.259	0.458	0.283
M_{10}	0.328	0.421	0.251

（5）由题意可得参考序列 $r_0=(r_O,r_S,r_D)=[\Delta(0),\Delta(0),\Delta(0)]$。令 $\lambda=1$ 则进行计算得出结果，如表 7-14 所示。

表 7-14 失效模式 ITHWD 计算结果与风险优先度排序

失效模式	S	O	D	ITHWD	排序
M_1	$\Delta(0.757)$	$\Delta(0.321)$	$\Delta(0.170)$	$\Delta(0.3910)$	8
M_2	$\Delta(0.698)$	$\Delta(0.499)$	$\Delta(0.317)$	$\Delta(0.9196)$	1
M_3	$\Delta(0.598)$	$\Delta(0.286)$	$\Delta(0.071)$	$\Delta(0.3063)$	10
M_4	$\Delta(0.525)$	$\Delta(0.464)$	$\Delta(0.486)$	$\Delta(0.4871)$	4
M_5	$\Delta(0.503)$	$\Delta(0.522)$	$\Delta(0.517)$	$\Delta(0.5230)$	2

失效模式	S	O	D	ITHWD	排序
M_6	$\Delta(0.463)$	$\Delta(0.496)$	$\Delta(0.541)$	$\Delta(0.4866)$	5
M_7	$\Delta(0.445)$	$\Delta(0.500)$	$\Delta(0.464)$	$\Delta(0.4685)$	6
M_8	$\Delta(0.482)$	$\Delta(0.413)$	$\Delta(0.265)$	$\Delta(0.3915)$	7
M_9	$\Delta(0.603)$	$\Delta(0.363)$	$\Delta(0.199)$	$\Delta(0.3772)$	9
M_{10}	$\Delta(0.711)$	$\Delta(0.575)$	$\Delta(0.119)$	$\Delta(0.5038)$	3

（6）将上述所有失效模式的计算结果进行排序。从表 7-14 中可以得到，10 个主要失效模式的优先顺序为 $M_2 \to M_5 \to M_{10} \to M_4 \to M_6 \to M_7 \to M_8 \to M_1 \to M_9 \to M_3$。由此可得，$M_2$ 因运输空载发生的失效风险最大，应当首先对失效风险大的几种失效模式进行分析制定相应的改进措施。

7.3.3 灵敏度分析

在上述案例中，λ 的取值为 1，而根据定义 $\lambda \in (-\infty, +\infty)$，图 7-7 给出了 $\lambda \in [-10,10]$ 范围内，取值变化不同产生的不同计算距离结果。

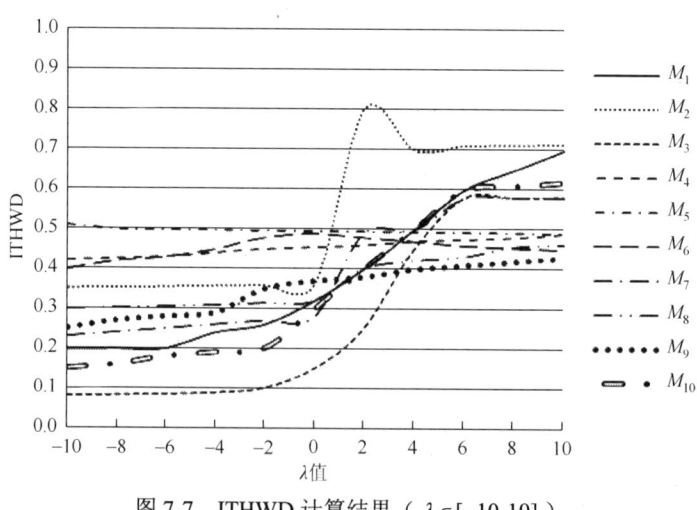

图 7-7　ITHWD 计算结果（$\lambda \in [-10,10]$）

根据图 7-7 可得，随着 λ 的不同取值各个失效模式的风险排序也不断发生变化。

（1）当 $\lambda<0$ 时，大多数情况下 M_5 为风险优先度最高；当 $\lambda>0$ 时，风险优先度最高为 M_2，并且 M_2 高于其他失效模式较多。

（2）由此可见，当 λ 取不同的值时，会计算得出不同的结果，因而在具体应用区间二元语义 FMEA 模型时，应充分考虑 λ 的取值。一般情况下，由于悲观决策者更倾向于在失效模式评价中给予较高的值，所以在计算分析失效模式时悲观决策者会选择较小的 λ 值；反之，乐观决策者会选择较大的 λ 值。通过上述灵敏度分析可以看出，基于区间二元语义改进的 FMEA 模型最大限度地减少了分析过程中的主观性，增加了其具体的客观性，使结果更具有说服力。

在用基于区间二元语义改进的 FMEA 模型对冷链物流各个环节进行风险分析后，同时运用传统的 FMEA 模型对其进行评价分析，并将结果进行比较分析。传统 FMEA 模型分析结果见表 7-15。

表 7-15 风险优先度排序比较

失效模式	S	O	D	RPN	RPN 排序	ITHWD 排序
M_1	5	4	7	140	5	8
M_2	6	8	5	240	2	1
M_3	5	6	6	180	3	10
M_4	6	9	6	324	1	4
M_5	8	2	2	32	9	2
M_6	7	6	4	168	4	5
M_7	9	3	4	108	6	6
M_8	4	6	3	72	7	7
M_9	6	5	2	60	8	9
M_{10}	6	6	2	72	7	3

根据表 7-15 可以看出，除了 M_7、M_8、M_9 的排名相同外，其他失效模式的风险优先度完全不同且差距较大，造成这种现象主要原因是传统 FMEA 模型在具体操作计算中的一些缺陷。由表 7-15 可以看出 M_8 和 M_{10} 的 RPN 值相同，但严重度、发生度和检测度三个因子却不相同，而决策者在确定处理这两个风险的优先顺序时会没有准确依据，但在运用区间二元语义 FMEA 模型后将不会出现此类问题。

此外，运用区间二元语义改进后的 FMEA 模型中风险因子的权重在最终的结果排序中有清晰的体现：M_5 的 S、O、D 评价数值分别为 8、2、2，M_{10} 的 S、O、D 的评价数值分别为 6、6、2，两者在检测度上的风险相同，在发生度上 M_{10} 略高，

在严重度上 M_5 略高,根据传统的 FMEA 模型方法计算,M_{10} 的风险优先顺序在 M_5 之前,但经过权重分析,在冷链物流的运营过程风险分析中,严重度占据的权重较大,因而在实际应用中应优先处理 M_5 失效模式。

综上所述,基于区间二元语义改进的 FMEA 模型相比较传统的 FMEA 模型在进行具体分析计算时占据很大的优势,避免了传统 FMEA 模型中的一系列问题:

(1)运用基于区间二元语义改进的 FMEA 模型计算分析时,充分考虑了在不同的环境下,各个风险因子的严重度、发生度和检测度的相对权重,使决策者在确定处理风险优先顺序时更加明确。

(2)根据灵敏度分析结果,充分考虑决策者的选择偏好,使得基于区间二元语义改进的 FMEA 模型最大限度地减少分析过程中的主观性,增加其具体的客观性,使结果更具有说服力。

(3)基于区间二元语义改进的 FMEA 模型针对不同失效模式对应的不同风险因子权重,使决策过程更加客观有依据,同时在定性语言转化为定量语言过程中避免模糊信息的不确定性。

7.3.4 失效模式与对策

通过上述内容可以发现,首先因运输空载等原因导致的运输成本过高失效模式风险最大,其次为包装材料选取和包装方式不合理导致的加工质量不达标,再次为客户信息网络管理不完备导致的企业退货失败和客户退货失败,最后为交通事故致使集装箱温度失控导致的货物损失。针对以上四种 ITHWD 计算结果较高的失效模式,需要对其进行详细分析并制定相应的改进措施。

(1)关于运输成本过高的失效模式。由表 7-15 可以看出,M_2 运输成本过高这一失效模式的风险优先度最高,且其严重度的风险因子权重最高,因而应当采取措施尽量降低其风险严重度,弥补损失。而其失效发生的主要原因是车辆空载,因此应当从提高物流服务质量,增加业务量和加强资源整合两个方面进行解决。业务量的增加可以使企业在运输过程中拥有更大的主动权,降低因突发状况客户缺失导致的空载风险;同时,加强冷链资源整合,合理调配车辆、司机等资源,充分利用冷链其他环节和合作商资源,降低因车辆空载增加的运输成本。

(2)关于加工质量不达标的失效模式。由上述结果可知,M_5 加工质量不达标这一失效模式其发生度、严重度和检测度的值都较高,因而应当从包装材料的选取、包装方案的制订和包装质量的后续检测三个方面着手进行改进。首先,应加强对包装材料的研究,提高包装材料的利用度;其次,应当由专业人员制订合理的包装方案,提高包装方案的科学性和合理性;最后,应加强包装质量的后续检测与跟踪,尽可能地建立一系列质量管理体系。

(3) 关于退货失败的失效模式。由上述数据可以看出，M_{10} 退货失败这一失效模式的风险因子客观权重基本一致，而其严重度和发生度的主观风险因子权重较高，尤其是严重度的主观风险因子权重，因而应当从降低其发生度和减少避免其退货失败两方面进行解决改进。一方面，应加强冷链各环节的管理，尽量避免和减少对货物的损害，降低退货失败的发生度；另一方面，当退货发生时，应及时有效地做出响应，以良好的客户服务态度与客户进行谈判，尽可能降低由退货带来的损失。

(4) 关于货物损失的失效模式。由表 7-15 可以看出，M_4 货物损失这一失效模式其风险因子主客观权重都基本一致，处于较高水平，因而应当从发生度、严重度、检测度三个方面进行改进。首先，应加强对冷冻技术的研究研发，提高冷冻集装箱的恒温性能，避免因冷冻集装箱温度失衡导致的货物损失，还应加强对人员的培训，规范操作流程，避免在操作过程中对货物的损害；其次，当损失发生时，应尽快采取补救措施，提高冷链的响应速度，及时对损失进行处理，避免引起更大的损失；最后，加快制定一系列管理监督措施，加强对冷链的监督管理，及时发现问题。

7.4 管理启示

根据以上分析，可以发现冷链运作过程中仍存在许多问题需要改进，因而根据描述和排序较靠后的几种失效模式分析，可以得到以下几点冷链物流系统运作管理启示。

(1) 构建供应链冷链物流模式。冷链是供应链的一种，整个冷链由多个复杂环节组成，从货物的计划、运输、仓储加工和配送，直至客户服务的全过程涉及许多企业。由于冷链产品对温度的特殊要求，货物在冷链的各个环节上始终都应处于低温环境中，其中一个环节出现问题就会导致整个冷链的失败，所以对整个冷链的组织协调性要求较高[6]。从我国冷链物流的发展现状来看，冷链上下游之间的规划与协调能力较差，由于冷链资源没有充分利用、冷链信息不匹配而造成车辆空载、货物受损等结果严重。因此，冷链上的各方应共同配合，引入供应链管理思想，冷链各成员应形成合作关系而非竞争关系。

(2) 整合冷链物流相关资源。我国规模较大的冷链物流企业拥有较为先进的基础设施设备和冷链技术，其信息化服务程度较高。但由于其规模大对应的运作成本也高，在与中小物流企业竞争中，失去价格优势，市场不断萎缩，而中小物流企业由于其自身的限制，无法形成规模经济，造成冷链资源浪费严重[7]。因此，各冷链物流企业应该通过共同开发建设冷链物流中心，或建立冷链物流战略联盟，整合冷链相关资源，使整条冷链上的各个企业共享冷链物流资源，实现冷链效益最大化。

（3）建设冷链物流信息平台。加强对冷链物流信息平台的建设，利用先进的物流信息技术，对整条冷链物流信息进行全面的监控管理。积极建设冷链物流信息管理系统，使各个产品信息在冷链中快速准确地传递，对冷链的各个产品仓储加工、运输和配送等物流环节进行全程跟踪、对货物进行全程温度监控，提高冷链运行的质量和效率[8]。

（4）研发冷链物流前端技术。冷链物流技术主要包括对运输过程中涉及的信息、温度、操作等方面的应用，具有较高科技含量，且涉及食品安全问题，逐渐被企业、政府与社会重视。近些年来，我国已不断加大对冷链物流技术的研发力度，国内对冷链物流技术的相关研发机构也不断扩大规模，研发资源不断增加，因而各个研发机构可以共同合作开发冷藏技术，研究建设自动化冷库和节能环保的低温冷藏运输工具[9]。

7.5 本章小结

本章将在供应链运作管理等相关理论支撑的基础上，将供应链运作模型和 FMEA 模型结合，通过对冷链运作的各个环节进行风险识别，分析各冷链物流流程出现的失效模式；并使用改进的区间二元语义 FMEA 模型对冷链物流系统各环节的失效模式进行风险评价，确认各个失效模式的风险优先度排序；并结合实际案例对改进的区间二元语义 FMEA 模型进行应用，得出冷链物流系统常见的运营失效模式及其对策建议；最后，也从不同的视角给出了未来冷链物流系统的管理与发展建议。

参 考 文 献

[1] 尤筱玥, 黄志明. 决策因素分析：企业非核心业务经营模式的选择. 上海管理科学, 2013, 35（4）：1-5.
[2] Liu H C, Liu L, Liu N. Risk evaluation approaches in failure mode and effects analysis: A literature review. Expert Systems with Applications, 2013, 40（2）：828-838.
[3] 吴迪, 王旭. BPI 优化方法在服务业应用. 商情, 2014,（1）：175.
[4] 尤筱玥, 黄志明. 基于 FMEA 的业务外包风险评估研究. 上海管理科学, 2014, 36（5）：45-49.
[5] 崔文彬, 吴桂涛, 孙培廷, 等. 基于 FMEA 和模糊综合评判的船舶安全评估. 哈尔滨工程大学学报, 2007, 28（3）：263-267.
[6] 韩波, 岑挺, 雷勋平. 浅析国外农产品物流模式的特点. 中国物流与采购, 2008,（23）：66-67.
[7] 沈启超, 张荷玲. 农产品冷链物流发展现状与对策分析. 福建农业, 2015,（6）：156-157.
[8] 计娜, 吴萌. 十堰农产品冷链物流发展对策研究. 统计与管理, 2016,（6）：88-89.
[9] 孙春华. 我国生鲜农产品冷链物流现状及发展对策分析. 江苏农业科学, 2013, 41（1）：395-399.

第8章 冷链物流系统风险建模

降低冷链物流系统的运营风险,是推动冷链物流系统发展的关键。本章通过对系统失效的影响因素及风险事件进行分析,建立冷链物流系统的贝叶斯网络图,运用贝叶斯网络进行建模并举实例进行仿真分析。

8.1 贝叶斯网络

8.1.1 引言

生活水平的不断提高使得人民对生鲜产品的需求逐日增长,冷链物流系统急需得到更好的发展,以满足人民不断增长的需求。而冷链物流系统与一般的物流系统大不相同,冷链物流系统运输的产品往往是生鲜食品,食品在加工、运输、储存等各个环节都需要满足一定的温度条件,来保证食品的品质不受损。正因如此,冷链物流系统更加复杂,在加工、装卸、运输、储存等各个环节都存在着许多风险因素,如果未能重视并采取措施,将会导致货物变质、受损等情况的发生,给相关企业造成损失,影响冷链物流系统的发展。对冷链物流系统的运作风险进行识别与分析,有助于提高冷链物流系统的效率与水平,推动冷链物流系统的健康发展。

冷链物流系统结构复杂,构成此系统的各个功能环节契合度高,且在运作中互相影响,再加上其复杂的物流技术应用使得其运营成本居高不下[1]。在冷链物流系统方面,国外学者已进行了大量研究,Goyal 等以食品的生命周期为标准对库存模型进行分类,着重研究具有不确定性的产品在生命周期内的价值损失情况[2]。Bogataj 等对易腐烂食品的运输过程进行研究,通过建模分析提出了温度控制稳定机制[3]。Abad 等为更好地推动冷链物流系统的运作,提出运用 RFID 技术对商品进行追踪,并对温度进行监控[4]。Sharma 等运用贝叶斯网络对冷链供应链进行研究,提升了政府和非政府部门对冷链物流分析的有效性,同时为投资者选择冷链投资地区提供参考依据[5]。Badurdeen 等则提出一种多层次角度的供应链风险建模和分析法,运用贝叶斯理论来对事件关系展开分析,找出影响供应链效益的重要因素[6]。基于模糊系统的多态贝叶斯网也是学者研究关注的焦点[7]。

国内学者主要运用贝叶斯网络、故障树、模糊网络等方法对冷链物流展开研究。陈香等以故障树为基础,构建了物流服务诊断模型,通过对模型数据的分析找到关键风险点，但其缺点在于无法建立事件之间的联系网，也无法实现双向推理[8]。兰洪杰等构建了冷链均衡模型，以协同补货策略为基础，设计了其求解的迭代算法[9]。郭茜等构建了冷链物流系统失效的故障树，并生成贝叶斯网络进行分析，最后将方法运用于实践，验证了方法的可行性[10]。张浩等建立 O2O 模式下供应链失效风险识别的贝叶斯网络，并运用三角模糊数法进行条件概率的计算，为防止供应链失效提出了有效建议[11]。朱新球运用 ISM 对 O2O 生鲜电商农产品的冷链物流系统运营风险进行识别，为生鲜电商的发展提供有效的参考依据[12]。为此，本章以贝叶斯网络为基础，从主干逐步向下细化，构建冷链物流系统失效的贝叶斯网络进行双向推理，计算出影响系统可靠性的各因素发生的概率，并找出影响冷链物流系统运作的主要风险因素，从而对降低冷链物流系统运作风险提出有效建议。

8.1.2 贝叶斯网络模型

贝叶斯网络是一种基于概率的不确定性推理网络，通过含带概率分布标注的有向无环图来表示，各节点表示各风险事件，节点与节点之间的连线表示各风险事件之间的联系，能够通过图表形象地表达一组变量间联合概率的分布函数，具有较强的推理能力，且易于决策。

贝叶斯网络模型由离散或者连续的随机变量集合组成的多个网络节点、表示因果关系的网络节点、有向边集合以及通过条件概率分布表示节点与节点之间的影响等要素组成，点间的连线则表示其依赖关系，一个变量对另一个变量的影响程度大小则由数字编码来描述，应用广泛，效果显著。

1. 贝叶斯公式

使用贝叶斯网络进行计算，必须掌握贝叶斯公式并灵活运用。设事件 M 的样本空间是 Ω，B 是事件 M 的子事件，子事件 $A_1, A_2, \cdots, A_n$ 互不相容，并且 $A_1, A_2, \cdots, A_n$ 是完备事件组，即 $\bigcup_{i=1}^{n} A_i = \Omega$，$A_i A_j = \emptyset$，$P(A_i) > 0$。

由条件概率计算法和乘法定理原则可得

$$P(A_i | B) = \frac{P(B | A_i) P(A_i)}{\sum_{i=1}^{n} P(B | A_i) P(A_i)} \quad (8\text{-}1)$$

其中，$P(A_i)$ 表示先验概率；$P(A_i|B)$ 表示后验概率。

2. 联合概率分布

若用 $A_1, A_2, \cdots, A_n$ 表示贝叶斯网络中的 n 个节点，则由链式法则可得其联合概率的计算公式：

$$P(X_1,X_2,\cdots,X_n)=\prod_{i=1}^{n}P(X_i\mid X_1,X_2,\cdots,X_{i-1}) \qquad (8\text{-}2)$$

若用 parent(X_i) 表示 X_i 的父节点集合，则可得节点 X_i 的条件概率为

$$P(X_i\mid X_1,X_2,\cdots,X_{i-1})=P(X_i\mid \text{parent}(X_i)) \qquad (8\text{-}3)$$

将式（8-2）与式（8-3）进行比较，发现式（8-2）可简化为

$$P(X_1,X_2,\cdots,X_n)=\prod_{i=1}^{n}P(X_i\mid \text{parent}(X_i)) \qquad (8\text{-}4)$$

式（8-3）经简化处理后，也可简化概率分布的计算。

8.2 冷链物流系统风险因素

8.2.1 冷链物流系统流程

冷链物流系统是指在生产、储藏、运输、销售等各项活动中，商品始终处于受控的温度环境中，以确保商品质量与安全的一项系统工程[3]。冷链物流系统一般由四个环节构成，第一环节是加工包装，第二环节是运输配送，第三环节是仓储，第四环节是物流信息处理，这些环节中都存在若干因素影响冷链物流系统的正常运行。冷链物流系统的流程如图8-1所示。

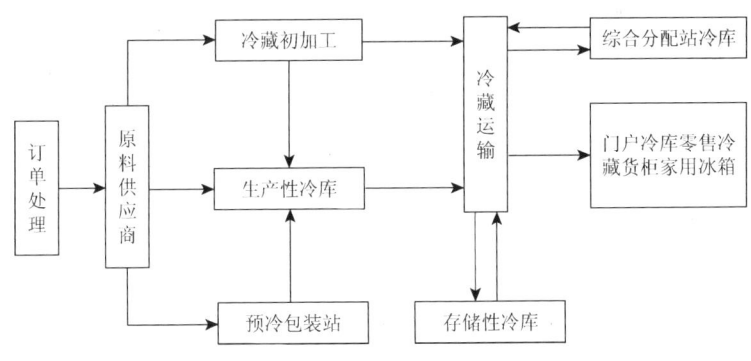

图 8-1　冷链物流系统流程图

8.2.2 冷链物流系统风险因素分析

冷链物流系统由四个功能环节组成，这些功能环节在运行中都存在着某些主客观因素，影响冷链物流系统的正常运行，导致系统无法完成既定物流活动目标、无法满足客户需求。下面对四个功能环节的风险因素进行分析。

1. 加工包装环节

加工包装环节主要在原材料数量种类、原材料品质、操作技术、预冷技术、包装材料、包装效果六个方面存在风险。

（1）原材料数量种类。当信息系统有误或人员操作失误时，导致原材料数量或种类与订单要求不一致。

（2）原材料品质。原材料进入加工前处理不当或存储温度过高都会导致原材料品质出现问题。

（3）操作技术。员工在操作过程中未严格按照相关规章制度进行作业，导致产品品质受损。

（4）预冷技术。厂区温度过高，产品在流水线上作业未受到严格保护，导致产品变质等问题的发生。

（5）包装材料。印刷品自身受污染或者质量不过关，导致产品包装后受到污染变质。

（6）包装效果。未按要求包装导致包装不合格进而无法满足客户需求。

2. 运输配送环节

运输配送环节主要在装卸、运输设备、货物保管、冷藏车预冷设备、运输设备、交通、天气七个方面存在风险。

（1）装卸。装卸不当可能导致货物无法进行保质保量的运输。

（2）运输设备。运输设备卫生条件不符合，货物摆放不合理，均容易导致交叉感染。

（3）货物保管。货物在运输过程中由于保管不当导致遗失。

（4）冷藏车预冷设备。冷藏车制冷设备故障导致货物在配送过程中未能放在规定温度下而变质。

（5）运输设备。冷藏车本身出现问题如抛锚或者违章驾驶等导致延误配送。

（6）交通。运输中因交通拥堵而延误货物的配送，导致无法及时送达。

（7）天气。配送时遇到极端天气，因航班取消、铁路限速、高速封路等情况导致无法准时完成配送。

3. 仓储环节

仓储环节主要在冷库温湿度、货物存放、储区卫生条件三个方面存在风险。

（1）冷库温湿度。冷库的温度湿度等指标不合格，导致产品未能得到有效的存储而变质。

（2）货物存放。管理员疏忽或冷库面积有限等原因，不同种类的产品未实行有效的隔离存储导致交叉感染。

（3）储区卫生条件。冷库日常卫生工作不到位，储存环境脏、乱、差，影响产品质量。

4. 物流信息处理环节

物流信息处理环节主要在人工操作、信息系统处理两个方面存在风险。

（1）人工操作。操作人员操作失误导致货物数量、类型、装卸地点错误影响产品交易。

（2）信息系统处理。信息系统发生故障无法正常运行或数据处理错误影响产品交易。

8.2.3 冷链物流系统风险节点

综上所述，冷链物流系统风险的节点可用表 8-1 表示。

表 8-1 冷链物流系统风险的节点

序号	节点	值域
A	冷链物流系统正常运作	(0, 1)
B_1	加工包装环节	(0, 1)
B_2	运输配送环节	(0, 1)
B_3	仓储环节	(0, 1)
B_4	物流信息处理环节	(0, 1)
C_1	原材料数量种类与要求不符	(0, 1)
C_2	原材料品质不达标	(0, 1)
C_3	违规操作	(0, 1)
C_4	预冷不达标	(0, 1)
C_5	包装材料不合格	(0, 1)
C_6	包装效果不达标	(0, 1)
C_7	运输设备卫生条件不达标	(0, 1)
C_8	装卸不当	(0, 1)
C_9	货物遗失率过高	(0, 1)
C_{10}	冷藏车预冷设备故障	(0, 1)
C_{11}	运输设备故障	(0, 1)
C_{12}	交通堵塞	(0, 1)
C_{13}	极端天气	(0, 1)
C_{14}	冷库温湿度不达标	(0, 1)
C_{15}	货物未分类存放	(0, 1)
C_{16}	储区卫生条件不合格	(0, 1)
C_{17}	信息系统数据处理有误	(0, 1)
C_{18}	人工操作有误	(0, 1)

注：表中 A 表示一级节点，B 表示二级节点，C 表示三级节点，值域一栏均为 (0, 1)，它表示各风险事件的发生概率，概率随数值对应增大或减小。

8.3 冷链物流系统风险贝叶斯网络的构建

8.3.1 冷链物流系统风险的贝叶斯网络

根据 8.1 节、8.2 节对风险因素的识别分析，冷链物流系统风险的贝叶斯网络图如图 8-2 所示。

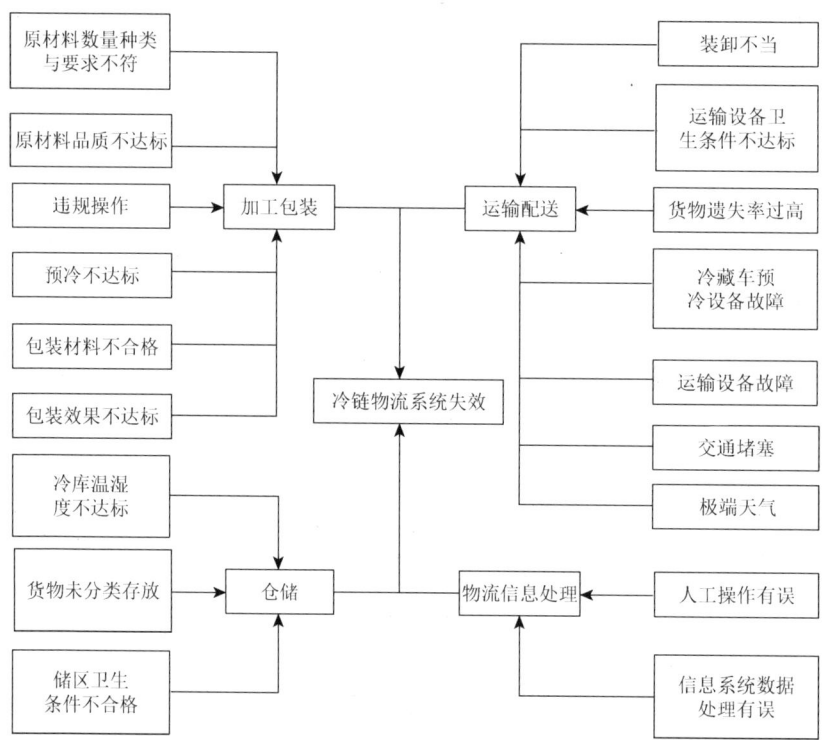

图 8-2 冷链物流系统风险的贝叶斯网络图

8.3.2 贝叶斯网络中条件概率的计算

1. 条件概率的计算

设节点 M_i 的父节点集合为 $\mathrm{parent}(M_i)$，共有 n 个，用 m_i 表示 M_i 的取值，A_i 表示父节点变量组成的向量，向量值 a_i 表示向量 A_i 的取值，则节点 M_i 的条件概率可用下列公式表述：

$$P(M_i \mid \mathrm{parent}(M_i)) = \frac{P(M_i, \mathrm{parent}(M_i))}{P(\mathrm{parent}(M_i))} = \frac{P(M_i = m_i, A_i = a_i)}{P(A_i = a_i)} \tag{8-5}$$

如果 M_i 有 3 个父节点,那么当其与父节点均处在 State0 状态下时,条件概率值可用下列公式来表述:

$$P(M_i = \text{State0} \mid A_1 = \text{State0}, A_2 = \text{State0}, A_3 = \text{State0})$$
$$= \frac{P(M_i = \text{State0}, A_1 = \text{State0}, A_2 = \text{State0}, A_3 = \text{State0})}{P(A_1 = \text{State0}, A_2 = \text{State0}, A_3 = \text{State0})} \quad (8\text{-}6)$$

其中,参量 State0 代表各节点所处的状态,它的取值范围是(0,1)。数值越大,即其对于系统失效影响程度越高;反之,则越低。

2. 三角模糊数法

如果发现无法获得精确数据,那么常规的做法是用三角模糊数法来解决,通过专家集体讨论,并结合三角模糊数法进行处理。本章采用目前使用广泛的五档级风险概率的语言变量来对应不同的概率值,它是在 IPCC 七档级的基础上演化得来[13],其对应表如表 8-2 所示。

表 8-2 数值与语句对应表

概率范围	三角模糊数	表述语句
$0 < X \leq 10\%$	(0.0, 0.1, 0.3)	低
$10\% < X \leq 33\%$	(0.1, 0.3, 0.5)	偏低
$33\% < X \leq 66\%$	(0.3, 0.5, 0.7)	中等
$66\% < X \leq 90\%$	(0.5, 0.7, 0.9)	偏高
$90\% < X < 1$	(0.7, 0.9, 1.0)	高

通过专家打分的方式得到各个节点的数值,并根据下列公式将表 8-2 转换为三角模糊数:

$$\tilde{P}_{ij}^k = (a_{ij}^k, m_{ij}^k, b_{ij}^k), \quad k = 1, 2, \cdots, q \quad (8\text{-}7)$$

节点 M_i 在 j 状态下的平均模糊值可由下列公式计算得到:

$$P'_{ij} = \frac{P_{ij}^1 \oplus P_{ij}^2 \oplus \cdots \oplus P_{ij}^q}{q} = (a'_{ij}, m'_{ij}, b'_{ij}) \quad (8\text{-}8)$$

此时,节点 M_i 在 j 状态下可得到:

$$P'_{ij} = \frac{a'_{ij} + 2m'_{ij} + b'_{ij}}{4} \quad (8\text{-}9)$$

这样,该节点的条件概率值可简化为

$$P = \frac{P'_{ij}}{\sum P'_{ij}} \quad (8\text{-}10)$$

3. 确定条件概率表

完整的贝叶斯网络模型由网络拓扑结构和模型参数组成。模型参数是指每个节点上的概率分布表,确定网络拓扑结构后,需从定量的角度来表示各个节点间的概率关系,这也是接下来进行推理的基础。因此,对各个节点引入适当的条件概率表(conditional probability table,CPT)。下面以信息处理节点的条件概率表来举例说明,如表 8-3 所示。

表 8-3　信息处理节点的条件概率表

条件		三角模糊数		概率	
State0	State1	State0	State1	State0	State1
C_{17},C_{18}	—	(0.34,0.57,0.72)	(0.11,0.22,0.43)	0.72	0.28
C_{17}	C_{18}	(0.18,0.37,0.57)	(0.43,0.63,0.83)	0.31	0.69
C_{18}	C_{17}	(0.24,0.43,0.63)	(0.38,0.57,0.70)	0.42	0.58
—	C_{17},C_{18}	(0.23,0,30,0.50)	(0.63,0.73,0.87)	0.38	0.62

通过表 8-3 可清楚地看出在 C_{17}、C_{18} 状态发生的条件下,节点 B_4 在两种状态下发生的概率。比如,在 C_{17}、C_{18} 都不发生的情况下,B_4 发生的概率为 28%;在 C_{17} 发生,C_{18} 不发生的条件下,B_4 不发生的概率为 42%。

8.4　实例仿真

8.4.1　风险事件概率的获取

为对导致冷链物流系统失效的风险因素进行客观的评价,选取业内 6 位专家对风险事件进行打分。根据专家对影响冷链物流系统运行的风险因素的打分意见,将数据汇总整理并采用三角模糊数法确定贝叶斯网络中各节点的概率值。根据 IPCC 量表对各根节点处于不同状态时子节点的发生概率值进行客观的评价,并通过加权平均,根据实际情况对各节点的概率值进行修改调整。

8.4.2　数据分析

在影响因素分析过程中应用贝叶斯网络,得到冷链物流系统各个风险事件对于系统失效这一事件的影响程度,并通过贝叶斯网络的双向推理特性,找到导致系统失效的关键因素，根据结果有针对性地提出合理化建议及相关措施，提高冷链物流系统的可靠性。通过贝叶斯网络中节点 M 在 State0 状态下的概率值可知，数值越高，系统失效的可能性越大。

Netica 是一款用于构建图形决策理论模型的仿真软件，其具有可视化界面，便于贝叶斯网络模型的构建和分析。打开 Netica，新建网络图，在工具栏中选择因素框，从底层开始建立，依次向上，直至顶端，并按照联系将各个因素框连接起来。其中"State0"表示事件发生，"State1"表示事件不发生。将数据统计后依次输入 Netica 进行仿真模拟，可得到各个节点的概率值。结果如图 8-3 所示。

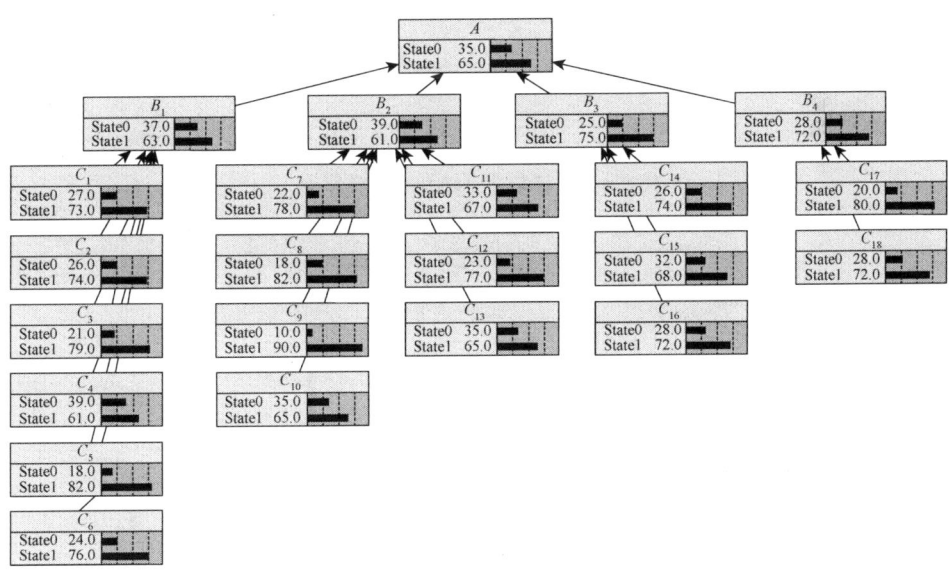

图 8-3　冷链物流系统仿真模拟图

（1）确定了各节点的先验概率数值后，根据贝叶斯网络的逆向推理理论，当冷链物流系统无法正常运行时，即 $P(A=\text{State0})$ 这一项数值为 100%，可知此时冷链物流系统发生故障，观察各节点 State0 与 State1 的数值变化得到后验概率。

由图 8-4 可知，C_{13} 即"极端天气"的后验概率值为 37%，为最高值，由此可知冷链物流系统失效的最大致因链是"极端天气—运输配送环节—冷链物流系统失效"。

将图 8-3 与图 8-4 中的数据进行对比，以期更直观地发现各风险事件对于冷链物流系统故障的影响程度。如图 8-5 所示，其中，横坐标表示风险事件编号，纵坐标表示先后验概率值。

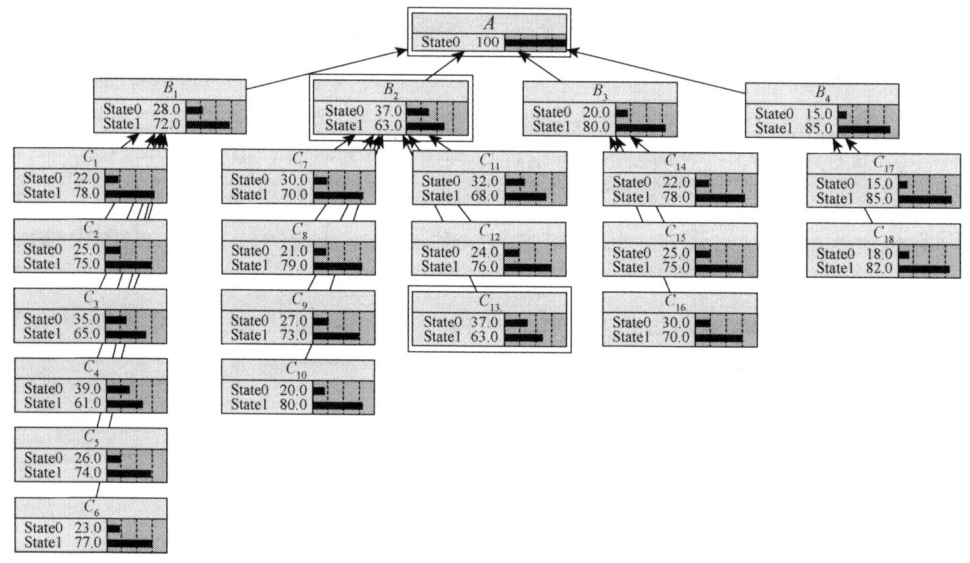

图 8-4　冷链物流系统故障后验概率

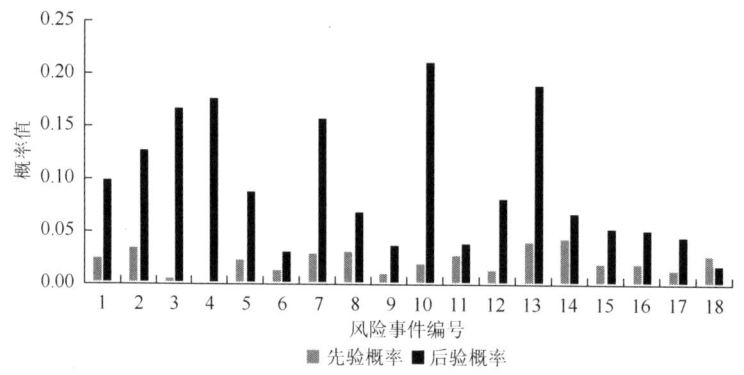

图 8-5　先后验概率对比图

由图 8-5 易知，先验概率较大的底事件，其后验概率不一定大，所以其对整个冷链系统可靠性的影响也不一定大。而后验概率较大的底事件，其对于整个冷链系统能否正常运行的影响相对较大，即底事件的后验概率更能说明问题。因此，后验概率较高的底事件往往是预防和改进的重点。

（2）灵敏度分析可使贝叶斯网络的推理结果更加显著。本章采用灵敏度分析法，以此来锁定对冷链物流系统失效影响程度更高的风险因素，这能帮助相关企业在处理问题时采取正确的措施，保证冷链物流系统正常运行。先对冷链物流系统正常运行时的四个环节进行灵敏度分析，结果如图 8-6 所示。

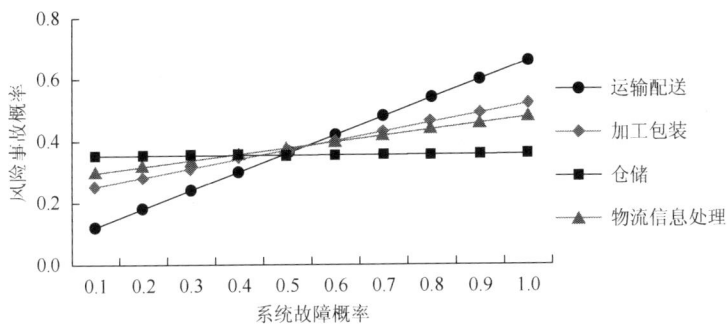

图 8-6　冷链物流系统正常运行时各环节的灵敏度分析

由图 8-6 可知，当加工包装、运输配送、仓储、物流信息处理四个环节的概率值发生改变时，其对于冷链物流系统能否正常运行的影响程度也相应地变化。直线越陡峭，说明该环节的变化幅度越大，即该环节的各个风险事件的灵敏度越高，则灵敏度最高的事件就是影响冷链物流系统正常运行的关键事件。由图 8-6 可见，灵敏度由强至弱依次为运输配送、加工包装、物流信息处理、仓储。

接下来，再分析冷链物流系统正常运行时，图 8-5 中后验概率较高的 4 个因子对冷链物流系统的影响，其结果如图 8-7 所示。

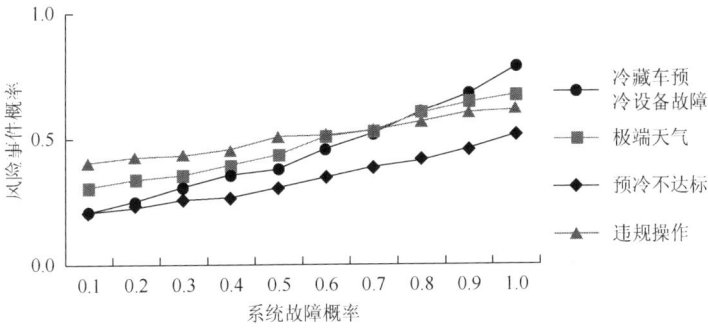

图 8-7　后验概率较高的 4 项风险事件与系统故障的灵敏度分析

由图 8-7 可知，对于后验概率较高的 4 项风险事件，灵敏度最高的是冷藏车预冷设备故障，其次是极端天气，第三是违规操作，最后是预冷不达标。虽然各个环节都有所涉及，但不难看出，对冷链物流系统影响最大的是温度，相关企业应该重点考虑如何有效解决全程控温这一敏感问题。

8.5 本章小结

本章借助贝叶斯网络对冷链物流系统进行建模与分析,通过对风险因素的分析发现:

(1)冷链物流系统运行的四个环节按影响程度由高到低依次为运输配送、加工包装、物流信息处理、仓储。运输配送是对冷链物流系统影响最大的环节,其中极端天气是风险最高的事件,是预防和改进的重点。针对这一问题,相关企业应将工作重心放在产品运输环节中,在运输配送前期注意对极端天气的预测与预警,采取有效措施准时完成配送。

(2)对冷链物流系统运行影响最大的四个风险事件由高到低依次为冷藏车预冷设备故障、极端天气、预冷不达标、违规操作。不难看出,对冷链物流系统影响最大的是温度,相关企业应重点考虑如何有效解决全程控温这一敏感问题。

参 考 文 献

[1] Akkerman R, Poorya F, Martin G. Quality, safety and sustainability in food distribution: A review of quantitative operations management approaches and challenges. OR Spectrum, 2010, 32 (4): 863-904.

[2] Goyal S K, Giri B C. Recent trends in modeling of deteriorating inventory. European Journal of Operational Research, 2001, 134 (1): 1-16.

[3] Bogataj M, Bogataj L, Vodopivec R. Stability of perishable goods in cold logistic chains. International Journal of Production Economics, 2005, 93-94 (1): 345-356.

[4] Abad E, Palacio F, Nuin M, et al. RFID smart tag for traceability and cold chain monitoring of foods: Demonstration in an intercontinental fresh fish logistic chain. Journal of Food Engineering, 2009, 93(4): 394-399.

[5] Sharma S, Pai S S. Analysis of operating effectiveness of a cold chain model using Bayesian networks. Business Process Management Journal, 2015, 21 (4): 722-742.

[6] Badurdeen F, Shuaib M, Wijekoon K, et al. Quantitative modeling and analysis of supply chain risks using Bayesian theory. Journal of Manufacturing Technology Management, 2014, 25 (5): 631-654.

[7] Ding Y, Zuo M J, Lisnianski A, et al. Fuzzy multi-state systems: General definitions, and performance assessment. IEEE Transactions on Reliability, 2008, 57 (4): 589-594.

[8] 陈香,龚本刚,胡朝忠. 物流服务供应链可靠性诊断的 FTA 模型及应用. 计算机工程与应用, 2012, 48(29): 243-248.

[9] 兰洪杰,刘志高,李丽,等. 基于协同补货的食品冷链均衡研究. 管理工程学报, 2012, 26 (4): 107-111.

[10] 郭茜,蒲云,郑斌. 基于故障贝叶斯网的冷链物流系统可靠性分析. 控制与决策, 2015, 30 (5): 911-916.

[11] 张浩,王明坤. O2O 模式下供应链失效风险识别模型及仿真. 系统仿真学报, 2016, 28 (11): 2747-2755.

[12] 朱新球. O2O 生鲜电商农产品冷链物流系统风险管理研究——以上海厨易配菜有限公司为例. 物流技术, 2017, 36 (3): 127-133.

[13] 马德仲,周真,于晓洋,等. 基于模糊概率的多状态贝叶斯网络可靠性分析. 系统工程与电子技术, 2012, 34 (12): 2607-2611.

第 9 章　冷链物流系统断链风险

伴随着冷链物流市场的日益增大，冷链物流系统断链风险问题日益突出，冷链物流系统断链风险已影响整个行业的健康发展。本章首先通过剖析冷链物流系统运营全过程，发现冷链物流系统断链主要存在运作风险、设备风险、信息风险、技术风险、人员风险、政策风险、突发风险七个方面的风险因素，以此构建冷链物流系统断链风险评价指标体系；其次，基于熵权可拓决策模型，构建表征我国冷链物流系统断链风险状态的多指标属性评价模型；最后，就某食品冷链物流企业的断链风险数据进行实例研究。

9.1　冷链物流系统断链风险因素分析及指标体系建立

9.1.1　引言

杨梅、荔枝等"遇冷"，千里也能尝鲜，并且身价倍增，冷链物流系统打造从"田园、渔场、牧场到餐桌"的保护链，在保质的同时尽量做到保鲜，解决部分产品保鲜期短、运不出去等问题，极大地促进了一个产业的发展。但伴随冷链物流市场的日益增大，冷链物流系统断链风险日益突出，我国大部分传统冷链物流仅通过冰冻、冰块加棉等处理，使产品在储存环节处于低温状态，损坏率较高。据不完全统计，我国速冻食品的产量以 20%的速度递增，近几年来甚至以 35%的高速度递增，远高于全球 9%的平均增长速度。然而，2015 年物流行业报告显示，我国只有 10%的肉类、20%的水产品、少量的牛奶和豆制品进入冷链物流系统，同时我国物流费用占国内生鲜产品总成本的比例高达 70%。《中国冷链物流发展报告》显示，我国冷冻产品损坏率达 20%~30%，每年水果及蔬菜腐烂数量分别约为 1200 万 t 及 1.3 亿 t。而在欧美发达国家，超过 80%的易腐食品已采用冷藏运输，损坏率不足 5%。由此可见，冷链物流系统断链风险影响了整个行业的健康发展，对冷链物流系统断链风险进行研究迫在眉睫。

为什么国外冷链物流能够做到全程不断链，而我国的冷链物流却迟迟不能连续起来？冷链物流运营问题已引起学者的关注，Golan 等根据食品物流的发展阶段，将典型的食品供应链划分为哑铃型、T 型、对称型和混合型 4 种类型[1]。Net 等研究了在冷链物流过程中，不同温度下的保鲜膜对于食品的影响[2]。Bogataj 等研究了冷链上易腐产品的稳定性，主要为低温环境下易腐产品的腐败轨迹等[3]。Likar 等通过研究食品在低温与常温环境下不同的保质水平，提出了冷链对食品安全影响的重要性[4]。Flick 等提出了一个通用的方法来研究冷链最后三个环节的状态变量对食品质量安全的影响[5]。Laguerre 等结合食品加工和冷链运输的过程，考虑了参数的变异性，并结合确定性和随机建模，挖掘出食品冷藏传输机制中的问题[6]。

我国的冷链物流系统发展较为缓慢，国内学者对冷链物流系统断链的研究主要集中在冷链技术、冷链运作、冷链安全等方面，例如，谈向东分析研究了冷藏储运技术的特点和实际应用[7]。李学工和王玉侠均从宏观角度对我国农产品冷链物流存在的诸多问题和近些年来的发展状况进行了分析，找出了我国农产品冷链物流发展的瓶颈和困难，并提出发展的趋势及解决路径[8, 9]。徐亚妮等利用 SWOT 分析法研究了我国冷链物流发展的现状和第三方冷链物流企业的运营发展[10]。在冷链物流安全的概念界定方面，罗铮认为物流安全问题包括几个方面，例如，因人为失误或技术缺陷而在物流的运作过程中造成的货物破坏或物流设施被毁、物流信息的失真等安全问题[11]。李炯则从实践的角度分析了物流的安全问题，认为物流的安全主要包括操作人员的操作流程规范和物流设备等部分，各部分之间相互补充并构成了完整的安全体系[12]。

通过文献[1]~[12]可见，对冷链物流系统的运营研究较多，但分析冷链物流系统断链风险及评估的文献较少，对于冷链物流系统安全因素多从经验角度进行定性分析，综合考虑各个因素对冷链物流系统影响的研究不足。冷链物流系统断链影响了行业的健康发展，因而对冷链物流系统断链风险进行评估很有必要。在此背景下，本节通过分析冷链物流系统风险的主要影响因素，构建冷链物流系统断链的评价指标，并利用熵权可拓决策模型，对冷链物流系统断链的风险进行评价，以期为冷链企业的运营提供决策参考。这种评价方法综合考虑各因素在冷链物流系统断链风险中所处的等级，不仅对单个风险指标进行评价，也可以对风险因素进行综合评价，还能对企业整体予以等级判断，评价结果能够很好地反映被评价对象所处的风险等级，更好地体现各个因素所起的影响作用，帮助冷链物流企业找出断链的薄弱点，及时对症下药或防患于未然。

9.1.2 冷链物流系统运营过程

如图 9-1 所示，冷链物流系统具有复杂的系统结构，影响因素众多，任何一个因素的不合理都将可能导致某一环节的断链，进而影响整个冷链物流系统的运行。

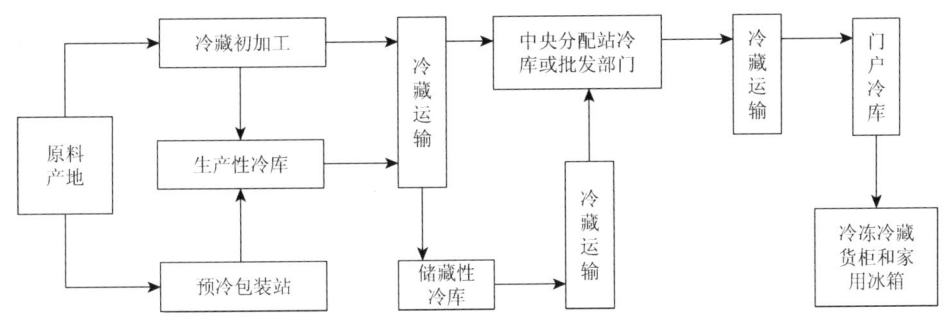

图 9-1 冷链物流系统流程图

冷链物流系统的运营过程如图 9-1 所示,首先从产地将产品收获,对其进行预冷加工处理,减慢产品"呼吸",延长保质期,如果再使用冷藏运输,就可以进行长距离销售,冷库延长保质期,而冷藏运输可以保鲜、防损、效益更高,然后运入中央分配站冷库或批发部门,进行仓储、分拣,最后由终端配送到消费者手中。冷链之所以称为"链",就是因为产品从收获到运输,再到交易都需要和冷冻有关,那么如何使"保护链"不断链,将冷链物流这盘"冷菜""热"着吃,对其进行原因分析和风险评价很有必要。

9.1.3 冷链物流系统断链风险因素分析

造成冷链物流系统断链的原因有很多,从我国现阶段来看,首先是恶意竞争下的违规操作,如违规改装冷藏车、棉被车等。市场上冷藏车的需求不断加大,而我国冷藏车的保有量仅占公路货车的 0.3%。由于使用冷藏车运输成本过高,商贩为了赚得更多的利润便会私自改装冷藏车,因为在现有冷链物流系统下,产品能够得到消费者认可,并未要求供应商使用正规冷藏车,而使用正规冷藏车只会增加成本,一旦成本转移到产品价格上,精明的消费者不一定买账,于是在重重的利益链驱使下,改装冷藏车和棉被车就不足为奇。其次,冷链意识淡薄是造成断链的原因之一。运输途中,冷藏车司机为了省电省油,该打冷时错过打冷时机,从而造成果蔬途中受损,这是一种意识上的懈怠。再次,市场监管不力也造成了冷链物流系统的断链。现阶段并不是所有从事冷链物流的企业都能提供温度监测和控制记录,冷链物流系统运输过程中还存在着温控不力等问题。因为没有温控记录,一旦某个物流环节"断链",很难调查出究竟是哪个环节出现了问题。最后,技术的落后和缺乏统一的行业标准等原因更是加剧了冷链物流系统的断链现象。

尽管近年来国家对冷链发展的重视程度不断加强,但由于起步晚、产业意识缺乏、冷链设施不足及相关法律规范的缺失,国内冷链物流总体发展不尽人意,尤其是冷链物流系统"断链"现象严重,给食品安全带来极大隐患。面对"断链"

掣肘行业的严峻现状,极有必要进一步对冷链物流系统断链因素细化分析。由冷链物流系统流程图及上述影响因素,结合自营冷链物流和第三方冷链物流对乳制品、肉类、海产品和果蔬等收取、预冷、加工、储藏、运输、分销再到消费者手中的各个处于低温环节的断链现象进行剖析,可以将冷链物流系统断链的风险因素划分为以下七个方面:运作风险、设备风险、信息风险、技术风险、人员风险、政策风险和突发风险。

9.1.4 冷链物流系统断链风险评价指标体系建立

1. 风险因素分析

(1) 运作风险。①很多冷链物流企业为了压缩物流成本,提高自身竞争力,有的在运输途中关闭制冷机组,有的则是采用一些伪装的棉被冷藏车,有的则直接中途换车,导致生鲜食品无法全程处于稳定的低温环境下,出现变质、腐损情况。②很多超市等冷链装卸都是人工搬运,自动化水平很低导致食品暴露在高温下的时间过长。③衔接效率低,例如,冷库往往建设在发达城市,而农产品等主要在比较偏远的山区、农村,冷库、冷链的建设没有跟实际的产区、销区和生产流通消费结合起来。因此,将运输全程温度控制合格率、冷链装卸搬运的自动化水平和节点企业的衔接效率作为考虑运作风险的二级指标。

(2) 设备风险。生鲜果蔬等食品对温度相当敏感,对于暴露在高温甚至常温下的时间要求极高,所以涉及的加工、运输、储藏的设备是否符合要求也应当被考虑在内。由于冷链物流是新兴行业,前期冷链物流准入门槛低,设备质量水平参差不齐且没有产生规模化效应,从而无法达到专业化和高水平,如改装冷藏车和棉被车现象。"农超对接"的快速产销配送模式也对设备提出更高要求。因此,将冷链仓库自动化水平、冷链流通加工机械化水平、物流设施设备完善程度作为设备风险因素的二级指标。

(3) 信息风险。冷库、冷链运输车相对分散,信息对接不顺畅,资源很难实现整合利用。冷链物流系统中运输车一般由生产者、经营者自购自营,而果蔬等产品具有季节性,会出现断层、断链现象,闲置率高,而第三方专业冷链物流通过互联网+等手段,形成区域化、连锁化、规模化的冷链物流信息服务网络,恰好解决了这个问题。通过有效的信息共享可以帮助易腐损的生鲜产品尽可能快的完成交接,大大缩短从产地到消费的时间,更好地维持产品的质量,所以将冷链企业信息设备配备程度、冷链节点企业信息共享效率和冷链网络复杂程度作为信息风险因素的二级指标。

(4) 技术风险。冷链物流系统除运输设备、基础设施陈旧及发展和分布不均衡外,信息技术欠缺和管理水平落后也是制约冷链物流系统发展的重要原因。从技术链和技术风险引发模式角度考察,很多从事冷链物流的企业都不能提供完整有效的温度监测和控制记录,不能实现对冷链温度的实时监测,未能达到全程冷链物流,接收的超市等配货商也缺乏检验货物温度的能力,这对食品质量安全非常不利,缺乏数据分析和交互,物流资源的管控和使用效率较低。因此,将节点企业的温度检测设备普及率、冷链企业和合作伙伴的运营能力作为技术风险的二级指标。

(5)人员风险。冷链物流系统的经营和管理包括冷链物流系统的专业技术都需要专业人员的支持。冷链物流涉及大量的专业知识,对于操作人员的专业素养要求较高,而调查研究显示我国从事冷链物流的操作人员基本上都是依靠经验操作,或是师傅带徒弟,操作人员并没有学习过系统的理论知识,对于高端设备的使用仅凭经验是完全不够的。同时全程冷链意识淡薄,认识不到冷链物流系统对食品安全的重要性。因此,操作人员的素养和能力以及冷链意识应当作为人员风险的二级指标。

(6)政策风险。①我国的冷链物流系统虽然起步时间较晚,但是发展速度很快。虽然该行业的法律法规的制定不完善,但是政府非常重视,然而各种规章制度的变化都会给企业的运营带来风险,例如,政府对农产品等冷链运输车高速通行实现绿色通道,但对产品进入城市的商超运输车有一定的限制。人们冷链意识薄弱,监管不到位,全程信息不能溯源,例如,运输过程中或其他点上有没有继续保持温度控制,消费者不知道。随着消费者对食品安全重要性意识的觉醒,食品生产者和终端零售餐饮企业等冷链物流需求方对冷链物流的要求开始逐渐提高,这对冷链物流企业起到真正的约束和引导作用。②冷链物流是一个对资金要求很高的行业,冷链建设投资较大,成本回收期较长,再加上如果储藏的产品在经过冷链处理后并没有因为价格的提升而带来更多收益,那么冷链建设会挫伤很多人的积极性,而且冷链物流资金投入比常温物流更高,风险也更高。因此,法规政策完善程度与市场监管力度和企业资金的供应状况应当作为运营风险的二级指标。

(7)突发风险。自然等不可抗因素的无法预测和控制,会给冷链物流的运输带来极大的影响,例如,恶劣天气会延误冷链物流系统的运输时长。而电力的供应对冷链物流系统的影响也极大,预冷、储藏、运输、分销再到消费者手中各个环节的产品都离不开电力的供应。因此,将对恶劣自然状况的应对能力和电力供应状况作为突发风险的二级指标。

2. 冷链物流系统断链风险评价指标体系建立

通过分析,本节建立如表 9-1 所示的冷链物流系统断链风险评价指标体系。

冷链物流系统断链风险评价指标是基于冷链物流系统全过程进行构建的,不但考虑了硬件和软件风险、人为和自然因素风险,也考虑了一定宏观因素和微观因素风险,选取的定量指标具有一定的合理性和可操作性,指标体系客观可信且具有内在联系,符合典型代表性和整体性原则,因此,指标体系具有一定的完整性和科学性。

表 9-1 冷链物流系统断链风险评价指标体系

准则层	指标层	准则层	指标层
运作风险 B_1	运输全程温度控制合格率 c_1	技术风险 B_4	节点企业的温度检测设备普及率 c_{10}
	冷链节点企业的衔接效率 c_2		冷链企业和合作伙伴的运营能力 c_{11}
	冷链装卸搬运的自动化水平 c_3	人员风险 B_5	操作人员的素质和能力 c_{12}
设备风险 B_2	冷链仓库自动化水平 c_4		操作人员的冷链意识 c_{13}
	冷链流通加工机械化水平 c_5	政策风险 B_6	法规政策完善程度与市场监管力度 c_{14}
	物流设施设备完善程度 c_6		企业资金供应状况 c_{15}
信息风险 B_3	冷链企业信息设备配备程度 c_7	突发风险 B_7	电力供应状况 c_{16}
	冷链节点企业信息共享效率 c_8		恶劣自然状况的应对能力 c_{17}
	冷链网络复杂程度 c_9		

9.2 冷链物流系统断链风险的熵权可拓决策模型

9.2.1 模型构建的理论基础

1. 可拓决策

可拓学建立了以物元、事元和关系元为基本元的形式化描述体系,构成了描述复杂事物和世界的基本元,统称为基元。它可以通过数据表示客观世界中的物、事和关系,让人们可以通过可量化的计算程序推导出现实问题的决策[13]。

定义 1 把物 N、特征 c 及 N 关于 c 的量值 v 构成的有序三元组 $R = [N \quad c \quad v]$ 作为描述物的基本单元,称为一维物元;N、c、v 三者称为物元 R 的三要素,其中 c 和 v 构成的二元组 $M = (c,v)$ 称为 N 的特征元[14]。

定义 2 如果物 N 具有 n 个特征,其 n 个特征 $c_1, c_2, \cdots, c_n$ 及 N 关于 $c_i (i=1,2,\cdots,n)$ 对应的量值为 $v_i (i=1,2,\cdots,n)$,则有

$$R = [N \quad c \quad v] = \begin{bmatrix} N & c_1 & v_1 \\ & c_2 & v_2 \\ & \vdots & \vdots \\ & c_n & v_n \end{bmatrix} \quad (9\text{-}1)$$

式(9-1)表示为 R 的 n 维物元,其中,

$$c = \begin{bmatrix} c_1 \\ c_2 \\ \vdots \\ c_n \end{bmatrix}, \quad v = \begin{bmatrix} v_1 \\ v_2 \\ \vdots \\ v_n \end{bmatrix}$$

2. 熵权分析

冷链物流系统断链风险评价离不开指标权重的确定,而用来确定权重的办法又会直接影响评价结果,因此,权重方法客观性的选择非常重要。现今确定指标权重的方法有很多,如层次分析法、德尔菲法、信息熵法,而现存的指标权重的确定方法都有不足,为了提高指标权重的客观性,本节采用了信息熵法来确定各项指标的权重。按照熵的思想,人们能够根据决策中获取信息的数量和质量,提高决策的精度和可靠性。熵在应用于不同决策过程中的评价或案例的效果评价时是一个很理想的尺度,熵权是在给定评价对象集后,根据各种评价指标值计算得来的一个数值,指标的熵越大,其熵权越小,说明该指标越不重要;反之,如果熵越小,其熵权越大,则该指标越重要。因此,作为权重的熵权,能够客观确定指标的权重,反映指标的真实信息[15]。具体步骤如下:

(1)评价指标值矩阵标准化,假设现有 n 个指标,y 个评价单元,则得到原始指标值矩阵如式(9-2)所示:

$$X = \begin{bmatrix} X_{11} & X_{12} & \cdots & X_{1y} \\ X_{21} & X_{22} & \cdots & X_{2y} \\ \vdots & \vdots & & \vdots \\ X_{n1} & X_{n2} & \cdots & X_{ny} \end{bmatrix} \quad (9\text{-}2)$$

(2)计算参评指标的熵值,通过式(9-3)计算第 $i(i=1,2,\cdots,n)$ 项参评指标的熵值 $H(X_i)$,其中,P_{ny} 为标准化后所得值,计算公式如式(9-4)所示:

$$H(X_i) = -\sum_{i=1}^{n} P_{ny} \ln P_{ny} \quad (9\text{-}3)$$

$$P_{ny} = \frac{X_{ny}}{\sum_{i=1}^{n} X_{ny}}, \quad i = 1, 2, \cdots, n \quad (9\text{-}4)$$

(3) 计算指标差异系数,第 i 项参评指标系数 h_i 的计算公式如式(9-5)所示:
$$h_i = 1 - H(X_i) \tag{9-5}$$
(4) 利用式(9-6)[16],确定参评指数权重系数 w_i:
$$w_i = \frac{h_i}{\sum_{i=1}^{n} h_i} \tag{9-6}$$

9.2.2 基于熵权可拓决策模型的冷链物流系统断链风险评价模型构建

本章借助基元表达冷链物流系统断链风险信息、知识和问题,对冷链物流系统断链风险等级、评价对象进行描述,并运用结构熵权法、可拓逻辑理论和关联函数确立风险等级和风险关联度,构建表征我国冷链物流系统断链风险状态的多指标属性评价模型。

1. 经典域、节域和评价对象的确定

结合可拓学理论,冷链物流系统断链风险评价的经典域复合物元矩阵可表示为

$$R_{0j} = [N_{0j} \quad c_i \quad v_{0ji}] = \begin{bmatrix} N_{0j} & c_1 & v_{0j1} \\ & c_2 & v_{0j2} \\ & \vdots & \vdots \\ & c_n & v_{0jn} \end{bmatrix} = \begin{bmatrix} N_{0j} & c_1 & (a_{0j1},b_{0j1}) \\ & c_2 & (a_{0j2},b_{0j2}) \\ & \vdots & \vdots \\ & c_n & (a_{0jn},b_{0jn}) \end{bmatrix} \tag{9-7}$$

其中,R_{0j} 表示一个物元;N_{0j} 表示划分的第 j 个冷链物流系统断链风险评价等级;c_i 表示第 i 个评价指标,并用 $v_{0ji} = (a_{0ji},b_{0ji})$ 表示对应评价等级的量值范围,即经典域。$i = 1,2,\cdots,n$, $j = 1,2,\cdots,m$。

对于经典域,构造其节域 $R_p(R_p \supset R_j)$ 记为

$$R_p = [P \quad c_i \quad v_{pi}] = \begin{bmatrix} P & c_1 & v_{p1} \\ & c_2 & v_{p2} \\ & \vdots & \vdots \\ & c_n & v_{pn} \end{bmatrix} = \begin{bmatrix} P & c_1 & (a_{p1},b_{p1}) \\ & c_2 & (a_{p2},b_{p2}) \\ & \vdots & \vdots \\ & c_n & (a_{pn},b_{pn}) \end{bmatrix} \tag{9-8}$$

其中,v_{pi} 表示节域物元 R_p 对应于 i 特征 c_i 所取的量值范围 (a_{pi},b_{pi}),则此处待评价对象 R_0 为冷链物流系统断链风险对象,用物元表示为

$$R_0 = [P_0 \quad c_i \quad v_i] = \begin{bmatrix} P_0 & c_1 & v_{p1} \\ & c_2 & v_{p2} \\ & \vdots & \vdots \\ & c_n & v_{pn} \end{bmatrix} \tag{9-9}$$

其中，v_i 是待评价对象 R_0 关于 c_i 的量值，即待评价对象的风险指标所对应的实际数值。

2. 关联函数和关联度的确定

根据可拓学理论中关联函数的定义，待评对象的第 i 个单项评价指标关于第 j 个类别等级的关联度为

$$K_{0j}(v_i) = \begin{cases} \dfrac{\rho(v_i, v_{0ji})}{\rho(v_i, v_{pi}) - \rho(v_i, v_{0ji})}, & v_i \notin v_{0ji} \\ -\dfrac{\rho(v_i, v_{0ji})}{|a_{0ji} - b_{0ji}|}, & v_i \in v_{0ji} \end{cases} \quad (9\text{-}10)$$

其中，

$$\begin{aligned} \rho(v_i, v_{0ji}) &= \left| v_i - \frac{1}{2}(a_{0ji} + b_{0ji}) \right| - \frac{1}{2}(b_{0ji} - a_{0ji}) \\ \rho(v_i, v_{pi}) &= \left| v_i - \frac{1}{2}(a_{pi} + b_{pi}) \right| - \frac{1}{2}(b_{pi} - a_{pi}) \end{aligned} \quad (9\text{-}11)$$

需要注意的是，若 $\rho(v_i, v_{0ji}) > 0$，则表示 v_i 不在区间 v_{0ji} 内，则认为待评价对象 R_0 不在风险等级评价范围内，不满足被评价条件，不予评价。$K_{0j}(v_i)$ 是指待评价对象 R_0 关于特征参数 c_i 的具体值 v_i 属于断链风险等级 j 的程度。$\rho(v_i, v_{0ji})$ 是指 v_i 和有限区间 v_{0ji} 的距，$\rho(v_i, v_{pi})$ 是指 v_i 和有限区间 v_{pi} 的距，v_{0ji} 是经典域，v_{pi} 是节域。

3. 综合关联度与风险等级评定

综合关联度 $K_{0j}(R_0)$ 是待评价对象 R_0 的各评价指标关于冷链物流系统断链风险的每个等级 j 的关联度 $K_{0j}(v_i)$ 的加权值，其计算式如下：

$$K_{0j}(R_0) = \sum_{i=1}^{n} w_i K_{0j}(v_i) \quad (9\text{-}12)$$

综合关联度充分考虑了隶属关系和单项指标对整个危险性评价体系的影响，因此，最后的评价结果将会更接近实际情况。在所有的 $K_{0j}(R_0)$ 的值中找出最大值，即满足式（9-13），即可判断 R_0 属于断链风险等级 j。

$$K_{0j}(R_0) = \max_{j=1,2,\cdots,m} K_{0j}(R_0) \quad (9\text{-}13)$$

9.3 实 例 分 析

9.3.1 指标数据来源与处理

某冷链物流企业是国内最大的专业冷链物流企业之一，公司有两个物流园区，占地面积近 1200 亩，公司的品牌影响力、运输能力、销售总量均位居全国同行业前列。公司在上海、四川、安徽、广州等地建有生产基地，建立了遍布全国的冷链物流网络，拥有几万吨低温冷库和几百辆冷藏车。随着市场竞争加剧，客户对冷链质量提出更高要求，而公司又面临设备老化、技术落后等诸多问题，企业多次由于断链引起质量问题，因此，企业决定对冷链物流系统的断链风险进行评估。

邀请该冷链物流企业的冷链物流系统断链风险评估专家以及企业内部相关管理人员、操作人员、相关冷链物流系统断链风险研究人员，共计 15 人组成冷链物流系统断链风险评估专家小组。专家对各个风险因素指标进行评分，评分规则如下：①每个指标满分 10 分，风险越大则评分越高；反之，风险越低则评分越低。②冷链物流系统断链风险评价时结合德尔菲专家调查法与模糊分析法，对各风险指标进行评分。③对于企业年报中可以收集到的数据，让专家结合数据和实际进行打分，不可收集到的指标数据，让相关人员结合实践经验进行打分。④最终采用各指标的平均数作为指标得分。

因为满分为 10 分，风险等级为 5 个，取阈值的区间长度为 2。冷链物流系统断链风险评价指标的阈值确定如下：当 $v_i \in (0,2]$ 时，表示 v_i 处于低风险；当 $v_i \in (2,4]$ 时，表示 v_i 处于较低风险；当 $v_i \in (4,6]$ 时，表示 v_i 处于一般风险；当 $v_i \in (6,8]$ 时，表示 v_i 处于较高风险；当 $v_i \in (8,10]$ 时，表示 v_i 处于高风险。其中，v_i 表示指标的阈值。

专家评分完成后，根据式（9-2）计算得到某冷链物流企业的断链风险评价指标值，如表 9-2 所示。

表 9-2 某冷链物流企业断链风险评价指标值

风险指标	v_1	v_2	v_3	v_4	v_5	v_6	v_7	v_8	v_9
数值	3.93	2.73	3.67	2.93	2.13	4.93	4.67	1.73	4.87
风险指标	v_{10}	v_{11}	v_{12}	v_{13}	v_{14}	v_{15}	v_{16}	v_{17}	
数值	2.47	1.93	6.93	6.73	6.93	4.73	1.87	2.27	

9.3.2 权系数和风险值计算

根据式（9-3）～式（9-6），计算某冷链物流企业断链风险各个评价指标权系数，如表9-3所示。

表9-3 冷链物流断链风险评价指标权系数

风险指标	c_1	c_2	c_3	c_4	c_5	c_6
权重	0.052	0.105	0.034	0.057	0.106	0.025
风险指标	c_7	c_8	c_9	c_{10}	c_{11}	c_{12}
权重	0.029	0.093	0.021	0.098	0.099	0.011
风险指标	c_{13}	c_{14}	c_{15}	c_{16}	c_{17}	
权重	0.014	0.013	0.033	0.091	0.120	

9.3.3 冷链物流系统断链风险等级划分与阈值确定

根据冷链物流系统的断链特征，将冷链物流断链风险划分为5个等级，按照由低到高的等级依次为：低风险（Ⅰ）、较低风险（Ⅱ）、一般风险（Ⅲ）、较高风险（Ⅳ）、高风险（Ⅴ）。将冷链物流系统断链风险构成概念集合{低风险→较低风险→一般风险→较高风险→高风险}，将其渐变分类关系由定性描述扩展为定量描述，从而辨识这个概念的层次关系。将冷链物流系统断链风险评价问题表示为：$P=$ {低风险→较低风险→一般风险→较高风险→高风险}，Ⅰ = {低风险}，Ⅱ = {较低风险}，Ⅲ = {一般风险}，Ⅳ = {较高风险}，Ⅴ = {高风险}，且（Ⅰ、Ⅱ、Ⅲ、Ⅳ、Ⅴ$\in P$），对于任何$P_0 \in P$判断属于Ⅰ、Ⅱ、Ⅲ、Ⅳ或Ⅴ，并计算风险关联度。

9.3.4 确定经典域、节域和待评价对象

1. 经典域

根据表9-2中的冷链物流系统断链风险阈值，结合式（9-7）得到冷链物流系统断链风险经典域R_{01}、R_{02}、R_{03}、R_{04}、R_{05}分别如下：

$$R_{01} = \begin{bmatrix} \text{I} & \text{运输全程温度控制合格率} & (0,2) \\ & \vdots & \vdots \\ & \text{恶劣自然状况} & (0,2) \end{bmatrix}$$

$$R_{02} = \begin{bmatrix} \text{II} & \text{运输全程温度控制合格率} & (2,4) \\ & \vdots & \vdots \\ & \text{恶劣自然状况} & (2,4) \end{bmatrix}$$

$$R_{03} = \begin{bmatrix} \text{III} & \text{运输全程温度控制合格率} & (4,6) \\ & \vdots & \vdots \\ & \text{恶劣自然状况} & (4,6) \end{bmatrix}$$

$$R_{04} = \begin{bmatrix} \text{IV} & \text{运输全程温度控制合格率} & (6,8) \\ & \vdots & \vdots \\ & \text{恶劣自然状况} & (6,8) \end{bmatrix}$$

$$R_{05} = \begin{bmatrix} \text{V} & \text{运输全程温度控制合格率} & (8,10) \\ & \vdots & \vdots \\ & \text{恶劣自然状况} & (8,10) \end{bmatrix}$$

则冷链物流系统断链风险评价的经典域复合物元矩阵为

$$R_{0j} = \begin{bmatrix} & \text{I} & \text{II} & \text{III} & \text{IV} & \text{V} \\ c_1 & (0,2) & (2,4) & (4,6) & (6,8) & (8,10) \\ c_2 & (0,2) & (2,4) & (4,6) & (6,8) & (8,10) \\ \vdots & \vdots & \vdots & \vdots & \vdots & \vdots \\ c_{17} & (0,2) & (2,4) & (4,6) & (6,8) & (8,10) \end{bmatrix}$$

2. 节域

由冷链物流系统断链风险评价指标的风险等级阈值可知,并根据式(9-8)得到冷链物流系统断链风险节域为

$$R_p = \begin{bmatrix} c_1 & (0,10) \\ c_2 & (0,10) \\ \vdots & \vdots \\ c_{17} & (0,10) \end{bmatrix}$$

3. 待评价对象

结合某冷链物流企业断链风险指标数据,定量评价该企业断链风险状况,检验冷链物流断链风险评价模型的有效性,并且利用模型对该企业的断链风险等级和变化趋势进行分析。其中,待评价对象用物元模型表示为

$$R_0 = \begin{bmatrix} P_0 & 运输全程温度控制合格率 & v_1 \\ & \vdots & \vdots \\ & 恶劣自然状况 & v_n \end{bmatrix}$$

9.3.5 冷链物流断链风险值计算与风险等级评定

根据式（9-10）～式（9-12）以及表 9-3 中的权系数，计算该企业的 17 个断链风险指标的关联度，并根据式（9-13）可以得到 $\max\limits_{j=1,2,\cdots,m} K_{0j}(R_0) = 0.063531$，即可判断某冷链物流企业的断链风险对应于 $j=2$，处于状态Ⅱ，即较低风险状态。

9.3.6 该企业冷链物流断链风险评价结果分析

根据式（9-10）～式（9-12）以及表 9-3 中的权系数，计算该企业的 7 个风险因素所对应的综合关联度，并根据式（9-13）判断其风险等级，计算结果如表 9-4 所示。

表 9-4 冷链物流系统断链风险评价因素综合关联度表

项目	$j=1$	$j=2$	$j=3$	$j=4$	$j=5$	等级
$K_{0j}(B_1)$	−0.050	0.046	−0.037	−0.089	−0.114	Ⅱ
$K_{0j}(B_2)$	−0.029	0.029	−0.053	−0.102	−0.123	Ⅱ
$K_{0j}(B_3)$	−0.006	−0.019	−0.034	−0.076	−0.093	Ⅰ
$K_{0j}(B_4)$	−0.012	−0.020	−0.089	−0.125	−0.143	Ⅰ
$K_{0j}(B_5)$	−0.015	−0.012	−0.005	0.010	−0.007	Ⅳ
$K_{0j}(B_6)$	−0.020	−0.011	0.009	−0.001	−0.017	Ⅲ
$K_{0j}(B_7)$	−0.007	0.010	−0.101	−0.136	−0.156	Ⅱ

结合表 9-4 可以对该企业的风险因素进行评价分析。已知，$\max K_{0j}(B_1) = 0.046$，$\max K_{0j}(B_2) = 0.029$，$\max K_{0j}(B_3) = -0.006$，$\max K_{0j}(B_4) = -0.012$，$\max K_{0j}(B_5) = 0.010$，$\max K_{0j}(B_6) = 0.009$，$\max K_{0j}(B_7) = 0.010$，因此，信息风险 B_3 与技术风险 B_4 处于第Ⅰ风险等级，即低风险状态；运作风险 B_1、设备风险 B_2 和突发风险 B_7 处于第Ⅱ风险等级，即较低风险状态；而政策风险 B_6 和人员风险 B_5 则分别处于第Ⅲ和第Ⅳ风险等级，即一般风险和较高风险状态，属于问题较大的两个风险因素。

为了仔细分析该冷链物流系统的断链风险情况，本书利用每个风险指标进行关联度计算，并分析其所处等级，计算结果如表 9-5 所示。

表 9-5 冷链物流系统断链风险评价指标风险等级表

风险指标	c_1	c_2	c_3	c_4	c_5	c_6	c_7	c_8	c_9
最大值	0.035	0.365	0.165	0.465	0.065	0.465	0.335	0.135	0.435
等级	$J=2(Ⅱ)$	$J=2(Ⅱ)$	$J=2(Ⅱ)$	$J=2(Ⅱ)$	$J=2(Ⅱ)$	$J=3(Ⅲ)$	$J=3(Ⅲ)$	$J=1(Ⅰ)$	$J=3(Ⅲ)$

风险指标	c_{10}	c_{11}	c_{12}	c_{13}	c_{14}	c_{15}	c_{16}	c_{17}
最大值	0.235	0.035	0.465	0.365	0.465	0.365	0.065	0.135
等级	$J=2(Ⅱ)$	$J=1(Ⅰ)$	$J=4(Ⅳ)$	$J=4(Ⅳ)$	$J=4(Ⅳ)$	$J=3(Ⅲ)$	$J=1(Ⅰ)$	$J=2(Ⅱ)$

先根据某冷链物流系统的单个断链风险指标分析该公司现存的断链风险。由表 9-5 可知，断链风险指标 c_1、c_2、c_3、c_4、c_5、c_{10}、c_{17}，即运输全程温度控制合格率、冷链节点企业的衔接效率、冷链装卸搬运的自动化水平、冷链仓库自动化水平、冷链流通加工机械化水平、节点企业的温度检测设备普及率、恶劣自然状况的应对能力指标都处于风险等级第Ⅱ级，即较低风险状态。说明该企业在运输过程中的温度控制尚可，并没有像一些不良商家为降低成本，恶意竞争进行违规操作；从机械化水平所处的较低风险等级来看，该企业的仓储运输机械化水平和操作效率相对较高，且与供应链上下游企业的衔接较好。

其中，指标 c_6、c_7、c_9、c_{15}，即物流设施设备完善程度、冷链企业信息设备配备程度、冷链网络复杂程度、企业资金供应状况四项指标处于风险等级第Ⅲ级，即一般风险状态。该等级意味着该冷链物流企业的物流设施设备与冷链网络完整度未进入先进行列，仍有待提高。由于冷链设施设备需要大量的资金和技术，预冷、制冷系统需要消耗掉大量的能源，冷链运输和仓储的成本是一般普通货品的2～3 倍，因此，对于各个冷链物流企业来说具有较大的压力。企业资金状况也处于一般风险状态正是说明了这一点。

其中，指标 c_{12}、c_{13}、c_{14}，即操作人员的素质和能力、操作人员的冷链意识、法规政策完善程度与市场监管力度三项指标处于风险等级第Ⅳ级，即较高风险状态。首先，员工的素质和操作能力有待提高，该企业一般是靠经验操作和师傅带徒弟的模式培养相关人才，而冷链物流系统对于所涉及的专业知识和技能、信息技术等的应用要求又颇高，所以该指标造成冷链物流系统断链的风险较高。同时，因为我国针对冷链物流行业并没有建立健全具有全行业约束性的法律法规，对于大多数的冷链物流企业而言没有很大的规范约束作用，缺少严格的监督机制，造成了操作人员冷链意识的薄弱，经常会导致终端零售企业收货流程混乱，货物在常温下交接，更有甚者会为了低价竞争而在运输过程中关闭制冷机等违规行为，对于冷链食品的安全造成了极大的威胁。该企业符合了现阶段冷链物流的现状，其在运输全程控制方面具有一定优势，但仍需不断改善。

9.3.7 冷链物流系统断链风险防控对策

针对该冷链物流企业的单个断链风险指标的分析和各个指标对应的风险因素进行的综合分析，该企业应注重以下问题：

（1）控制人员风险。冷链物流系统对于技术的高要求势必要求其操作人员具备相应的高素质，因此，应当加大对操作人员的专业培训，增强其专业知识，提高其专业能力，提高冷链物流系统安全意识。

（2）完善规章制度。政府应当加快出台具有全行业约束性的政策法规，建立严格的监督机制和严厉的惩罚制度，并且加强对冷链物流系统安全观念的宣传普及，将冷链物流系统安全的思想普及到普通民众，加强消费者的维权意识。同时，企业应当严格要求自身，建立公司内部的约束机制和规章制度，更好地规范工作人员的行为。

（3）及时更新冷链技术设备。运作风险、设备风险和突发风险这三个风险因素的情况问题较小，但仍需时刻警惕。该企业对于食品保鲜冷藏的储存和运输设备较为重视，从加工到运输到储存的自动化水平都较高，应当时刻注意对于设施设备的技术更新和引进。对于突发情况的应对也应当做好周全的准备，做好备用方案时刻应付不可抗的突发情况。对于合作的上下游企业应当建立长期合作关系，运输存储的信息应当沟通及时，能够有效快速地完成生鲜食品的交接，以防止食品在外温下暴露过久。

（4）严格甄选合作企业。信息风险和技术风险则处在较安全的风险范围内，该企业对于信息设备的引进和管理较为完善，对于合作企业的选择也较为严格，应当继续按照企业的发展和外部经济环境的发展不断完善。

9.4 本章小结

本章基于冷链物流系统运营的全过程，依据冷链物流系统断链的主要风险，建立冷链物流系统断链风险评价指标体系；综合可拓学决策和熵权模型，建立冷链物流系统断链风险评价模型，并对冷链物流企业断链风险进行了实证研究。研究表明：评价结果基本与企业实际情况相一致。就综合评价来看，冷链物流企业的断链风险一般处于较低危险状态，但就风险因素单个评价来看，操作人员的素质和能力、操作人员的冷链意识、法规政策完善程度与市场监管力度三项指标处于较高风险状态，而物流设施设备完善程度、冷链物流企业信息设备配备程度、企业资金供应状况三项指标也处于一般风险状态。此外，熵权可拓学决策评价模型将冷链物流系统断链风险问题形式化、逻辑化和数学化，提高了测量的精度和可靠性，体现了冷链物流系统断链风险评价模型的科学性，为研究冷链物流系统断链风险提供了新思路。

参 考 文 献

[1] Golan E H, Crissoff B, Kuchler F, et al. Traceability in the US food supply: Dead end or superhighway? Choices, 2003, 18（2）: 17-20.

[2] Net M, Trias E, Navarro A, et al. Cold chain monitoring during cold transportation of human corneas for transplantation. Transplantation Proceedings, 2003, 35（5）: 2036-2038.

[3] Bogataj M, Bogataj L, Vodopivec R. Stability of perishable goods in cold logistic chains. International Journal of Production Economics, 2005, 93-94（1）: 345-356.

[4] Likar K, Jevšnik M. Cold chain maintaining in food trade. Food Control, 2006, 17（2）: 108-113.

[5] Flick D, Hoang H M, Alvarez G, et al. Combined deterministic and stochastic approaches for modeling the evolution of food products along the cold chain. Part I: Methodology. International Journal of Refrigeration, 2012, 35（4）: 907-914.

[6] Laguerre O, Hoang H M, Flick D. Experimental investigation and modelling in the food cold chain: Thermal and quality evolution. Trends in Food Science and Technology, 2013, 29（2）: 87-97.

[7] 谈向东. 水产品冷藏链技术路线探讨明. 冷藏技术, 2005,（2）: 41-44.

[8] 李学工. 我国农产品冷链物流现状及发展趋势. 综合运输, 2010,（4）: 45-49.

[9] 王玉侠. 我国农产品冷链物流存在的问题及对策. 物流工程与管理, 2011, 33（3）: 80-82, 84.

[10] 徐亚妮, 张仁颐. 第三方冷链物流企业运营发展策略. 物流科技, 2011, 34（6）: 118-120.

[11] 罗铮. 物流安全保障体系研究. 物流科技, 2005, 28（10）: 8-10.

[12] 李炯. 物流安全管控技术分析. 物流技术与应用, 2005, 10（4）: 96-98.

[13] 蔡文. 物元模型及其应用. 北京: 科学技术文献出版社, 1994.

[14] 蔡文, 杨春燕, 何斌. 可拓逻辑初步. 北京: 科学出版社, 2003.

[15] 雷勋平, 吴杨, 叶松, 等. 基于熵权可拓决策模型的区域粮食安全预警. 农业工程学报, 2012, 28（6）: 233-239.

[16] 施开放, 刁承泰, 孙秀锋. 基于熵权可拓决策模型的重庆三峡库区水土资源承载力评价. 环境科学学报, 2013, 33（2）: 609-616.

第10章 冷链物流系统价值共创

提高冷链物流系统的价值共创能力,是发展冷链物流的关键。本章在参考大量文献的基础上,建立冷链物流系统的研究概念框架,并利用结构方程模型研究冷链物流系统价值共创的影响因素,探讨不同影响因素之间,影响因素与价值共创、与绩效的内在联系。进而帮助冷链物流企业改善运营情况,增强冷链物流企业的竞争实力。

10.1 冷链物流系统价值共创实行机制

10.1.1 引言

消费水平的提高使得居民对生鲜农产品的需求不断增加,因而冷链物流应运而生。2015 年以来,国家在政策方面对冷链物流发展给予了大力支持与高度重视,冷链物流发展空间不断扩大。据中国物流与采购网的数据统计,"十三五"期间我国冷链物流行业的年营业总额将保持在 3.5 万亿~4.5 万亿元,年均增长率将达到 22%。我国冷链物流行业虽处于快速发展的过程中,但与国外的冷链物流行业相比,我国冷链物流企业的冷藏技术及设备设施都比较落后,缺乏系统规划与高效整合。同时,第三方物流发展滞后,缺乏完整配套的冷链物流体系。另外,冷链物流企业规模普遍较小,在信息管理系统和专业人才培养方面投入明显不足。

作为现代物流的一种方式,冷链物流已成为物流企业业务转型的重要方向,而打造冷链物流系统平台生态圈是转型成功的关键。冷链物流系统平台生态圈能够实现人力资源与物流设施设备的共享,通过平台更好地实现共享、共赢、共生。冷链物流企业分享平台圈中的各项资源,实现价值共同创造,协同制订计划、执行计划并解决问题,从而提高冷链物流企业运营效率,促进冷链物流企业动态能力与综合竞争力的提升。因此,本章在构建冷链物流系统平台生态圈的背景下,讨论如何有效提升企业动态能力,并研究通过开展价值共创活动提高企业绩效的问题。

10.1.2 理论回顾与研究假设

1. 价值共创与冷链物流系统平台生态圈

价值共创是由管理学专家提出的一种新的价值创造方法,即以个体为中心,由消费者与企业共同创造价值。国内外学者对价值共创进行了深入的研究,Ramírez在研究服务业对经济的贡献时,发现消费者是一种生产要素,会对服务行业的生产效率产生重要的影响,即服务结果和服务价值创造不是仅仅依赖生产者,而是由生产者与消费者共同决定[1]。服务主导逻辑的提出意味着价值创造已从传统的仅由生产者创造价值的观念转变为由生产者和消费者共同创造价值。Vargo 等指出不应把价值聚焦到交换价值上,而应聚焦在使用价值上。即在服务主导逻辑下共同创造的价值并不是"交换价值",而是消费者在消费过程中实现的"使用价值"[2]。使用价值是消费者在使用产品和消费服务的过程中通过与生产者的互动共同创造的价值。肖怀云则针对中小企业的物流服务创新模式进行了梳理,以天宝物流和中远物流合作开展的仓单质押业务为例,对物流服务创新下的价值共创机理进行案例分析,发现服务主导逻辑下的物流创新以顾客需求为导向,在价值创造活动未完成之前,任何顾客的退出都会危及价值创造活动[3]。在物流服务供应链的价值共创方面,高志军等基于服务主导逻辑,实际剖析了物流服务供应链价值共创的互动机理,结果表明通过在供应链上下游的企业之间开展互动活动,例如,在物流集成商、中介商、分包商间进行互动,可以有效实现价值共创[4]。现有研究中,缺乏针对冷链物流系统价值共创的深入研究,现有研究大都以普通物流企业为对象。为了解决冷链物流企业在实际经营中面临的困难,填补冷链物流系统价值共创方面的空缺,本章以冷链物流系统价值共创为研究对象,通过对长三角地区的冷链物流企业进行调查,分析冷链物流企业间的共享资源如何提升冷链物流企业动态能力的问题。

部分学者从平台生态圈的角度进行了研究。王千在共同价值基础上指出,平台生态圈是通过多边群体间的沟通来促进彼此成长,其他群体的需要会随着某一边群体需要的增多而增多,这一观点充实了互联网企业平台生态圈的内涵[5]。张慧等在平台生态圈视角下对团购网站运营的影响因素进行了探究,并在此基础上分析了团购网站的运营效率,指出团购网站运营效率的提升有利于团购生态系统的价值创造[6]。程卫超对平台生态圈及平台商业模式的研究现状进行了系统梳理,其指出现代平台企业的创新方向是打造全新的商业模式,该模式拥有高效的运行机制,能最大限度地满足各方群体的需求,从而促进平台企业快速成长[7]。陈威如等则认为,平台商业模式就是核心企业充当平台企业,连接双边或多边群体,打造一个使得各参与方均能获得利益的生态圈，使得企业间交流互动更加便捷，从而充分满足彼此的需求[8]。随着物联网技术的出现，越来越多的学者将物联网技术运用到冷链物流平台的构建中。盛艳等探讨了物联网技术在农产品冷链物流中的应用途径，运用物联网技术搭建了农产品冷链物流公共信息平台，并详细研究了冷链物流信息平台的功能结构和技术框架[9]。少有学者将冷链物流系统共享性资源、价值共创与企业动态能力置于同一个理论框架下进行分析。基于此背景，本章旨在结合冷链物流企业平台生态圈共享性资源，从实证角度分析冷链物流企业平台生态圈共享性资源对提高冷链物流企业经营绩效的作用。

2. 研究假设

（1）冷链物流平台圈共享性资源与企业动态能力。外界对于整个冷链物流系统平台圈的看法与评价约束着企业行为，冷链物流企业为维护企业声誉及公司形象，将采取一切措施避免不良行为给企业带来的负面影响或财产损失，因此，共同声誉是企业动态能力的一个关键因素。同时，企业间的知识性网络对于在冷链物流平台圈中构建组织制度具有积极作用，而组织的网络结构可以解释知识获取的范围与内容，二者都强调企业间的关系无论是合作还是竞争，都需要积极着手搭建平台圈。平台圈的构建有助于信息和人员等资源在系统内实现共享，有助于协同开展创新活动，缩短新产品的研发周期，降低创新成本，减少与合作伙伴在创新过程中的冲突，从而提高响应顾客需求变化的能力[10]。此外，冷链物流系统中畅通的资源交换与组合渠道有利于系统内企业传递与交流各类资源，这保障了冷链物流平台圈的稳定运作。张以彬等指出，服务、金融等机构能够给冷链物流企业提供日常运营所需的各类资源，冷链物流企业通过整合资源，深化冷链物流平台圈中各企业间的合作机制，从而持续提升冷链物流企业的动态发展能力[11]。因此，本书提出以下假设：

H1：冷链物流平台圈共享性资源正向影响企业动态能力。

（2）冷链物流平台圈共享性资源与价值共创。回顾相关文献，发现部分学者对于冷链物流平台圈共享性资源与价值共创已进行了初步研究，齐懿冰指出，企业中畅通的资源交换与组合渠道可以增强业务、信息、运作过程等方面的柔性[12]，因而即使冷链物流平台圈受到外部环境的冲击或内部因素的干扰，也可以保持稳定的网络结构，迅速对自身运营流程加以调整与重构。其后，经过企业间的文化交融、资源共享，企业内部结构得以调整，合作同伴关系得以巩固，对市场需求变化的适应性也随之提高，最终实现价值共创。杜娟等则指出当地机构的大力支持可以更好地搭建物流信息交流平台，整合物流异质性资源，引导冷链物流企业进行价值共创，为企业共同制订计划、共同执行计划与解决问题创造条件[13]。结合前期的探索性文献研究，本书提出以下假设：

H2：冷链物流平台圈共享性资源正向影响价值共创的三个维度。

H2a：冷链物流平台圈共享性资源正向影响组织间共同制订计划。

H2b：冷链物流平台圈共享性资源正向影响组织间共同执行计划。

H2c：冷链物流平台圈共享性资源正向影响组织间共同解决问题。

（3）企业动态能力与价值共创。冷链物流企业的核心竞争力与竞争优势是企业价值共创的基础。张婧等认为，价值共创实质上是由企业单方面创造价值转变为由顾客和各企业协同创造价值，并且各参与方积极进行资源互动有利于价值共创[14]。企业在运营过程中，会根据外部环境以及自身条件的变化自行调整管理理念与方式，围绕共同创造价值这一核心目标来开展经营管理活动，以期获得别人无法替代或复制的核心竞争力。而支撑企业发展自身核心竞争力的恰恰是驱动价值共创的企业动态发展能力，即企业价值共创的核心驱动要素是企业的动态发展能力。Teece等主张改变已经固化的能力，让企业通过改善自身条件来适应市场需求的变化，从企业内部进行革新，进而提高自身竞争力[15]。而Zollo等指出，企业动态发展能力是整合性的学习活动方式，企业运用系统科学的管理方法与手段达到持续经营的效果，促进企业绩效的改善[16]。冷链物流企业通过全面提升自身的管理能力，使得冷链物流企业相互协同工作，从而满足顾客需要。通过提升冷链物流企业的动态发展能力，激发和巩固平台圈内冷链物流企业继续合作的意愿，促使平台内企业互相信任，在交互合作的过程中产生正向期望，共同创造价值。因此，本书提出以下假设：

H3：企业动态能力正向影响价值共创的三个维度。

H3a：企业动态能力正向影响组织间共同制订计划。

H3b：企业动态能力正向影响组织间共同执行计划。

H3c：企业动态能力正向影响组织间共同解决问题。

（4）价值共创与企业绩效。在实际经营中，没有任何组织能够拥有其发展所需要的所有资源，也无法独自应对内部环境的变化以及外部市场的波动。因此，冷链物流企业必须学会资源分享，进行资源整合，寻求外部力量，共同创造价值以加强自身能力，从而提高企业绩效。Vargo等则对服务主导逻辑进行了扩展，补充提出了在制度约束及合作背景下的大规模的企业协调价值共创的观点，重点介绍价值合作体系的制度安排[17]。其他学者从社会学的角度进行了思考，Bo等在社会结构、社会制度、角色、立场、相互作用和社会结构的再生产这些方面，对服务主导逻辑理论进行了概念补充，增加了学者对服务交流和价值共同创造的理解，具体阐述了服务交换和价值共创的概念是如何被嵌入到社会系统中的[18]。可见，随着越来越多的企业加入到价值共创中，不同研究方向的专家之间的互动也逐渐增加，研究内容不断深入，价值共创扩大并改进了冷链物流系统平台圈的知识数据库，激发了学者的创新思维。同时，价值共创改变了冷链物流企业的内部与外部环境,增强了文化多样性,提高了冷链物流企业的开放程度,促使冷链物流企业得到更多的知识、资源、技术来改善企业绩效,从而获取更多的经营利润。因此,本书提出以下假设:

H4:价值共创正向影响企业绩效。

H4a:组织间共同制订计划正向影响企业绩效。

H4b:组织间共同执行计划正向影响企业绩效。

H4c:组织间共同解决问题正向影响企业绩效。

本章的研究概念框架模型如图 10-1 所示。

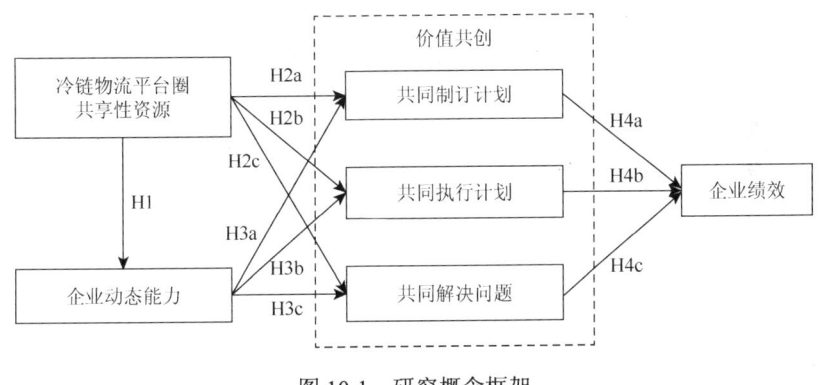

图 10-1 研究概念框架

10.1.3 数据收集与研究设计

1. 样本选取和数据采集

本章研究冷链物流系统的价值共创行为,选取长三角地区冷链物流企业作为研究对象,通过问卷调查的形式获取数据。具体地,选择冷链物流服务平台企业、交易服务平台企业、融资服务平台企业及其他服务平台企业作为调查样本,并要求参与调查的冷链物流企业必须至少已持续三年正常经营,且要求其管理决策权限独立,对这些企业发放相同数量的问卷。然后,通过校友、政府机构等途径对长三角地区的冷链物流企业共发放问卷 700 份,其中有效问卷 525 份,有效回收率为 75.0%。

T 检验与卡方检验结果显示,参与问卷调查的冷链物流企业在经营年份和企业员工数量等方面不存在差异,所以调查的无应答偏差可以排除。样本企业中,在冷链物流企业类型方面,物流服务平台企业占比 30.61%,交易服务平台企业占比 22.34%,融资服务平台企业占比 23.03%,其他服务平台企业占比 24.02%;在冷链物流企业规模方面,300 人以下的占比 34.18%,300~500 人的占比 36.27%,

500 人以上的占比 29.55%；在企业成立时间方面，3 年以下占比 31.27%，3～5 年占比 36.34%，5 年以上占比 32.39%；在问卷填写者的职位方面，高层管理者占比 14.69%，中层管理者占比 28.55%，基层管理者占比 30.31%，专业工作人员占比 12.67%，其他占比 13.78%；在企业发展阶段方面，成立与生存阶段占比 19.65%，成长阶段占比 26.14%，稳定发展阶段占比 34.89%，衰退阶段占比 19.32%，这些都有效保证了问卷数据的有效性与可靠性。

2. 问卷设计

本章使用结构性问卷来收集数据，直接采用或改编已有的成熟量表，以此保障问卷调查所收集测量的内容效度，并且以利克特 7 点量表为基础，采取定性与定量相结合的方法，认可程度从"7"到"1"逐次递减。如表 10-1 所示，冷链物流平台圈共享性资源包含 5 个题项，企业动态能力包含 6 个题项，价值共创共分三个维度，每个维度包含 3 个题项，企业绩效包含 4 个题项，共 24 个题项，各变量的测量项如表 10-1 所示。

表 10-1 问卷变量及测量项

变量	测量项	参考来源
冷链物流平台圈共享性资源	A_1：共同声誉有助于在冷链物流平台圈内共享资源 A_2：企业间畅通的资源交换与组合渠道有助于在冷链物流平台圈内共享资源 A_3：企业知识网络有助于在冷链物流平台圈内共享资源 A_4：企业竞争互动氛围有助于在冷链物流平台圈内共享资源 A_5：当地机构的支持有助于在冷链物流平台圈内共享资源	Molina-Morales 等[10]
企业动态能力	B_1：外部环境的动态变化影响动态能力的演化 B_2：市场导向促进了动态能力的形成演化 B_3：组织学习与知识管理有助于提高企业动态能力 B_4：技术创新活动能提高企业动态能力 B_5：企业家经验积累与社会资本的形成能提升企业动态能力 B_6：企业内部创业精神与外部冲击共同提升了企业动态能力	Teece 等[19]；Eisenhardt 等[20]
共同制订计划	C_1：交易双方有必要共同制定目标 C_2：交易双方有必要明确权责 C_3：交易双方有必要设定预期	Claro 等[21]
共同执行计划	C_4：交易一方很大程度上会影响另一方的执行能力 C_5：交易双方要靠信息交互进行协同运作 C_6：交易双方要一起实施计划才能够创造更多价值	Aarikka-Stenroos 等[22]

续表

变量	测量项	参考来源
共同解决问题	C_7：双方有必要联合行动解决矛盾或争端 C_8：双方有必要联合行动解决技术问题 C_9：双方有必要联合行动以达成满意的顾客价值解决方案	Claro 等[21]
企业绩效	D_1：合作交流与清晰的工作流程有助于提高企业运作效率 D_2：共享资源有助于提高资源利用率 D_3：提高企业动态能力有助于提高企业经营效率 D_4：增强企业之间的价值共创行为有助于提高企业运营效率	Bo 等[18]

3. 信度与效度检验

在开展统计研究前先对问卷数据进行信效度检验。如表 10-2 所示，冷链物流平台圈共享性资源、企业动态能力、共同制订计划、共同执行计划、共同解决问题、企业绩效的 Cronbach's α 系数均大于标准值，分别达到 0.834、0.876、0.838、0.881、0.829、0.874；同时，各变量的 KMO 值均大于 0.7，且符合显著性要求（$P<0.001$）。因此，问卷数据具有良好的信效度。

表 10-2　变量因子分析结果

潜变量	变量度量	描述性统计		因子载荷	累积方差贡献率/%	KMO	Cronbach's α
		均值	标准差				
冷链物流平台圈共享性资源	A_1	4.25	1.01	0.702	80.56	0.784	0.834
	A_2	4.24	0.86	0.765			
	A_3	5.34	1.13	0.752			
	A_4	5.78	1.34	0.837			
	A_5	5.63	1.21	0.801			
企业动态能力	B_1	5.41	1.24	0.765	78.40	0.806	0.876
	B_2	4.35	1.04	0.836			
	B_3	4.98	1.27	0.726			
	B_4	5.02	1.17	0.854			
	B_5	4.91	1.15	0.831			
	B_6	4.68	1.06	0.879			
价值共创　共同制订计划	C_1	4.69	1.13	0.775	75.18	0.737	0.838
	C_2	5.05	1.01	0.699			
	C_3	5.46	1.34	0.777			

续表

潜变量	变量度量	描述性统计		因子载荷	累积方差贡献率/%	KMO	Cronbach's α
		均值	标准差				
价值共创	共同执行计划	C_4	5.67	0.89	0.687			
		C_5	4.88	1.24	0.812	72.42	0.819	0.881
		C_6	5.26	1.12	0.842			
	共同解决问题	C_7	4.99	1.15	0.783			
		C_8	5.31	1.09	0.746	77.15	0.748	0.829
		C_9	4.85	1.21	0.726			
企业绩效		D_1	5.34	1.11	0.812			
		D_2	5.42	1.07	0.841	74.47	0.780	0.874
		D_3	5.77	1.21	0.747			
		D_4	5.63	1.30	0.735			

由表 10-2 可知，各变量的 Cronbach's α 值均在 0.8 以上，说明各变量的测量指标具有良好的内部一致性。应用主成分分析法检验量表效度，KMO 值均大于 0.73 且 Bartlett 球形检验显著性概率均小于 0.001，符合相关研究标准，说明研究样本适合开展因子分析。同时，各测量项的因子载荷值均在 0.65 以上（大于 0.5），说明问卷的具体题项具有较高的聚合效度；另外，各测量项的累积方差贡献率都高于 70%，满足通用变量指标需解释研究变量 30%方差的标准，说明调查问卷具有较高的结构效度。可知，问卷设计合理有效，问卷数据可以用于进行结构方程模型分析。

10.1.4 假设检验结果

运用结构方程分析法对研究假设进行检验，本书选取卡方、自由度、PGFI、RMSEA、CFI 与 PNFI 等统计量，检验所构建的模型与数据的拟合程度。一般认为，RMSEA 在 0.08 以下比较好，且越小越好；IFI、TLI、CFI 在 0.9 以上比较好，且越大越好。结构方程模型拟合程度的相关指标如表 10-3 所示，各类指标均符合相关标准。

表 10-3 结构方程模型拟合程度的相关指标

拟合指标	χ^2/df	IFI	TLI	CFI	RMSEA	PGFI	PNFI	PCFI
数值	2.014	0.925	0.918	0.911	0.052	0.724	0.708	0.845
衡量标准	<3	>0.9	>0.9	>0.9	<0.08	>0.5	>0.5	>0.5

由表 10-3 可知，增量拟合指数 IFI 为 0.925，大于 0.9；卡方自由度比为 2.014，是小于 3 的；RMSEA 为 0.052，小于 0.08；CFI 为 0.911，大于 0.9；此外 TLI、PGFI、PNFI、PCFI 的指数分别为 0.918、0.724、0.708、0.845，结果表明结构方程模型的拟合度较好，且所有因子的载荷数都在 0.6 以上，表明问卷的收敛度较好。运用结构方程模型进行假设检验，路径系数如图 10-2 所示（图中括号里的系数表示 t 值，箭头上的数据表示标准化的路径系数，**代表 $P<0.01$，***代表 $P<0.001$）。

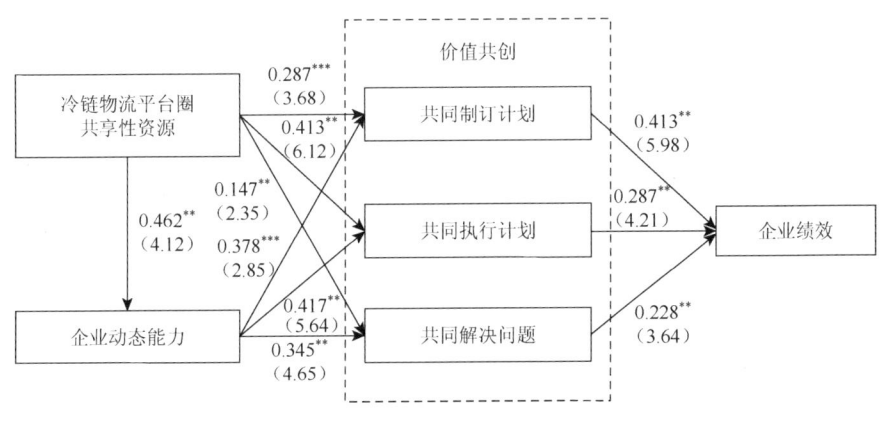

图 10-2 结构方程模型结果

结果表明：①冷链物流平台圈共享性资源正向影响企业动态能力（$\beta = 0.462$，$t = 4.12$，$P<0.01$）且效果显著，因而假设 H1 成立；②冷链物流平台圈共享性资源分别正向影响共同制订计划（$\beta = 0.287$，$t = 3.68$，$P<0.001$）、共同执行计划（$\beta = 0.413$，$t = 6.12$，$P<0.01$）、共同解决问题（$\beta = 0.147$，$t = 2.35$，$P<0.01$），且对共同制订计划影响十分显著，对共同执行计划与共同解决问题影响均显著，因而假设 H2 成立；③企业动态能力分别正向影响共同制订计划（$\beta = 0.378$，$t = 2.85$，$P<0.001$）、共同执行计划（$\beta = 0.417$，$t = 5.64$，$P<0.01$）、共同解决问题（$\beta = 0.345$，$t = 4.65$，$P<0.01$），且对共同制订计划影响十分显著，对共同执行计划和解决问题影响均显著，因而假设 H3 成立；④共同制订计划（$\beta = 0.413$，$t = 5.98$，$P<0.01$）、共同执行计划（$\beta = 0.287$，$t = 4.21$，$P<0.01$）、共同解决问题（$\beta = 0.228$，$t = 3.64$，$P<0.01$）分别正向影响企业绩效，且共同制订计划、共同执行计划对企业绩效影响十分显著，共同解决问题对企业绩效影响显著，因而假设 H4 成立。易知，假设检验的结果表明冷链物流平台圈共享性资源能直接促进冷链物流企业动态发展能力的提升，并与企业动态发展能力共同改善了价值共创行为，进一步提高了冷链物流企业运营绩效。

10.2 研究结论与启示

在系统研究冷链物流平台生态圈的基础上,本章整合了企业资源基础观、企业能力观与价值共创的理论框架,探讨了冷链物流平台圈共享性资源、企业动态能力、价值共创与企业绩效间的关系。结果表明:冷链物流平台圈共享性资源能促进冷链物流企业、物流服务提供商以及客户企业间的资源互动、共享,正向影响企业的动态发展能力,正向影响冷链物流企业间共同制订计划、共同执行计划与共同解决问题的能力,促使企业灵活地对价值共创活动进行调整,从而获得更多的先进管理理念,改善生产运作流程,最终提高冷链物流企业的经营绩效。具体结论如下:

(1)冷链物流平台圈通过共同制订计划、共同执行计划与共同解决问题建立相关合作机制,可有效促进冷链物流企业间彼此的信任,并促成跨组织的价值共创活动。这样做不但有利于冷链物流平台圈中的企业规范运营行为,还有利于发挥企业间"1+1>2"的协同效应,提高冷链物流企业应对动态环境变化的能力。

(2)冷链物流企业通过共享信息、技术、经验等资源,可以迅速形成与环境相匹配的感知能力、吸收能力与整合能力,从而有效应对顾客的需求变化以及技术创新所引发的经营困难等问题,抢占市场份额,获得竞争优势,提升企业动态发展能力。冷链物流企业应该高度重视平台中的共享性资源,保持企业间积极沟通、共享相关资源,完善硬件基础设施及平台系统。此外,冷链物流企业应依据互联网的技术资源,嵌入合作网络,建立资源依赖关系,全方位整合企业能力,将冷链物流企业的主张、行为、标准等日常运营内容制度化,为企业开展价值共创及技术创新活动提供制度保障,从而为改善企业经营绩效夯实基础。

本章的研究为冷链物流企业如何更好地进行资源共享,提高企业能力,促进价值共创活动,提供了科学的启示,为冷链物流企业进行决策提供支持。启示如下:①冷链物流企业应充分利用平台圈共享性资源进行价值共创。在价值共创的三个维度中,共同制订计划对企业绩效的影响最为显著,其次是共同执行计划与共同解决问题。研究结论指出企业参加有效的价值共创是非常必要的,同时要积极促进冷链物流企业实施价值共创行为。冷链物流企业应对各类资源进行开放、共享,从而提高企业动态发展能力。②冷链物流企业应努力挖掘并匹配合作所需的各类资源。客户资源对于价值共创尤为重要,但在实际情况中很难获取,因而建立一个资源互动共享的平台对于冷链物流企业是非常必要的。同时,冷链物流企业应完善生产流程,引进更好的冷链物流设施设备,建立高效的经营机制并采用专业人员对其进行管理,以此促进高质量的资源整合行为,最终达到改善企业绩效的目的。

10.3 本章小结

本章首先梳理了冷链物流系统价值共创的相关理论，提出提高冷链物流企业运营绩效的关键是改善价值共创行为；其次，建立了冷链物流平台生态圈的研究概念框架，选择长三角地区的冷链物流企业进行问卷调查；最后，探究了冷链物流企业进行价值共创的影响因素，利用结构方程模型分析了不同影响因素间及其各因素与价值共创、企业绩效间的内在联系。结论表明：冷链物流平台圈共享性资源能够促进冷链物流企业、物流服务提供商以及客户企业间进行资源互动及共享，正向影响企业的动态发展能力，继而正向影响冷链物流企业进行共同制订计划、共同执行计划与共同解决问题等价值共创行为。因此，冷链物流企业应充分利用平台的共享性资源实施价值共创行为，积极挖掘并匹配企业资源和顾客资源，从而达到改善冷链物流企业经营绩效的目的。

参 考 文 献

[1] Ramírez R. Value co-production: Intellectual origins and implications for practice and research. Strategic Management Journal，1999，20（1）：49-65.

[2] Vargo S L，Lusch R F. Service-dominant logic: Continuing the evolution. Journal of the Academy of Marketing Science，2008，36（1）：1-10.

[3] 肖怀云. 服务占优逻辑下物流服务创新的价值创造机理. 中国流通经济，2013，27（8）：44-48.

[4] 高志军，刘伟，高洁. 服务主导逻辑下物流服务供应链的价值共创机理. 中国流通经济，2014，28（11）：71-77.

[5] 王千. 互联网企业平台生态圈及其金融生态圈研究——基于共同价值的视角. 国际金融研究，2014，331（11）：76-86.

[6] 张慧，闫莹. 平台生态圈下团购网站运营效率及影响因素研究. 商业经济研究，2014，（30）：57-59.

[7] 程卫超. 平台商业模式研究现状及综述. 经济论坛，2015，（3）：126-128.

[8] 陈威如，余卓轩. 平台战略. 北京：中信出版社，2013.

[9] 盛艳，周爱莲，李锦霞. 农产品冷链物流公共信息平台建设探讨——基于物联网. 现代商贸工业，2013，（2）：12-13.

[10] Molina-Morales F X，MartíNez-Fernández M T. How much difference is there between industrial district firms? A net value creation approach. Research Policy，2004，33（3）：473-486.

[11] 张以彬，陈洁. 环境不确定性下柔性的战略前景综述. 计算机应用研究，2008，25（4）：970-985.

[12] 齐懿冰. 供应链柔性演化及与绩效关系研究. 长春：吉林大学，2010.

[13] 杜鹃，熊胜绪，杨东. 物流集群共享性资源对企业竞争优势影响的实证分析. 统计与决策，2015，（24）：196-199.

[14] 张婧，何勇. 服务主导逻辑导向与资源互动对价值共创的影响研究. 科研管理，2014，35（1）：115-122.

[15] Teece D，Pisano G. The dynamic capabilities of firms: An introduction. Industrial and Corporate Change，1994，3（3）：537-556.

[16] Zollo M, Winter S G. From organizational routines to dynamic capabilities. Philadelphia: The Wharton School of the University of Pennsylvania, 1999.

[17] Vargo S L, Lusch R F. Institutions and axioms: An extension and update of service-dominant logic. Journal of the Academy of Marketing Science, 2016, 44 (1): 5-23.

[18] Bo E, Tronvoll B, Gruber T. Expanding understanding of service exchange and value co-creation: A social construction approach. Journal of the Academy of Marketing Science, 2011, 39 (2): 327-339.

[19] Teece D, Pisano G, Shuen A. Dynamic capabilities: Strategic management. Strategic Management Journal, 1997, 18 (7): 509-533.

[20] Eisenhardt K M, Martin J A. Dynamic capabilities: What are they? Strategic Management Journal, 2000, 21: 1105-1121.

[21] Claro D P, Claro P B O. Collaborative buyer-supplier relationships and downstream information in marketing channels. Industrial Marketing Management, 2010, 39 (2): 221-228.

[22] Aarikka-Stenroos L, Jaakkola E. Value co-creation in knowledge intensive business services: A dyadic perspective on the joint problem solving process. Industrial Marketing Management, 2012, 41 (1): 15-26.

第 11 章 冷链物流系统的商业模式风险

本章立足于我国冷链物流系统商业模式的实践，结合冷链物流企业商业模式风险因素尚未形成统一结论的现状，以扎根理论为基础，通过多渠道获取资料，运用多案例分析方法，以顺丰优选、京东生鲜、双汇物流和太古冷链 4 家企业为对象，对我国冷链物流企业商业模式的创新风险进行研究，并基于 227 份有效问卷数据开展实证分析。

11.1 冷链物流系统商业模式风险识别

11.1.1 引言

我国冷链物流行业从 20 世纪 50 年代发展至今，已逐渐具备一定规模，互联网技术的成熟和物联网技术的出现使得物流业逐渐走向信息化发展道路。随着居民生活消费水平的不断提高，将农产品、水产品等生鲜类产品及时新鲜地送到消费者手中已成为一个迫切需要解决的问题。近年来，我国冷链物流行业发展迅猛，但仍存在诸多问题，主要表现为冷链物流行业整体发展程度较低。据中国产业信息网报道，2016 年我国冷链物流行业综合流通率仅为 19%，而欧美发达国家的综合冷链流通率可以达到 95%。此外，从冷链物流企业自身发展状况来看，还面临盈利模式单一、经营运作效率低下、员工操作不规范、新技术运用程度低、管理成本高昂等问题。因此，想要提升我国冷链物流行业的国际竞争力，促进冷链物流企业的长远发展，就必须进行商业模式创新。

商业模式创新是冷链物流企业在激烈的市场竞争中保持自身优势的必要选择，但商业模式创新也会使企业面临巨大风险。一方面，任何程度的创新都需要投入大量资源，若出现技术不成熟或管理缺失的情形，就会导致资源浪费甚至商业模式创新的失败；另一方面，企业在实现内在商业模式创新的同时，还要承受外在不确定性环境的压力，例如，市场竞争对象、政策环境等的变化带给企业的压力。因此，本章内容结合冷链物流行业发展特点与企业成长阶段，系统识别冷链物流企业商业模式创新过程中面临的风险，实证分析各个风险因素间的互动关系及其对商业模式创新的影响，从而有效减小甚至规避各个风险因素的负面影响，为我国冷链物流企业进行商业模式的创新提供管理启示。

11.1.2　冷链物流系统商业模式创新风险

商业模式创新是指对商业模式构成要素的组合方式实施变革,即要求企业在价值主张、运营模式和盈利模式等方面实现有效变革,这是一种系统性的创新[1]。商业模式创新的成功实施,往往能够使企业从中获取新的竞争优势,但在实践中,实施商业模式创新则充满风险[2],尤其是在企业面临多变的市场环境和自身缺乏管理经验的情况下,商业模式创新过程中的风险因素更具不确定性和影响力。国内外关于商业模式创新风险的研究不多,针对冷链物流行业开展商业模式创新风险研究的成果则更为稀少[3]。

商业模式创新以技术创新为基础,技术创新为商业模式创新提供技术支撑。在冷链物流的技术创新研究方面,Chen 等开发了一套基于物联网技术与传感器集成的半无源标签的传感器标签,用以实现智能监控冷链物流系统[4]。Joshi 等借助关键绩效属性和关键决策因素来评估冷链物流绩效,同时使用新颖的一致测量量表为冷链物流的绩效评估与改进提出参考意见,并利用双图理论完善了冷链物流企业的绩效评价框架[5]。近年来,商业模式创新越来越得到互联网企业的重视,Euchner 等认为在实践中开发和运作新的商业模式是充满风险的,因而他们提出了一套开发新业务模式的系统方法,并明确规定减少相关风险的具体步骤[2];Velu 以在美国推出电子交易平台的 129 家新公司为研究对象,发现具有较高或较低程度商业模式创新的公司,与具有中等程度商业模式创新的公司相比,更有可能实现长期生存[6];翁苏毅则具体研究顺丰 O2O 商业模式转型问题,利用 SWOT 分析其在经营过程中的优势与劣势,探讨了传统物流企业在电商市场环境下如何解决在企业升级转型过程中可能遇到的问题[7];Garcíagutiérrez 等则提出了"创新枢纽框架"的概念,"创新枢纽框架"旨在帮助企业家确定创新的替代用途,并决定应该针对目标市场首先应用哪些实用工具,这为商业模式创新研究提供了一些具有普适性的结论[8]。

可见,学者对于商业模式创新的重要性已达成共识,但现有研究多将商业模式创新与创新风险分开考察,忽略了商业模式创新过程中存在的风险因素。其次,尚未有学者以冷链物流企业为研究对象开展商业模式创新风险因素研究,且现有相近研究结论的针对性较差,难以为冷链物流企业的创新实践提供切实可行的指导。本章从清晰辨识冷链物流企业商业模式创新过程中的风险因素出发,进一步探索其生成与演化的作用机理,从而提高冷链物流企业的实践经营能力。

11.2　基于冷链物流系统的探索性多案例分析

鉴于缺乏可利用的研究基础,以扎根理论与结构方程模型作为定性与定量分析的标准方法，二者的结合能较好地分析和解决问题[9]，因而本节联系我国冷链物流企业发展现状，利用扎根理论使用探索性多案例分析方法，对 4 家冷链物流企业的商业模式创新案例进行研究，梳理其中的关系，从而得出初步研究结论。

11.2.1 研究方法及数据来源

现有商业模式研究呈现出零散性与多样性共存的特征[10]，仅通过实证方法进行商业模式创新的风险要素识别较为困难，原因在于：首先，实证研究中的相关假设会受其研究者的主观倾向影响，而在数据的收集过程中也可能出现信息错误的情况，进而导致分析结果产生偏差；其次，定量研究建立在系统公认的基础知识之上，一旦基础知识的标准性难以满足，定量研究的结果将产生偏差。因此，在冷链物流企业的商业模式创新风险因素尚未得到统一之前，定性研究方法因其探索性、诊断性与预测性的特征，更适合作为本章内容的研究方法。而扎根理论作为归纳式案例研究法是识别我国冷链物流企业商业模式创新风险要素必要且适宜的研究工具。研究者运用扎根理论，在进行实际调查前并不预先提出研究假设，而是直接在研究资料里概括提炼新的理论概念，并进一步挖掘新概念的内涵、探索其外延，最终构成严谨的理论体系。因此，本章依据扎根理论的研究范式，对各研究企业进行实地考察、采用半结构化问卷调查与田野调查的方式收集一手资料，同时还通过多种途径收集大量二手信息，包括报纸杂志、企业门户网站、引擎搜索、企业活动方案、年终总结、行业报告等。进行原始资料的审查与整合后，再通过扎根理论识别冷链物流企业商业模式创新的风险因素，探讨各风险因素互相影响的作用机理，从而为冷链物流企业的运营管理提供意见。

此外，在样本选择方面，运用两阶段筛选法对案例企业进行选择。首先，广泛收集备选库中案例企业的各项量化资料，明确案例企业应具备的各类标准，具体包括针对性、适时性、多样性与代表性[11]；其次，考虑样本的信效度，根据 Eisenhardt 等提出的运用多案例分析法可以减少统计误差的结论[12]，本章运用多案例分析法来提高研究结论的普适性。具体地，在对冷链物流企业进行预调研时，遵照样本选取的针对性、适时性、多样性与代表性原则，选择顺丰优选、京东生鲜、双汇物流和太古冷链 4 家从事冷链物流的行业龙头企业作为案例研究样本。选择依据在于：一是 4 家企业均专门从事冷链物流工作；二是 4 家企业均在"互联网+"背景下开始商业模式创新；三是 4 家企业的类型多样，分别属于物流企业、平台企业、零售企业、服务外包企业；四是 4 家企业分属不同行业领域，具有一定的市场代表性。

11.2.2 多案例分析

本章遵循扎根理论的三阶段编码研究范式,即开放式编码、主轴式编码和选择性编码,并结合人工为主、软件为辅的研究原则开展研究。

1. 开放式编码

开放式编码通过将搜集到的全部资料分解成若干个独立的个体,再对同类个体进行比较、整理、分析与归类,并不断将归类的同类个体进行异同的比较,进而采用"贴标签"的形式使同类个体概念化、范畴化,实现对原始资料的归纳与提炼。在开放式编码的过程中,借助 Nvivo 8.0 软件对选定的顺丰优选、京东生鲜和双汇物流 3 家企业进行层层编码与译码,并将低频次(小于 3 次出现)的初始概念剔除,不断对比和提炼初始概念,再把新资料与前期资料以及提炼的初始概念和范畴进一步比较,从而保证概念化和范畴化的可信度。最后,利用太古冷链企业资料进行理论饱和度检验,提高编码结果的客观性。开放式编码的步骤依次为:"贴标签"—概念化—范畴化—规定范畴名称—挖掘范畴性质,结果如表 11-1 所示。

表 11-1 开放式编码结果

企业	初始范畴(自由节点)
顺丰优选	部门结构、完善设备、资金投入、合作企业、行业资源、行业操作、行业规范、合作第三方、网络资源、管控延伸、服务研发转型、服务增值、法规保障、政策开放、市场需求、市场拓展、市场细分、专业化、精细化、技术开发、信息交流
京东生鲜	优质服务、精细化运营管理、专业技术研发、实时监控、优势合作、用户体验、物联网技术、大数据处理、网点建设、人员增设、农村电商、平台资源、电商涉足、行业趋势、区域优势、品质控制、投资费用
双汇物流	生产布局优化、营销模式变革、品牌化经营、生产资源、人才匮乏、基础设施建设、业务类型单一、利润源、政策支持、产业集群、交通运输、资源整合、实时监控、行业标准、分设子公司、业务外包、信息化技术、市场化程度、服务体系建设、市场主导

2. 主轴式编码

主轴式编码的目的是发现并建立初始范畴间的逻辑关系,从而对自由节点形成更加准确且凝练的解释[13]。借鉴"条件→互动→结果"的典范分析模型[14],主轴式编码对产生初始范畴的条件、各范畴具有的行动脉络、在范畴中行动者采取策略后的结果进行分析,通过多次迭代、比较,归类并联结开放式编码过程得到的初始范畴。按照以上思路对顺丰优选、京东生鲜和双汇物流 3 家企业的初始范畴不断进行探索直至达到饱和，发现不同初始范畴间确实存在内在联系，并归纳得出 4 个主范畴，主范畴的对应副范畴及关系内涵如表 11-2 所示。

表 11-2 主轴式编码结果

编号	主范畴	副范畴	关系内涵
1	管理风险	组织架构	组织架构决定商业模式创新的内在领导力
		组织资源	组织资源影响商业模式创新的进程与效率
		经营战略	经营战略对商业模式创新起顶层设计的作用
		运作流程	运作流程决定经营战略与组织资源的整合过程，属于商业模式创新的管理风险因素
2	技术风险	互联网技术	互联网技术的运用有助于提高企业的经营效率
		物联网技术	物联网技术的应用保证了商业模式创新的多样性
		冷链设备	冷链物流对储存与运输设备具有较高要求
		信息系统	信息系统的建设为商业模式创新提供了协同各方、实时监控、高效运作等帮助
3	环境风险	法律政策	法律政策是商业模式创新的市场环境
		行业环境	行业标准与行业竞争均影响企业商业模式创新
		市场环境	消费者对新商品或新服务的选择与否往往是对商业模式创新成功与否的直观表现
4	商业模式创新	经营效率	商业模式创新成功的体现之一是企业经营成本的降低和管理模式的改进
		财务效绩	商业模式创新的成功也直接体现在企业盈利能力、偿债能力、抗风险能力等的提升

3. 选择式编码

选择式编码是为了提炼出具有较强概括能力和关联能力、能够统领其他范畴的"核心范畴"，并通过"故事线"将核心范畴与其他范畴相联结，再通过收集新资料，并利用新资料与已成型的理论进行互动以完善各范畴及其关系，进而将其他相关概念包含在相对宽泛的范畴中，建立起充分发展、联系紧密的扎根理论[9]。进一步对主轴式编码结果进行分析，发现组织架构、组织资源、经营战略和运作流程 4 个副范畴是企业内部运营要素，因而可以将其纳入管理风险这一范畴。同理，也可以将法律政策、行业环境和市场环境纳入环境风险范畴，将互联网技术、物联网技术、冷链设备和信息系统纳入技术风险范畴，将经营效率和财务效绩纳入商业模式创新范畴。鉴于此，可知"故事线"如下：组织架构、组织资源、经营战略和运作流程 4 个管理风险，通过影响企业内部运营过程，从而对商业模式创新的内在条件产生影响；法律政策、行业环境和市场环境 3 个环境风险，增大了企业商业模式创新的外在环境的不确定性，从而对商业模式创新的过程产生干扰；互联网技术、物联网技术、冷链设备和信息系统 4 个技术风险决定着企业对先进技术的利用程度，影响企业日常运营的成本与效率，进而对商业模式创新成功的可能性产生影响。因此，通过选择式编码得到的核心范畴是：冷链物流企业商业模式创新的评价标准包括经营效率和财务绩效两种，冷链物流企业通过降低甚至规避包括组织架构在内的管理风险、包括互联网技术在内的技术风险以及包括法律政策在内的环境风险，从而实现成功的商业模式创新。

4. 理论饱和度检验

本节将太古冷链——我国典型仓储型冷链物流的代表性企业作为检验案例。对其按照此前的步骤进行分析和比较，结果未发现新的重要范畴和关系，得到的结果仍然符合之前"冷链物流商业模式创新风险因素"的典型关系。因此，理论已经达到饱和状态，范畴发展可以停止。

11.2.3 研究假设

根据上述对冷链物流企业商业模式创新风险的扎根分析结果，得到了冷链物流企业的核心范畴，接下来，将对 4 个主范畴间的关系提出以下研究假设。

1. 管理风险

管理风险是冷链物流企业商业模式创新风险因素中的关键性风险，合理设置组织架构、正确制定企业经营战略、优化配置企业各项资源并高效实施生产运作流程是成功实施商业模式创新的前提和保障。多案例分析中，4 家企业的中高层管理者均认为组织架构、经营战略及运作流程直接影响企业的日常运营活动。双汇物流与太古冷链的技术主管认为设备、人员、社会关系、配套服务等组织资源会制约经营活动的效率，组织资源只有在满足基础运营需求的基础上才能被投入商业模式创新的过程。以顺丰优选为例，顺丰优选正确制定经营战略，合理划分组织结构，将医药物流与冷藏运输划分为不同部门；并成立冷链事业部，重新定位冷链物流服务；同时合理配置企业资源，整合已有供应链的冷藏运输优势，针对医药物流业务投入专用冷运车。这些管理层面的合理规划与运作都极大地提高了顺丰优选的经营效率以及财务绩效，并帮助顺丰优选成功成为我国生鲜商品配送市场的龙头企业[15]。学者也对企业管理风险展开了深入研究，Hansson 等研究了每项管理实践在农场运营过程中的输入效率，其目的是为了调查管理实践如何帮助提高奶牛养殖场的经营运作效率，结果表明合理的资源投入组合对农场长期经营有积极影响[16];Mcshane 等以 2008 年美国 82 家获得标准普尔公司风险管理评级的保险公司为样本,检验了公司管理能力与财务效绩之间的关系,研究发现企业在实施了全面风险管理并完善整体管理系统后,企业财务绩效以及整体价值得到显著提升[17];Yu 等则研究了我国 214 家制造业企业的内外部资源整合情况,发现外部供应商资源整合与企业内部财务绩效呈显著正相关的关系,这表明企业对于资源的整合需要从内部延伸到外部[18];张大鹏等通过问卷方式对整合型领导力进行分析,认为整合型领导力影响公司组织结构进而影响公司财务绩效,而提高财务绩效的关键在于加强公司组织结构和管理体系的整合性[19]。可见,商业模式创新不仅要求企业管理者合理制定经营战略与组织结构,还需要企业投入足够的资源,严格执行运作流程,因而管理风险的高低很大程度上决定了商业模式创新的成功率。因此,本书提出以下假设:

H1:冷链物流企业商业模式创新的管理风险与经营效率呈负相关关系。

H2:冷链物流企业商业模式创新的管理风险与财务绩效呈负相关关系。

H3:冷链物流企业商业模式创新的经营效率与财务绩效呈正相关关系。

2. 技术风险

技术创新是企业商业模式创新的巨大推动力,企业市场竞争力的强弱受制于技术创新能力的大小[20]。案例研究的 4 家企业负责人均认为以"互联网+"为代表的互联网技术与物联网技术正促使企业建立空间网络状的社会关系网络,从而为商业模式创新提供多样性且高异质性的各项资源,而信息系统与冷链设备的协同匹配,帮助京东生鲜提高了"最后一公里"配送的运作效率,从而帮助其成功占据我国一二三线城市的大部分生鲜配送市场。阳双梅等认为技术因素并不直接作用于商业模式创新,技术因素通过影响企业运作流程的效率从而影响企业经营战略的制定,并进一步对企业内部组织架构以及组织资源的配备产生影响,因而技术风险会对企业管理活动产生影响[21]。在研究商业模式创新的过程中,许多学者都发现了技术创新与企业管理活动的紧密联系,Chesbrough 等认为技术创新在早期阶段释放出的潜在价值,能够提高企业管理效率并将技术转化为市场收入,从而为后期的商业模式创新提供基础[22];Teece 也指出新产品的研制必须与企业经营战略有机结合,这样才能确保新产品和新技术走向市场并获得利润[23];以物流企业为例,Anonymous 指出在供应链运输的过程中,RFID 技术帮助企业在货物运输通知、收货、库存管理、货物调配等方面实现了全电子化操作,极大地提高了供应链整体效益,该技术也迅速成为欧洲零售商的首选[24];我国学者胡保亮则通过实证分析方法探讨了技术创新与企业绩效的关系,研究指出技术创新对企业经济资源的增加具有显著的正面影响,但对于科技型中小企业来说,需要综合推进管理创新与技术创新才能全面提升企业各项绩效[25]。企业如果能够掌握产品或服务创新的核心技术，完善企业管理信息系统，并依据企业战略对目标市场进行重新定位，就能够降低管理成本、增加创新成功率。可见，技术因素对企业管理产生直接影响，并通过对企业管理的影响进而影响商业模式创新。因此，本书提出以下假设：

H4：冷链物流企业商业模式创新的技术风险与管理风险呈正相关关系。

3. 环境风险

环境风险对于要开展商业模式创新的企业而言是最不可控的风险因素[26]。案例研究中的4家企业的高层管理者均指出我国冷链物流行业正处于起步发展时期，冷链物流市场巨大且尚未形成垄断局面，因而也少有冷链物流企业能够控制社会环境带来的强不确定性；太古冷链和京东生鲜的企业管理者认为我国冷链物流行业竞争激烈，行业进出壁垒较低，行业规范与标准变更频繁，因而行业环境是环境风险的重要组成部分之一。社会环境与企业日常经营及管理创新有着密不可分的联系，企业在了解所处市场环境的前提下进行商业模式创新是必要的，但商业模式创新属于企业内部深层次变革，因而 Bock 等指出外部社会环境必须通过影响企业一系列的管理行为，改变企业的技术密集程度与运用效率，才能进而对商业模式创新的过程产生影响[27]。Cappelen 等分析了挪威政府推出的税收激励政策，发现一旦项目获得政府政策支持就能够加快实现新的生产工艺或新产品，公司创新活动也更容易获得成功[28]；Dai 等对我国黑龙江省的 97 个个体农业户展开问卷调查，调查结果发现投资、水源、土质、油价及电力等市场配套资源影响农业节水技术的应用，而政府推广的技术的可靠性与技术采用的可能性间有很大的正向关联[29]；李煜华等通过构建战略性新兴产业技术创新影响因素的结构方程模型，发现政策、科研、行业竞争、行业规模等外部环境对战略性新兴产业技术创新有显著影响，因而提出法律政策与行业环境的重要规制作用[30]；刘建刚等则以滴滴出行为典型案例，通过扎根理论发现互联网平台企业开展商业模式创新必须面对行业竞争壁垒和政策环境的影响，只有顺应或改变包括二者在内的市场环境，企业才能顺利实现商业模式创新[31]。可见，外部环境的变动对企业的经营行为、管理模式、商业模式创新方向都有重要影响。因此，本书提出以下假设：

H5：冷链物流企业商业模式创新的环境风险与管理风险呈正相关关系。

H6：冷链物流企业商业模式创新的环境风险与技术风险呈正相关关系。

本章的研究概念框架模型如图 11-1 所示。

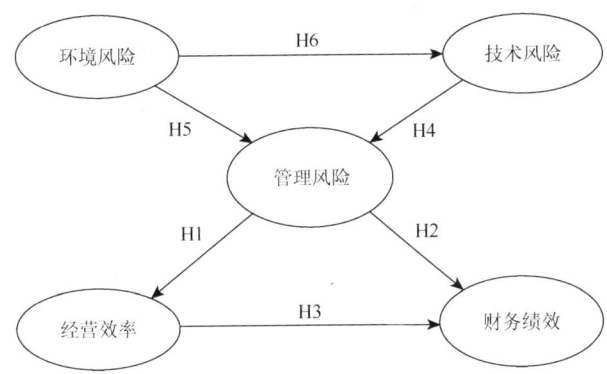

图 11-1 研究概念框架模型

11.2.4 研究设计

1. 变量测量

为保证统计研究的便利性,本章选用 7 分制利克特量表进行问卷调查,其中,"1"代表非常不同意,"7"代表非常同意。问卷调查内容参考多案例分析结果,在广泛听取冷链物流行业专家意见并借鉴相关成熟量表的基础上,对具体题项及其测量口径进行统筹调整,其中,管理风险包含 4 个题项,技术风险包含 4 个题项,环境风险包含 4 个题项,经营效率包含 3 个题项,财务绩效包含 2 个题项。另外,在问卷内容确定及大规模发放前,事先选定部分目标企业及行业专家进行问卷的预调查,并依据反馈意见进行问卷的最终修订。

为保证问卷数据的代表性,降低随机因素对研究结论的影响,调查问卷的发放与回收从 2017 年 3 月开始至 6 月结束,主要通过面对面填答、同行圈传递及问卷留置的方式进行发放,并向问卷填写者介绍了问卷的目的及填写方法,同时采用匿名形式以消除填写者的顾虑。共发放问卷 300 份,观察到信息不完整或题项前后选择明显冲突等情况,经筛选与处理,共有效回收并采用问卷 227 份,有效率约为 76%。问卷对象主要为我国东部、中部和西部的冷链物流相关从业人员,其中,专业技术人员、企业管理者、理论研究员及相关管理部门分别占比 42%、28%、21%、9%,有效保证了问卷数据的可靠性;企业类型方面,专业冷链物流企业占比 39%,综合物流型企业占比 29%,互联网企业占比 13%,生鲜产品零售商占比 19%,弥补了以往相关研究结论普适性不强的缺陷;商业模式创新所处阶段方面,计划研究阶段、实施开展阶段、瓶颈掣肘阶段、成功总结阶段分别占比 9%、48%、31%、12%,能够较好地代表我国冷链物流产业现状。

2. 信度与效度测量

在开展统计研究前先对 227 份问卷数据进行信效度检验。如表 11-3 所示，各变量的 Cronbach's α 系数均大于标准值（>0.7），说明变量的一致性较好，符合研究要求；同时，各变量 Bartlett 球形检验的 P 值均小于 0.001，KMO 值均大于 0.7，且因子可解释方差均大于 70%，适合进行因子分析。

表 11-3　变量因子分析结果

变量	Cronbach's α 系数	Bartlett 球形检验 P 值	KMO 值	因子可解释方差/%
管理风险	0.91	***	0.85	78.72
技术风险	0.89	***	0.84	78.29
环境风险	0.91	***	0.83	75.30
经营效率	0.89	***	0.75	81.72
财务绩效	0.87	***	0.71	88.68

***表示 $P<0.001$。

接下来，分别对管理风险、技术风险、环境风险、经营效率和财务绩效进行验证性因子分析，以检验各变量和分指标的收敛效度。各项拟合指标中，$\chi^2/\mathrm{df}=1.32$，NFI = 0.95，CFI = 0.99，RMSEA = 0.04 与 SRMR = 0.03，表明模型的收敛效度较好。如表 11-4 所示，本书利用 AMOS21.0 开展进一步分析。结果显示，每个变量的题项标准误差均低于 0.1，验证了样本数据的可靠性；P 值十分显著，表明样本的抽样误差概率小于 0.001；所有标准化因子载荷值均高于 0.5，表明各题项的代表性较好；组合信度均高于 0.7，平均萃取变异量均高于 0.6（且各平均萃取变异量的平方根均大于各潜在变量的相关系数），表明量表收敛效度较好。

表 11-4　验证性因子分析结果

变量	题项符号	标准误差	P 值	因子载荷	组合信度	平均萃取变异量
管理风险	A_1	0.07	***	0.88	0.91	0.72
	A_2	0.06	***	0.87		
	A_3	0.06	***	0.85		
	A_4	0.06	***	0.79		
技术风险	B_1	0.06	***	0.84	0.91	0.71
	B_2	0.07	***	0.85		
	B_3	0.06	***	0.86		
	B_4	0.06	***	0.83		

续表

变量	题项符号	标准误差	P 值	因子载荷	组合信度	平均萃取变异量
环境风险	C_1	0.07	***	0.82	0.89	0.67
	C_2	0.07	***	0.83		
	C_3	0.07	***	0.81		
	C_4	0.07	***	0.81		
经营效率	D_1	0.07	***	0.85	0.89	0.73
	D_2	0.06	***	0.84		
	D_3	0.07	***	0.87		
财务绩效	F_1	0.07	***	0.86	0.87	0.77
	F_2	0.07	***	0.90		

***表示 $P<0.001$。

3. 结构方程模型

使用 AMOS7.0 软件，运用结构方程模型对研究假设进行路径拟合。在模型的拟合指标方面，Chi-square/d.f. = 1.34（<3），GFI = 0.92（>0.7），AGFI = 0.90（>0.7），RMESA = 0.04（<0.1），各指标均达到可接受的标准，表明该路径模型的拟合优度较好。结构方程的整体模型及路径参数如图 11-2 所示。

结构方程模型的作用路径及路径系数如表 11-5 所示，在 95%（90%）的显著性水平下，除了 H4 对应的路径系数未通过显著性检验，其余系数均符合要求。具体地，管理风险对经营效率、财务绩效的路径系数分别为 –0.40、–0.33，且通过了显著性检验（$P<0.01$），说明管理风险对商业模式创新的两个分指标均具有负向影响，即管理风险越大，企业的经营效率与财务绩效就越差；同时，经营效率影响财务绩效的路径系数为 0.41，$P<0.001$，说明经营效率对财务绩效具有正向影响，即企业经营效率越高，财务绩效就越好。验证假设 H1、H2、H3 成立。技术风险对管理风险的路径系数为 0.49，且 P 值小于 0.001，显著性水平符合要求，说明技术风险对管理风险具有正向影响，即企业技术风险越高，管理风险也越高。验证假设 H4 成立。环境风险对管理风险、技术风险的路径系数分别为 0.10、0.43（$P<0.001$），但其中环境风险对管理风险的影响未通过显著性检验（$P>0.05$）。因此，验证假设 H6 成立，假设 H5 部分成立（即环境风险对管理风险存在微弱正向影响，但作用不显著）。

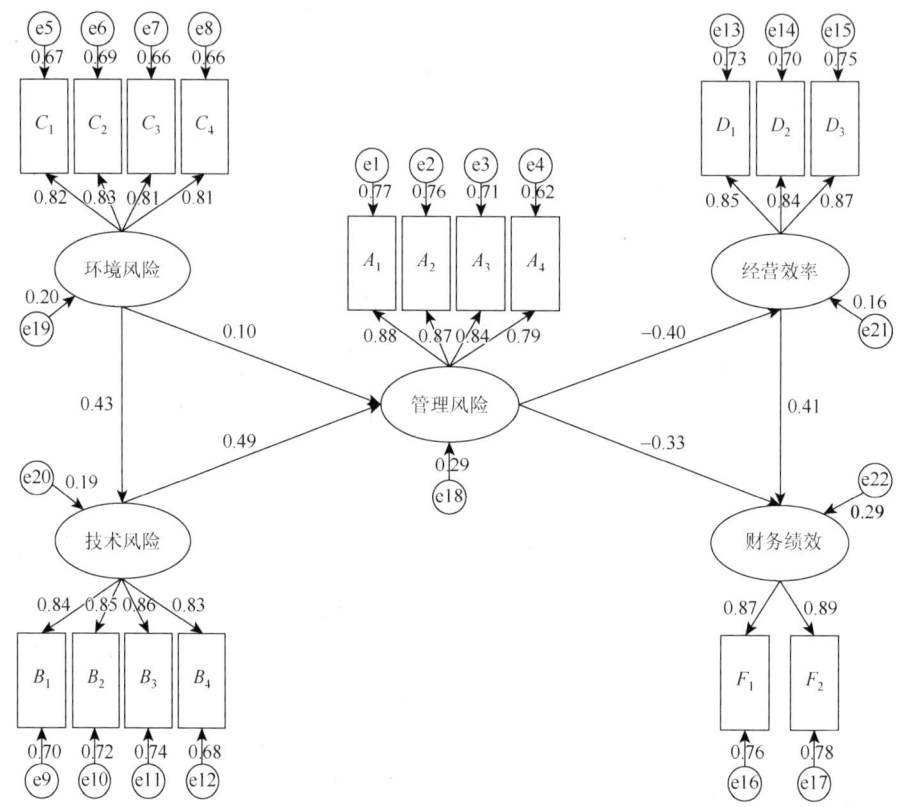

图 11-2 结构方程的整体模型及路径参数

表 11-5 结构方程模型的作用路径及路径系数

作用路径	路径系数	P 值	对应假设	检验结果
管理风险→经营效率	−0.40	***	H1	支持
管理风险→财务绩效	−0.33	**	H2	支持
经营效率→财务绩效	0.41	***	H3	支持
技术风险→管理风险	0.49	***	H4	支持
环境风险→管理风险	0.10	0.172	H5	部分支持
环境风险→技术风险	0.43	***	H6	支持

表示 $P<0.01$,*表示 $P<0.001$。

11.2.5 研究结论与启示

1. 研究结论

通过对 4 家冷链物流企业进行实证调查,运用扎根理论、结构方程模型分析了冷链物流企业商业模式创新的风险因素及其作用机理,所得具体研究结论包括:①我国冷链物流企业商业模式创新的主要风险因素包括三类,即管理风险、技术风险和环境风险;②管理风险对冷链物流企业商业模式创新具有负向影响;③商业模式创新中的经营效率与财务绩效呈正相关关系;④技术风险与管理风险呈正相关关系;⑤环境风险对技术风险具有正向影响;⑥环境风险对管理风险具有正向影响但不显著。

由结构方程模型的分析结果可以看出,基于扎根理论得出的冷链物流企业商业模式创新的风险因素研究,具有区别于以往研究结论的特别之处:冷链物流企业商业模式创新的环境风险对管理风险具有微弱的正向影响(以往研究多认为二者呈较强的正相关关系)[9],这是因为商业模式创新的主体是具有自主决策功能的企业。首先,在经济社会中,尤其是在我国这样经济发展还处于上升阶段的国家中,公众对于商业模式创新的关注尚有欠缺,企业作为以盈利为目的的组织仍关注业务收入而忽略产业发展责任;其次,对还处于初期发展阶段的冷链物流行业来说,企业必须以抢占市场份额、获取经济利益为首要任务[32],这样才能在激烈的市场竞争中生存,才能为企业进入发展成熟期提供充足的资金积累。因此,环境风险作为企业外部的影响因素难以对企业决策者产生直接的重要影响,即冷链物流企业商业模式创新的环境风险对管理风险的正向影响有限。

2. 启示

从产业长远发展与综合竞争力提升的角度来看,企业决策者在进行管理实践的过程中仍应关注外部环境风险,增进与产业链内其他企业的互动,促进与政府管理部门、科研院所及高新技术企业的交流,构建商业模式协同创新的信息共享平台,提高应对不确定性环境风险的能力,确保自身商业模式创新的成功率与适应性。具体地:①优化企业内部管理,建立分工清晰、职责明确的企业管理结构,跟随市场环境与应用技术的变化及时进行调整,提高经营效率,提升创新能力;②加强冷链技术研发,提高对移动互联网等信息技术的应用,充分利用专利制度保护技术所有权,抢占国际行业竞争制高点;③关注政策环境变化,顺应冷链物流国际化、标准化和农村市场开发的市场发展趋势[15],借助国家大力发展物流行业的契机,积极抢占冷链物流市场。

11.3 本章小结

本章通过定性研究和定量研究相结合的方式分析了我国冷链物流企业商业模

式创新的风险因素，并进一步研究风险因素间及其与商业模式创新之间的作用机理。通过扎根理论得到冷链物流企业商业模式创新的三种风险因素分别为：管理风险、技术风险和环境风险；结构方程模型验证了大部分假设，其中，管理风险与商业模式创新呈负相关关系，技术风险通过对管理风险的正向影响对商业模式创新起负作用，环境风险对技术风险同样具有正向影响。特别地，因为企业具有自主决策的主观能动性且我国冷链物流行业尚处于发展初期阶段，冷链物流企业以抢占市场为首要任务，因而得出结论：环境风险对管理风险的正向影响有限且不显著。但借鉴生命周期理论，商业模式创新也是分阶段的，处于不同发展阶段的冷链物流企业是否面临不同的风险因素尚未可知。因此，后续研究可以结合生命周期理论，细化商业模式创新风险因素在各阶段的特殊影响，为冷链物流企业商业模式创新提供分阶段的针对性研究及指导。

参 考 文 献

[1] 王雪冬，董大海. 商业模式创新概念研究述评与展望. 外国经济与管理，2013，35（11）：29-36.

[2] Euchner J，Ganguly A. Business model innovation in practice. Research Technology Manegement，2014，57（6）：33-39.

[3] 程愚，孙建国. 商业模式的理论模型：要素及其关系. 中国工业经济，2013，（1）：141-153.

[4] Chen Y Y，Wang Y J，Jan J K. A novel deployment of smart cold chain system using 2G-RFID-Sys. Journal of Food Engineering，2014，141（141）：113-121.

[5] Joshi R，Banwet D K，Shankar R，et al. Performance improvement of cold chain in an emerging economy. Production Planning and Control，2012，23（10-11）：817-836.

[6] Velu C. Business mode innovation and third-party alliance on the survival of new firms. Technovation，2015，（35）：1-11.

[7] 翁苏毅. 基于O2O商业模式之顺丰转型问题研究. 杭州：浙江工业大学，2015.

[8] Garcíagutiérrez I，Martínezborreguero F J. The innovation pivot framework: Fostering business model innovation in startups. Research-Technology Management，2016，59（5）：48-56.

[9] 张新香. 商业模式创新驱动技术创新的实现机理研究——基于软件业的多案例扎根分析. 科学学研究，2015，33（4）：616-626.

[10] 龚丽敏，魏江，董忆，等. 商业模式研究现状和流派识别：基于1997-2010年SSCI引用情况的分析. 管理评论，2013，25（6）：131-140.

[11] 周文辉. 知识服务、价值共创与创新绩效——基于扎根理论的多案例研究. 科学学研究，2015，33（4）：567-573.

[12] Eisenhardt K M，Graebner M E. Theory building from cases: Opportunities and challenges. Academy of Management Journal，2007，50（1）：25-32.

[13] 张蒙萌，李艳军，王海军. 农资品牌连动力及成因探索. 管理学报，2013，10（7）：1024-1033.

[14] Strauss A，Corbin J M. Basics of qualitative research: Grounded theory procedures and techniques. Modern Language Journal，2006，77（2）：129.

[15] 王春生，钟日丽，拓路者团队. 生鲜电商冷链物流的优化研究——以顺丰优选为例. 物流科技，2016，39（1）：80-83.

[16] Hansson H, Öhlmér B. The effect of operational managerial practices on economic, technical and allocative efficiency at Swedish dairy farms. Livestock Science, 2008, 118 (1): 34-43.

[17] Mcshane M K, Nair A, Rustambekov E. Does enterprise risk management increase firm value? Journal of Accounting Auditing and Finance, 2011, 26 (4): 641-658.

[18] Yu W, Jacobs M A, Salisbury W D, et al. The effects of supply chain integration on customer satisfaction and financial performance: An organizational learning perspective. International Journal of Production Economics, 2013, 146 (1): 346-358.

[19] 张大鹏, 孙新波, 刘鹏程, 等. 整合型领导力对组织创新绩效的影响研究. 管理学报, 2017, 14 (3): 389-399.

[20] 李志强, 赵卫军. 企业技术创新与商业模式创新的协同研究. 中国软科学, 2012, (10): 117-124.

[21] 阳双梅, 孙锐. 论技术创新与商业模式创新的关系. 科学学研究, 2013, 31 (10): 1572-1580.

[22] Chesbrough H, Rosenbloom R S. The role of the business model in capturing value from innovation: Evidence from Xerox corporation's technology spin-off companies. Industrial and Corporate Change, 2002, 11 (3): 529-555.

[23] Teece D J. Business models, business strategy and innovation. Long Range Planning, 2009, 43 (2): 172-194.

[24] Anonymous. How is technology optimizing the retail supply chain? Supply Chain Europe, 2010, 19 (3): 56-64.

[25] 胡保亮. 商业模式创新、技术创新与企业绩效关系: 基于创业板上市企业的实证研究. 科技进步与对策, 2012, 29 (3): 95-100.

[26] 马洁. 以环境为导向重构企业管理体系的研究. 经济问题探索, 2006, (4): 73-77.

[27] Bock A J, Opsahl T, George G, et al. The effects of culture and structure on strategic flexibility during business model innovation. Journal of Management Studies, 2012, 49 (2): 279-305.

[28] Cappelen A, Raknerud A, Rybalka M. The effects of R&D tax credits on patenting and innovations. Research Policy, 2008, 41 (2): 334-345.

[29] Dai X, Chen J, Chen D, et al. Factors affecting adoption of agricultural water-saving technologies in Heilongjiang province, China. Water Policy, 2015, 17 (4): 581-594.

[30] 李煜华, 王月明, 胡瑶瑛. 基于结构方程模型的战略性新兴产业技术创新影响因素分析. 科研管理, 2015, 36 (8): 10-17.

[31] 刘建刚, 张美娟, 陈昌杰, 等. 互联网平台企业商业模式创新影响因素研究——基于扎根理论的滴滴出行案例分析. 中国科技论坛, 2017, 5 (6): 185-192.

[32] 曾萍, 宋铁波. 基于内外因素整合视角的商业模式创新驱动力研究. 管理学报, 2014, 11 (7): 989-996.

第12章 冷链物流系统商业模式风险评价

本章从风险管理的角度出发,结合我国冷链物流企业发展的实际情况,分析O2O商业模式下冷链物流系统所面临的风险,构建冷链物流系统O2O商业模式风险指标评价体系,利用模糊评价法得到风险因素权重,并提出借助蝴蝶结模型对冷链物流系统进行风险控制。

12.1 冷链物流系统与O2O商业模式

12.1.1 引言

根据中华人民共和国国家发展和改革委员会2016年公布的《2015年全国物流运行情况通报》,2015年全国社会物流总额为219.2万亿元。从构成情况看,2015年工业品物流总额204万亿元,进口货物物流总额10.4万亿元,再生资源物流总额8616亿元,农产品物流总额3.5万亿元,单位与居民物品物流总额5078亿元。据中国物流与采购联合会冷链物流专业委员会统计,截至2015年底,全国冷库总容量达到3740万t(折合约9350万m^3),同比增长约12.6%,冷藏车和保温车保有量约为9.3万辆,同比增长23.1%,冷库容量和车辆保有量分别是"十二五"初期(2011年)的2.1倍和2.9倍。可见,近年来我国的冷链物流行业发展迅速,冷链物流企业的基础配套设施建设不断完善。

我国冷链物流行业与欧美发达国家相比,起步晚且差距明显,现今遇到一些问题,已经影响到冷链物流产业的长远健康发展。主要表现为基础设施结构性矛盾突出,信息化和技术装备水平仍有待提高,第三方冷链物流行业缺乏龙头企业引领,新技术新模式尚未实现商业化普及,冷链物流相关标准和服务规范体系有待健全。

我国冷链物流市场虽然尚不成熟,但市场发展潜力巨大。据统计,2015年我国有市场价值超过3.5万亿的产品通过冷链物流流通,流通产品价值同比增长超过20%。保守估算,我国冷链物流产业的市场规模超过1800亿元,因此,做好冷链物流风险预防和事故控制显得尤为重要。随着电子商务的不断发展和"互联网+"经济的兴起,越来越多的企业将冷链物流与O2O商业模式相结合,加快推进冷链物流企业线上线下融合发展,进一步提高顾客响应速度,从而增强冷链物流企业的市场竞争力。本章指出冷链物流企业在抓住O2O商业模式盈利的同时,应密切关注风险预防和事故控制方面,减少冷链物流的供应链风险,通过预防和管理风险,有效控制企业运营成本,并积极进行信息化建设、大力加强物流专业人才的培养,从而实现持续盈利,提高冷链物流企业的运作效率,促进我国冷链物流行业向前发展。

12.1.2 理论回顾

已有许多专家学者对冷链物流企业及O2O商业模式进行了研究与分析,国内外学者对冷链物流系统O2O商业模式的关注日益加强,部分学者从风险管理的角度探讨了冷链物流企业的风险控制措施,提出了不同的风险控制模型。

一些学者对于我国冷链物流企业存在的问题及困境做了相关调查。Jharkharia等提供了一个选择物流服务提供商的综合方法,该方法由对供应商进行初步选择和基于网络分析法的最终选择两部分构成,为筛选供应商给出了一个具有创新性的综合评价方法[1]。兰洪杰将食品冷链物流系统分为主体、设施设备和信息三类要素,研究食品冷链物流系统如何在以上三要素间开展协同,指出冷链物流企业可以在战略层、战术层、操作层开展紧密合作[2]。毋庆刚则指出我国冷链物流企业存在以下问题:冷链物流设施设备不完善、冷链物流市场化程度低、低价格竞争造成行业水平低下、冷链物流缺乏上下游的整体规划与整合,并指出企业要加快建设冷链物流封闭化运作系统[3]。袁学国等对农产品冷链物流进行了研究,认为存在着如农产品标准化程度低、社会认知不足、重冷藏轻运输、设施不配套等诸多制约因素,从加强冷链物流宏观管理,促进农业规模化、标准化生产方面提出了意见[4]。在冷链物流库存管理方面,鲍长生在冷链物流供应链环境下研究多级库存管理方法,找到使多级库存中总成本最低的各级库存订购批量的最优值,为多级库存控制管理开创了新思路[5]。张曙红等调研了湖北省的大型零售集团——中百控股集团股份有限公司的农产品采购及配送流程,建立了农产品冷链物流供应商库存管理模型,为大型企业的物流供应商库存管理提供了参考[6]。Bozorgi等在梳理现有文献的基础上,建立了一种考虑冷链物流成本和排放函数最小化的新型库存模型,提出了一组精确的算法来寻找最优订货量,并给出详细的最优性数学证明[7]。

近年来,互联网技术的发展对原有的商业模式进行了革新,开创了一种全新的移动互联网商业模式——O2O,许多学者对此模式开展了相关研究。孙悦等对O2O商业模式的概念进行了界定,将O2O商业模式分为团购网站模式、二维码模式、线上线下同步模式及营销推广模式,分析了不同模式对企业运营的影响,并从信息生态学视角揭示了 O2O 模式的发展前景[8]。张应语等在感知收益-感知风险框架下,建立了 O2O 模式下生鲜农产品购买意愿的理论框架并提出一系列假设,研究指出总体态度和信任对感知收益有正面影响,对感知风险则有负面影响[9]。孙冬石等则分析了制约我国冷链物流发展的主要问题,首次提出"整合"观念,即以 O2O 模式打造我国冷链物流智能平台化运营模式,并对其进行可行性分析[10]。不同的商业模式会给企业经营带来不同的风险。黄崇福通过对食品安全、自然灾害、项目投资等 8 个领域中的风险问题分析方法进行考察,总结出 5 种基本的风险分析方法,分别为发生概率计算法、暴露评价法、危险辨识法、期望值计算法及经验合成法[11]。

尽管一部分学者站在特定的角度分析了 O2O 商业模式下冷链物流系统的不足或缺陷,但未站在整体的局面考虑风险的预防和事故控制,且往往只使用了一种分析方法,有的研究甚至无法给出定量结果。本章对冷链物流系统 O2O 商业模式风险进行定量分析,利用模糊评价确定冷链物流系统风险主要因素的权重,使用 4 个风险等级给出风险评分,在此基础上利用蝴蝶结模型分析出现这些风险的原因及可能造成的负面影响,从而提出相对应的风险预防和风险控制措施。

12.2 冷链物流系统 O2O 商业模式风险

12.2.1 风险研究

风险研究的基本流程包括风险识别(risk identification)、风险评估(risk assessment)、风险管理(risk management)和企业连续运作管理(business continuity management)。风险识别是指对未产生、处于潜伏状态的风险进行辨识和归类,分析产生的原因;风险评估是指在风险识别的基础上评估发生风险的概率和财产损失程度;风险管理是指在事故发生前进行防范、在事故发生后对风险进行控制;企业连续运作管理则是综合以上步骤,开展企业管理。本章将运用风险研究的基本流程方法,展开冷链物流系统 O2O 商业模式风险的研究。

12.2.2 冷链物流系统 O2O 商业模式风险评价指标体系

1. 指标体系设计原则

构建风险因素评价指标体系应遵循以下原则:
(1)可操作性。指标设计时需要将现有统计资料与公司的财务报表兼容,指标的数量必须合理且内容互相独立,不能出现交叉或覆盖的情况。

(2)可量化。评价结果需要量化后为结论做补充。

(3)全面性。需要考虑企业的实际运作流程,并把整个O2O冷链环节相互联系起来,不能单独地挑其中一个或多个环节设计。

(4)节约性原则。就数量来说,指标宜少不宜多,并且这些指标必须要反映评价对象的全部信息。

2. 指标体系构建

参照上述的风险因素评价指标体系原则和其他学者提出的各类风险在供应链中的优先级排序理论[12],本节分别从战略指标、组织指标、流程指标、信息化指标4个方面构建冷链物流系统O2O商业模式风险因素分析评价指标体系。

(1)战略指标(B_1)。伴随着经济全球化的逐步发展,战略风险被认为是企业所面临的首要风险,在冷链物流系统O2O商业模式中也是最重要的指标之一。具体包括:①持续盈利。企业持续盈利体现在发展模式和线下重资产运营上,直接影响着企业的成功与失败。发展模式是否难以复制对于企业来说十分重要,而且投资人不仅关注盈利水平以及盈利的持久性,还关注盈利结构的组成。线下重资产运营短期难见成效,企业的资金可能出现问题,管理层可能因为其运营失效从而失去对公司的控制权。②核心业务与能力。核心业务与能力和企业的转型升级、是否选择外包及企业的定价能力密切相关。转型升级是指企业放弃传统业务模式去适应新的商业模式(O2O)。外包是指企业是否将物流外包给第三方冷链物流公司,专注于培养企业自身核心业务和竞争力。定价是指企业在何种程度上运用打折、促销等手段。例如,"团购""秒杀""限时免单"等辅助营销的策略。③指导思想。当前,我国政府大力支持冷链物流企业的发展,提倡构建符合我国国情的"全链条、网络化、严标准、可追溯、新模式、高效率"的现代冷链物流体系,冷链物流企业应抓住时机,进行冷链物流系统建设,完善冷链物流设施设备,进一步增强市场竞争力。

(2)组织指标(B_2)。O2O商业模式下冷链物流系统想要提升核心竞争力,维持稳定持续发展,需要依靠高素质的专业人才,并建立全面的诚信体制。具体包括:①人才问题。冷链物流企业要想实现长远发展首先需要解决人才问题,率先建立人才培养机制,建立冷链物流专业人才队伍,为冷链物流企业的持续发展做好充足准备。②激励问题。因O2O商业模式下冷链物流各环节间密切相关,任一环节没处理妥当将会给整个供应链带来负面影响,因此,及时对冷链物流体系成员进行激励显得尤为重要。③败德问题。败德问题也称逆向物流问题,是指可能出现诸如取消订单、包装破损、商品变质等各种原因导致退货或灭失而引起物流成本激增的情况。

（3）流程指标（B_3）。流程指标检验的是环节间衔接的流畅度、环节优化度、冷链物流标准和服务规范体系。具体包括：①冷链断链。冷链断链是指运输途中发生事故，使冷链商品未能始终处于低温状态，导致商品发生变质。②冷链闭环。冷链闭环是指闭环验证和闭环流程再造，即冷链物流企业是否对设备进行循环使用，以及企业如何处理运输过程中产生的损耗。③冷链标准化。检验冷链物流企业在运输、装卸、仓储、流通加工及包装环节中是否遵循相关的行业标准。

（4）信息化指标（B_4）。信息化指标用来检验冷链物流企业的信息化程度，具体包括：①信息化水平。信息化水平是指企业应用物联网、移动互联等先进技术，为车辆配备定位跟踪以及全程温度自动监测系统。②大数据应用。互联网时代的信息量呈现爆炸式增长，加强对冷链物流大数据的分析和利用，在O2O线上平台上对消费者进行精准推送，能够极大地提高冷链物流企业价值。③信息共享。冷链物流企业要想降低运营风险，需要做到企业间共享信息、同步计划、协同工作。

综合上述内容，构建冷链物流系统O2O商业模式风险评价指标体系，如图12-1所示。

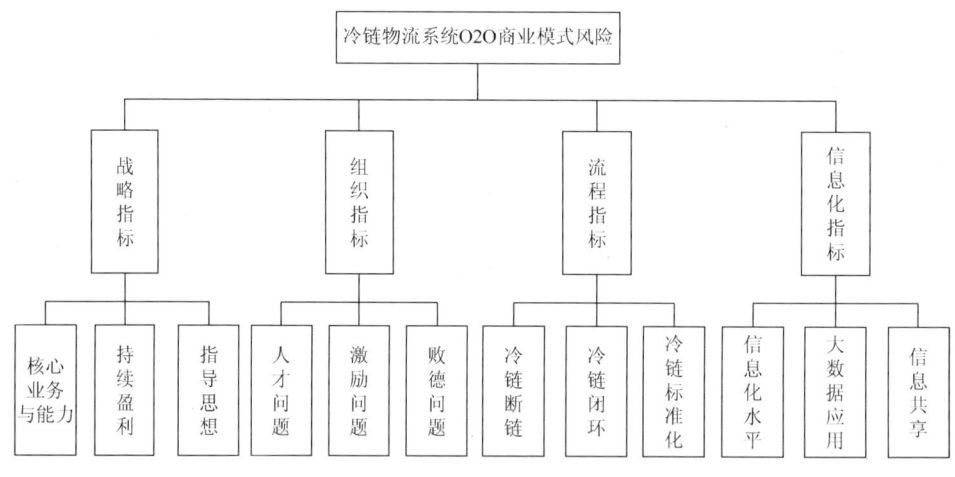

图12-1　冷链物流系统O2O商业模式风险评价指标体系

12.3　冷链物流系统O2O商业模式风险模糊评价

在多数情况下，评价都涉及模糊因素，无法精确表示，而模糊评价所具备的优势恰恰能弥补这个不足。故本节借鉴其他学者的研究理论和方法，将模糊评价引入冷链物流系统O2O商业模式风险评价中。

12.3.1 模糊评价方法

1. 两种计算类型

在 12.2 节所描述的风险评价层次结构中,以其上一层匀速为基准,其支配的下层元素为 $u_1,u_2,u_3,\cdots,u_n$,权重即相对于 C 的重要性。一般可分为以下两种情况:

(1) 若 $u_1,u_2,u_3,\cdots,u_n$ 相对于 C 的重要性可定量,其权重就能直接确定。

(2) 若问题复杂,$u_1,u_2,u_3,\cdots,u_n$ 对 C 的相对重要性无法如上述那样直接定量而只能定性,那么其权重的确定则需要用两两比较方法。具体的步骤,相对于 C,按 1~9 的比例标度对 u_i 和 u_j 的重要性赋值。1~9 标度的含义如表 12-1 所示。

表 12-1 九标度表

标度	含义
1	两元素相比,同样重要
3	两元素相比,前者稍重要
5	两元素相比,前者明显重要
7	两元素相比,前者强烈重要
9	两元素相比,前者极端重要
2、4、6、8	上述相邻判断的中间值
倒数	若元素 i 与 j 的重要性之比为 a_{ij},那么元素 j 与元素 i 重要性之比为 $a_{ji}=1/a_{ij}$

相对于 C,比较 n 个元素间的重要性,可得一个两两比较的判断矩阵:

$$A=[a_{ij}]_{n\times n} \tag{12-1}$$

判断矩阵 A 具备的性质包括:$a_{ij}>0$,$a_{ij}=\dfrac{1}{a_{ji}}$,$a_{ii}=1$。如果判断矩阵 A 满足 $a_{ij}\times a_{jk}=a_{ik}$,则称 A 为一致性矩阵。

2. 相对权重的计算和判断矩阵的一致性检验

已知 n 个元素 $u_1,u_2,u_3,\cdots,u_n$ 相对于 C 的判断矩阵为 A,求 $u_1,u_2,u_3,\cdots,u_n$ 对于准则 C 的相对权重 $w_1,w_2,w_3,\cdots,w_n$,即 $w=[w_1 \quad w_2 \quad \cdots \quad w_n]^{\mathrm{T}}$。具体地:

1) 计算权重

(1) 和法:将 A 的各个向量进行归一化并取其算数平均值,近似作为权重向量,即

$$w_i = \frac{1}{n}\sum_{j=1}^{n}\frac{a_{ij}}{\sum_{i=1}^{n}a_{ij}}, \quad i=1,2,\cdots,n \tag{12-2}$$

（2）根法：将判断矩阵 A 的各行向量几何平均后归一化，即可得权重向量，即

$$w_i = \frac{\left(\prod_{j=1}^{n}a_{ij}\right)^{\frac{1}{n}}}{\sum_{k=1}^{n}\left(\prod_{j=1}^{n}a_{ij}\right)^{\frac{1}{n}}}, \quad i=1,2,\cdots,n \tag{12-3}$$

（3）特征根法：

$$AW = \lambda_{\max}W \left(\lambda_{\max} = \sum_{i=1}^{n}\frac{(AW)_i}{nw_i} = \frac{1}{n}\sum_{i=1}^{n}\frac{\sum_{j=1}^{n}a_iw_j}{w_i}\right) \tag{12-4}$$

其中，$\lambda_{\max}$ 是 A 的最大特征根；W 是对应的特征向量，W 归一化后即权重向量。

2）一致性检验

在该准则下，为了保证 A 的逻辑性和合理性，当权重向量计算完成后还需进行一致性检验。具体步骤为：

（1）计算一致性指标 C.I.：

$$\text{C.I.} = \frac{\lambda_{\max} - n}{n-1} \tag{12-5}$$

（2）查找对应的平均随机一致性指标 R.I.。表 12-2 为正反矩阵计算 1000 次得到的平均随机一致性指标。

表 12-2 随机性指标 R.I.

矩阵阶数	1	2	3	4
R.I.	0	0	0.52	0.89

（3）一致性比例 C.R.：

$$\text{C.R.} = \frac{\text{C.I.}}{\text{R.I.}} \tag{12-6}$$

当 C.R.<0.1 时，可接受 A 的一致性，无须对 A 进行修正。

3. 具体步骤

以模糊数学为基础，将被评价事物的指标量化。具体地：

（1）确定被评事务的因素集：

$$U = \{u_1, u_2, u_3, \cdots, u_n\}$$

（2）建立评集：
$$V = \{v_1, v_2, v_3, \cdots, v_n\}$$

（3）建立单因素评价矩阵：

对权重向量分配权值，要求 $\sum_{i=1}^{p} a_i = 1$，且 $a_i \geqslant 1$，$i = 1, 2, \cdots, p$。

（4）合成模糊评价结果向量：

$$A \times R = [a_1 \quad a_2 \quad \cdots \quad a_p] \begin{bmatrix} r_{11} & r_{12} & \cdots & r_{1m} \\ r_{21} & r_{22} & \cdots & r_{2m} \\ \vdots & \vdots & & \vdots \\ r_{p1} & r_{p2} & \cdots & r_{pm} \end{bmatrix} = [b_1, b_2, b_3, \cdots, b_m] = B \quad (12\text{-}7)$$

12.3.2 实例分析

本节以一个采用了 O2O 商业模式的中小型冷链物流企业为例进行实证分析，步骤如下。

1. 构建指标体系

构建的评价因素集如下：

$A = \{$战略指标 B_1，组织指标 B_2，流程指标 B_3，信息化指标 $B_4\}$；
$B_1 = \{$核心业务与能力 C_{11}，持续盈利 C_{12}，指导思想 $C_{13}\}$；
$B_2 = \{$人才问题 C_{21}，激励问题 C_{22}，败德问题 $C_{23}\}$；
$B_3 = \{$冷链断链 C_{31}，冷链闭环 C_{32}，冷链标准化 $C_{33}\}$；
$B_4 = \{$信息化水平 C_{41}，大数据应用 C_{42}，信息共享 $C_{43}\}$。

2. 确定权重集合

（1）构建判断矩阵。咨询表大多为专家填写，用 1～9 标度法对每个因素的地位和作用进行分析，如表 12-3 所示。

表 12-3 A 对 B 的判断矩阵 $A\text{-}B$

A	B_1	B_2	B_3	B_4
B_1	1	3	7	5
B_2	1/3	1	1/2	2
B_3	1/7	2	1	2
B_4	1/5	1/2	1/2	1

（2）权重计算。通过一致性检验得到指标权重，使用求和法求各列和，再计算 $A \times W$，依次算出特征值、C.I.值、C.R.值，并计算 C.R.值与 0.1 的比值，若大于 0.1 则需要调整原始矩阵 A，若小于 0.1 则符合条件。

对于 $A = [B_1, B_2, B_3, B_4]$，它的判断矩阵如表 12-4 所示。

表 12-4 判断矩阵 A-B 一致性检验表

A-B	B_1	B_2	B_3	B_4	行和	权重 W	
B_1	0.596588	0.461538	0.777778	0.5	2.335904	0.583976	C.I.
B_2	0.198843	0.153846	0.055556	0.2	0.608245	0.152061	0.085178
B_3	0.085252	0.307692	0.111111	0.2	0.704055	0.176014	C.R.
B_4	0.119318	0.076923	0.055556	0.1	0.351797	0.087949	0.096<0.1

对于 $B_1 = [C_{11}, C_{12}, C_{13}]$，它的判断矩阵如表 12-5 所示。

表 12-5 判断矩阵 B_1-C 权重及一致性检验

B	C_{11}	C_{12}	C_{13}	权重 W	C.I.
C_{11}	1	2	5	0.581266	0.00185
C_{12}	1/2	1	3	0.309151	C.R.
C_{13}	1/5	1/3	1	0.109583	0.004<0.1

对于 $B_2 = [C_{21}, C_{22}, C_{23}]$，它的判断矩阵如表 12-6 所示。

表 12-6 判断矩阵 B_2-C 权重及一致性检验

B	C_{21}	C_{22}	C_{23}	权重 W	C.I.
C_{21}	1	0.2	0.5	0.122183	0.00185
C_{22}	5	1	3	0.647952	C.R.
C_{23}	2	0.3333	1	0.229865	0.004<0.1

对于 $B_3 = [C_{31}, C_{32}, C_{33}]$，它的判断矩阵如表 12-7 所示。

表 12-7 判断矩阵 B_3-C 权重及一致性检验

B	C_{31}	C_{32}	C_{33}	权重 W	C.I.
C_{31}	1	0.5	0.25	0.137289	0.00915
C_{32}	2	1	0.3333	0.239482	C.R.
C_{33}	4	3	1	0.623229	0.018<0.1

对于 $B_4 = [C_{41}, C_{42}, C_{43}]$，它的判断矩阵如表 12-8 所示。

表 12-8 判断矩阵 B_4-C 权重及一致性检验

B	C_{41}	C_{42}	C_{43}	权重 W	C.I.
C_{41}	1	5	3	0.633352	0.01925
C_{42}	0.2	1	0.3333	0.106155	C.R.
C_{43}	0.3333	3	1	0.260493	0.037<0.1

合成权重如表 12-9 所示。

表 12-9 合成权重表

A	B 层指标	C 层指标	C 层权重	合成权重
冷链物流系统 O2O 商业模式风险	战略指标 B_1 0.58	核心业务与能力 C_{11}	0.581266	0.33713428
		持续盈利 C_{12}	0.309151	0.17930758
		指导思想 C_{13}	0.109583	0.06355814
	组织指标 B_2 0.15	人才问题 C_{21}	0.122183	0.01832745
		激励问题 C_{22}	0.647952	0.09719280
		败德问题 C_{23}	0.229865	0.03447975
	流程指标 B_3 0.18	冷链断链 C_{31}	0.137289	0.02471202
		冷链闭环 C_{32}	0.239482	0.04310676
		冷链标准化 C_{33}	0.623229	0.11218122
	信息化指标 B_4 0.09	信息化水平 C_{41}	0.633352	0.05700168
		大数据应用 C_{42}	0.106155	0.00955395
		信息共享 C_{43}	0.260493	0.02344437

3. 进行模糊评价

建立评语集 Q。把冷链物流系统 O2O 商业模式风险分析体系中的 12 个因素作为模糊评价的因素集，权重向量 W 作为权重集。在本章的评价体系中，结合风险程度的特点，参照以往学者提出的"优秀，良好，中等，差"将等级分为四级，用 Q 来表示风险等级，则 Q = {低，中，高，危}。聘用多位专家组成评估小组，对 O2O 商业模式下冷链物流系统做出评估，所得结果见表 12-10。

表 12-10 评估结果

A	B 层指标	C 层指标	合成权重	低	中	高	危
冷链物流系统O2O商业模式风险	战略指标 B_1 0.58	核心业务与能力 C_{11}	0.337134	0.3	0.4	0.2	0.1
		持续盈利 C_{12}	0.179308	0.4	0.3	0.3	0
		指导思想 C_{13}	0.063558	0.6	0.3	0.1	0
	组织指标 B_2 0.15	人才问题 C_{21}	0.018327	0.2	0.2	0.3	0.3
		激励问题 C_{22}	0.097193	0.3	0.3	0.3	0.1
		败德问题 C_{23}	0.034480	0.8	0.1	0.1	0
	流程指标 B_3 0.18	冷链断链 C_{31}	0.024712	0.7	0.3	0	0
		冷链闭环 C_{32}	0.043107	0.1	0.2	0.4	0.3
		冷链标准化 C_{33}	0.112181	0.8	0.1	0	0.1
	信息化指标 B_4 0.09	信息化水平 C_{41}	0.057002	0.6	0.3	0.1	0
		大数据应用 C_{42}	0.009554	0.7	0.1	0.2	0
		信息共享 C_{43}	0.023444	0.1	0.6	0.2	0.1

模糊评判计算结果：

$$W = [0.58 \quad 0.15 \quad 0.18 \quad 0.09]$$

$$W_1 = [0.337134 \quad 0.179308 \quad 0.063558]$$

$$W_2 = [0.018327 \quad 0.097193 \quad 0.034480]$$

$$W_3 = [0.024712 \quad 0.043107 \quad 0.112181]$$

$$W_4 = [0.057002 \quad 0.009554 \quad 0.023444]$$

$$R_1 = \begin{bmatrix} 0.3 & 0.4 & 0.2 & 0.1 \\ 0.4 & 0.3 & 0.3 & 0 \\ 0.6 & 0.3 & 0.1 & 0 \end{bmatrix}$$

$$R_2 = \begin{bmatrix} 0.2 & 0.2 & 0.3 & 0.3 \\ 0.3 & 0.3 & 0.3 & 0.1 \\ 0.8 & 0.1 & 0.1 & 0 \end{bmatrix}$$

$$R_3 = \begin{bmatrix} 0.7 & 0.3 & 0 & 0 \\ 0.1 & 0.2 & 0.4 & 0.3 \\ 0.8 & 0.1 & 0 & 0.1 \end{bmatrix}$$

$$R_4 = \begin{bmatrix} 0.6 & 0.3 & 0.1 & 0 \\ 0.7 & 0.1 & 0.2 & 0 \\ 0.1 & 0.6 & 0.2 & 0.1 \end{bmatrix}$$

$$B_i = W_i \times R_i$$

第12章 冷链物流系统商业模式风险评价

$$B_1 = [0.337134 \quad 0.179308 \quad 0.063558] \times \begin{bmatrix} 0.3 & 0.4 & 0.2 & 0.1 \\ 0.4 & 0.3 & 0.3 & 0 \\ 0.6 & 0.3 & 0.1 & 0 \end{bmatrix}$$

得到 $B_1 = [0.2110 \quad 0.2077 \quad 0.1276 \quad 0.0337]$。

同理计算其他数值，如表 12-11 所示。

表 12-11 模糊评价表 R

B_1	0.2110	0.2077	0.1276	0.0337
B_2	0.0604	0.0363	0.0381	0.0152
B_3	0.1114	0.0273	0.0172	0.0242
B_4	0.0432	0.0321	0.0123	0.0023

综合合成 $B = W \times R$，其中 $[B_1 \quad B_2 \quad B_3 \quad B_4]^T$，$R$ 为表 12-11 数据。得到 $B = [0.1427 \quad 0.1213 \quad 0.0763 \quad 0.0244]$。

用归一化的方法处理 B 得到 $B' = [0.391281 \quad 0.332602 \quad 0.209213 \quad 0.066904]$。

4. 得出评价结果

根据模糊评价法，以最大隶属原则为基础，可以判定该冷链物流系统在 O2O 商业模式下处于低风险状态。与此同时，可以看到评估小组中分别有 39%的专家认定该冷链物流系统在 O2O 商业模式下处于低风险状态，33%的专家认定其处于等级为中级的风险状态中。为了对结果进行较精确的定量说明，本章将评价等级量化，如表 12-12 所示。

表 12-12 风险程度及分数表

评价等级	很安全	比较安全	较危险	极危险
分数	85～100	75～85	60～75	0～60

由表 12-12 可得，该冷链物流系统在 O2O 商业模式下的风险评分为 $90 \times 0.391281 + 80 \times 0.332602 + 65 \times 0.209213 \approx 75.4$ 分，处于比较安全的等级。

12.3.3 研究结果

结合以上数据和表 12-10 分析，发现战略指标的权重是 58%，说明冷链物流系统在 O2O 商业模式下的风险评分在很大程度上受战略指标的影响，企业要重视该方面并合理地加强决策能力，减少这个方面的决策风险影响。而在战略指标中，核心业务与能力占整个风险的 33%，说明企业要降低风险需加强核心业务与能力的建设和定位。流程指标占整个指标体系的 18%,而冷链标准化占流程指标的 62%,说明冷链标准化水平与流程化程度也有直接的关系。因此,该冷链物流企业应正确定位企业战略、核心业务与能力,并加快转型以此来降低企业经营的风险,达到持续经营的效果。

12.4 冷链物流系统 O2O 商业模式风险控制

12.3 节通过模糊评价找出了冷链物流系统 O2O 商业模式风险主要因素的权重,并给出风险评分,本节在此基础上引入蝴蝶结模型,进一步分析风险发生的原因及可能造成的负面影响,从而提出对应的风险控制措施。

12.4.1 蝴蝶结模型

1. 模型概述

蝴蝶结模型是一种全面风险管理的模型。其经典结构如图 12-2 所示,它可以说明顶上事件产生的原因以及其潜在后果,并为预防风险和减少事故影响分别建立具体的风险预防措施和控制措施。从左至右,控制措施的优先级分别是消除源头、预防风险、控制风险、减轻影响。对于有能力消除的风险应该在源头处消除,其他难以消除或无法消除的风险源应通过流程制度和安全设施设备加以预防,降低事故发生的概率,对于无法避免或已经发生的事故应做好控制,实现快速处理防止恶化。

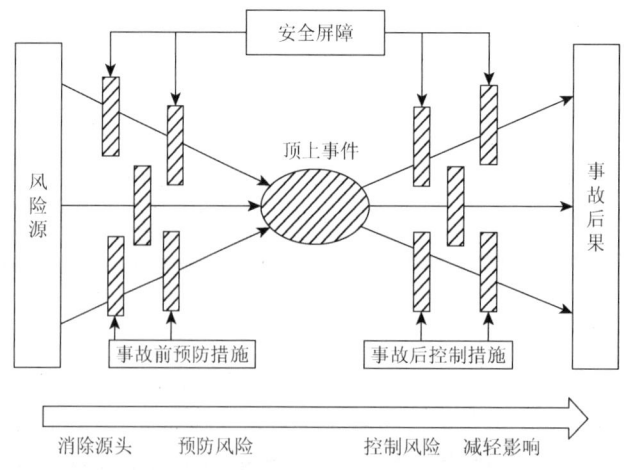

图 12-2 蝴蝶结模型经典结构

2. 冷链物流系统 O2O 商业模式风险的蝴蝶结模型分析步骤

（1）识别具体危险事件并把它作为顶上事件，本节将冷链物流系统 O2O 商业模式风险作为顶上事件；

（2）分析产生顶上事件的原因（即风险源），并将其列在蝴蝶结模型的左方，在每个原因跟顶上事件之间划线，在 12.3 节中已经分析出冷链物流系统 O2O 商业模式风险因素，可直接将其作为风险源；

（3）分析导致顶上事件产生的原因，做出预防性措施；

（4）分析可能引起预防性措施失效的风险并将其控制措施纳入蝴蝶结模型中；

（5）分析顶上事件的不同潜在后果，在它们与顶上事件之间划线；

（6）在顶上事件与事故后果的连接线上列出潜在后果的控制措施和潜在后果的升级因素与相应的控制措施。

12.4.2 实例分析

根据 12.3 节的内容，可将风险结果分为战略偏差、组织低效、流程不规范、信息失真这四种。战略偏差涉及核心业务与能力失准、持续亏损、认识错误等；组织低效涵盖人才缺失、利益失衡严重、逆向物流成本激增等；流程不规范涉及非全程冷链、闭环验证体验差、冷链标准化程度低等；信息失真涵盖信息化难或慢、大数据失准、泄密等。具体如表 12-13 所示。

表 12-13 蝴蝶结模型的符号与事件示意图

符号	事件	符号	事件
M_1	核心业务与能力失准	X_1	转型失败
M_2	持续亏损	X_2	自建物流周期过长
M_3	认识错误	X_3	滥用辅助策略
M_4	人才缺失	X_4	商业模式被复制
M_5	利益失衡严重	X_5	线下重资产运营困难
M_6	逆向物流成本激增	X_6	违反市场原则
M_7	非全程冷链	X_7	人才培养机制差
M_8	闭环验证体验差	X_8	利益分配不周全
M_9	冷链标准化程度低	X_9	逆向物流数量增加
M_{10}	信息化难或慢	X_{10}	信息管理水平不一
M_{11}	大数据失准	X_{11}	线下能力不足
M_{12}	泄密	X_{12}	线下规模小

续表

符号	事件	符号	事件
X_{13}	验证程序麻烦耗时长	X_{20}	信息数量少
X_{14}	线上平台崩溃	X_{21}	信息泄露
X_{15}	线上平台未及时改进	R_1	战略偏差
X_{16}	服务标准参差不齐	R_2	组织低效
X_{17}	员工抵触	R_3	流程不规范
X_{18}	信息系统落后	R_4	信息失真
X_{19}	消费者使用习惯差		

综合国内外学者的建议和评估小组专家的指导，提出预防措施和事故控制措施如下。

1. 预防措施

针对 M_1、M_2、M_3，可以根据冷链物流企业自身发展阶段选择物流配送方式，决定是自营或是外包，合理运用价格策略。

针对 M_4、M_5、M_6，应当制订合理的人才培养计划，扩充人才队伍、完善利益分配格局。

针对 M_7、M_8、M_9，应当增加冷链物流企业的设施设备，简化闭环验证程序、提高企业标准化水平。

针对 M_{10}、M_{11}、M_{12}，应当加强员工培训，提高员工操作水平，建立及时准确的信息反馈机制、重视保密工作。

2. 事故控制措施

针对 R_1，应当在发现战略定位有偏差后立即对企业进行重新评估，根据新的评估内容决定冷链物流配送方式（自建、第三方或外包），重新制定价格策略，调整盈利模式优化分销策略。

针对 R_2，应当先通过第三方人力资源公司招募人才再优化人才培养机制，补偿利益失衡方的损失，调节利益分配模式，逆向物流依照就近原则处理，提高下订单门槛。

针对 R_3，应当先租赁冷链设施设备解决燃眉之急再募集资金购买冷链设施设备，合理运用优惠策略，补偿消费者，稳定消费人群。

针对 R_4，应当重新审查信息，找出错误信息，缓减员工的抵触情绪或解雇消极履行信息化要求的员工，普及信息化操作规范，抓紧建设信息平台。

本节的冷链物流系统O2O商业模式蝴蝶结模型见图12-3。

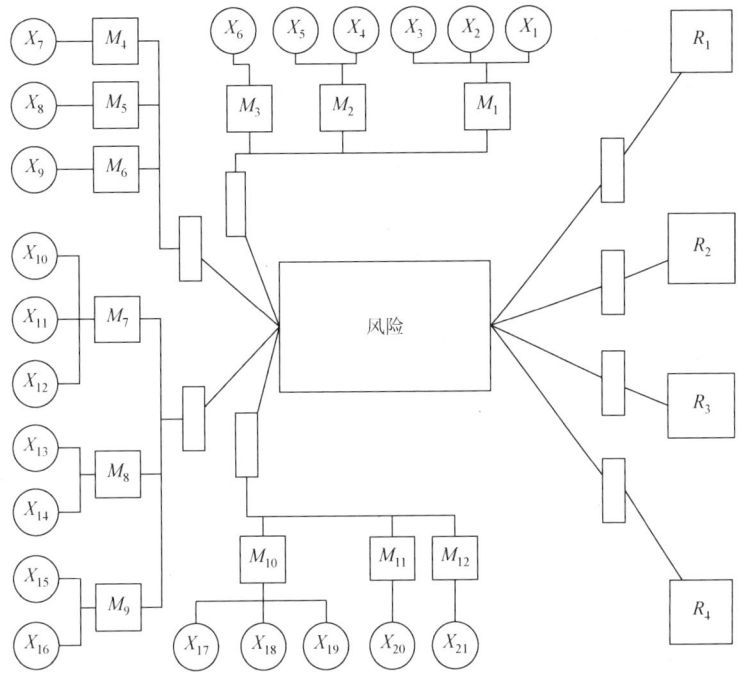

图 12-3　冷链物流系统 O2O 商业模式蝴蝶结模型

12.4.3　研究启示

结合模糊评价与蝴蝶结模型的分析结果，可以获得以下启示：

（1）重点抓住权重为 0.58 的战略指标，积极遵守国务院办公厅提出的"市场为主，政府引导"、"问题导向，补齐短板"、"创新驱动，提高效率"和"完善标准，规范发展"这四项基本原则，牢固树立和贯彻落实创新、协调、绿色、开放、共享的发展理念，充分发挥市场的作用，着力构建符合我国国情的"全链条、网络化、严标准、可追溯、新模式、高效率"的现代化冷链物流体系，主动积极地利用政策提供的优惠，正确定位企业战略，核心业务与能力并加快冷链物流企业的转型升级，避免出现战略偏差。

（2）抓住权重为 0.18 的流程指标，完善冷链物流基础设施网络，按照科学合理、便于操作的原则系统梳理和修订完善冷链物流各类标准，科学制定冷藏温度带标准，形成覆盖全链条的冷链物流技术标准和温度控制要求，避免因为流程方面的因素制约冷链物流系统 O2O 商业模式的发展。

（3）牢牢把握住流程化和信息化指标，大力推广先进冷链物流理念与技术，鼓励冷链物流企业经营创新，鼓励企业加强物联网等先进信息技术的应用，积极使用信息化管理系统。

12.5 本章小结

本章在参考大量研究文献的基础上,结合冷链物流系统和 O2O 商业模式的主要特点,参照我国冷链物流系统 O2O 商业模式发展的现状,梳理了冷链物流系统商业模式的风险,建立风险指标评价体系对风险进行了控制。利用模糊评价法分析了风险因素权重,借由蝴蝶结模型对冷链物流系统风险进行了分析,综合国内外学者的建议和评估小组专家的指导,提出了预防措施和事故控制措施。通过研究发现战略权重最大,最需要认真决策,即企业在做出符合自身特征的战略定位和战略决策后能够极大地避免风险。另外,考虑到模糊评价的结果受评估小组主观因素影响较大,在以后的相关研究中可邀请更多的专家参与评估或者利用其他定量评价方法以更好地减弱主观因素的影响。

参 考 文 献

[1] Jharkharia S, Shankar R. Selection of logistics service provider: An analytic network process (ANP) approach. Omega, 2007, 35 (3): 274-289.
[2] 兰洪杰. 食品冷链物流系统协同对象与过程研究. 中国流通经济, 2009, 23 (2): 20-23.
[3] 毋庆刚. 我国冷链物流发展现状与对策研究. 中国流通经济, 2011, 25 (2): 24-28.
[4] 袁学国, 邹平, 朱军, 等. 我国冷链物流业发展态势、问题与对策. 中国农业科技导报, 2015, 17 (1): 7-14.
[5] 鲍长生. 冷链物流运营管理研究. 上海: 同济大学, 2007.
[6] 张曙红, 彭代武, 冷凯君. 基于质量安全的农产品冷链物流 VMI 库存管理模式研究. 物流技术, 2011, 30 (23): 17-18.
[7] Bozorgi A, Pazour J, Nazzal D. A new inventory model for cold items that considers costs and emissions. International Journal of Production Economics, 2014, 155 (5): 114-125.
[8] 孙悦, 郭醒, 徐欣欣. O2O 电子商务模式剖析. 电子商务, 2013, (11): 5.
[9] 张应语, 张梦佳, 王强, 等. 基于感知收益-感知风险框架的 O2O 模式下生鲜农产品购买意愿研究. 中国软科学, 2015, (6): 128-138.
[10] 孙冬石, 李浩渊, 刘猛. O2O 模式下智能冷链物流平台搭建. 物流技术, 2015, 34 (22): 163-167.
[11] 黄崇福. 风险分析基本方法探讨. 自然灾害学报, 2011, 20 (5): 1-10.
[12] 陈浩. O2O 模式下供应链风险及其对策的研究. 苏州: 苏州大学, 2014.

第13章 冷链物流系统金融风险分析

随着居民消费水平的不断提高，冷链物流需求日益增加，很多冷链物流企业进入市场，从而加大了冷链物流系统的金融风险。本章首先基于危险与可操作性分析（hazard and operability analysis，HAZOP）方法将冷链物流系统分为供应商、经销商、金融机构、核心企业和外部环境5个节点，总结其在运营过程中存在的金融风险及相应保护措施，其后运用投影决策法对19个具体风险进行排序，发现核心企业信用风险与仓储风险最为关键，最后采用保护层分析（layer of protection analysis，LOPA）方法对重点风险进行分析。

13.1 冷链物流系统金融风险

13.1.1 引言

20世纪以来，全球竞争环境发生了巨大变化，科技进步迅速，信息技术日渐普及，传统的金融运作模式也随之发生变化，供应链金融理念正式形成。随着我国经济的蓬勃发展，人民生活水平不断提高，冷链物流市场不断扩大。但由于我国冷链物流业起步较晚、基础薄弱，导致行业标准不统一、冷链物流设施设备落后、专业化程度不高等问题。另外，因为冷链产品的时效性强、保质期相对较短，所以，冷链物流企业相比于一般性的企业更加难以通过抵押产品进行贷款。因此，对冷链物流企业开展金融业务这一行为进行风险管理十分必要。本章从冷链物流系统供应链的主要成员出发，进行金融风险分析，并提出风险预防及控制措施。

许多学者对物流金融风险进行了大量研究，Buzacott等首次将资产融资纳入企业的生产决策中，构建了一个可以根据企业生产经营的动态变化进行定期更新的模型，发现对于创业企业而言，企业成长能力主要受流动资本和对银行融资依赖的制约[1]。李莉等梳理了物流金融的相关文献，在此基础上分别对银行、物流企业和融资企业的风险进行了分析，提出了我国物流金融风险评价体系，对物流金融的参与主体提出了有关风险规避的意见[2]。李电生等则以中小物流企业为例，创立了基于第三方物流的金融风险评估体系，并引入了多层次综合评价方法进行建模[3]。Shi等利用博弈理论，建立了物流金融参与者之间的三方博弈模型，在此基础上分析了物流企业参与物流金融业务的风险,并给出了相应的结论和建议[4]。曲卫涛则根据物流金融业务的自身特点,结合 HNZY 公司的业务实际,针对由融资企业导致的风险、质押物的风险、第三方物流监管企业的风险及银行导致的风险进行逐一分析,并针对每种风险提出了针对性的防范措施[5]。储雪俭等从物流金融的实用性角度出发,采用三维立体图分析并得出了信息不对称下物流金融的九大风险,其针对这些风险,进行了基于物联网的可视化设计,并提出了相应的风险管理措施[6]。

现有物流金融研究一般涉及商业基础和经营模式的研究,对特定商品的研究很少。基于冷链物流产品的特点,本章对冷链物流金融风险进行研究,弥补现有理论的空白,丰富冷链物流金融风险管理的研究内容。本章的研究着重阐述冷链物流系统的金融风险,并提出针对风险的预防措施,有助于冷链物流企业规避风险,更好地开展相关产品物流和金融业务,提高冷链物流企业综合服务能力和竞争力。

13.1.2　冷链物流系统金融风险来源

冷链物流系统金融是指物流企业与金融机构合作,为供应商提供融资服务和物流服务,以保证其有充足的资金进行业务活动。通过对现有国内外学者的研究成果进行梳理与总结,并向相关行业的专家进行咨询。本书归纳出了冷链物流系统金融风险的四种主要来源。

1. 源自核心企业的信用及仓储风险

核心企业由于规模大、综合实力强,信贷往往会扩大,信贷风险也随之加大。我国企业大多还未能建立起完整的基于信用的资本管理体系,核心企业作为冷链物流供应链金融的重要组成部分,需要有较高的财务管理能力,否则稍不小心就会造成供应链的资金断裂,进而引发巨大的财务灾难。在冷链物流中,储存的货物一般是生鲜食品,这些货物具有保质期短、储存温度低、易发生腐烂、变质等特点,因此,核心企业需要投入巨大的仓储成本去购买专业的冷藏设施设备,以保证仓储货物随时处于新鲜状态。

2. 源自供应链上下游中小企业的财务风险

尽管我国政府大力支持中小企业的发展,针对中小企业提供了专门的融资平台,但相比于国有企业和大型集团,中小企业融资依然面临许多困难。中小企业在制度、人员、资金、技术、经验等各方面不够完善,缺乏可用来进行抵押的货品,无法主动吸引投资。银行等金融机构高昂的贷款利率阻碍了中小企业融资,使中小企业无法得到足够的资金去进一步扩大生产。

3. 源自冷链物流企业的操作风险

对于冷链物流企业,操作风险可分为三种类别:人员素质风险、安全监管风险及信息传递风险。人员素质风险来自冷链物流企业内部人员的不正当行为,许多物流企业由于信息化程度低、运作流程不规范,内部人员可能借机进行欺诈或欺骗。公司规模逐步扩大,抵押物数量和种类也随之增加,此时若不重视监督与管理,将会出现以次充好、浑水摸鱼等情况,因此,安全监管对于保证库存产品的完好性具有重要作用。在实际工作中由于冷链物流上下游企业间缺乏统一的运营标准,所以,信息的传递具有滞后性,结果导致物流企业无法及时接收信息并调整经营策略,从而丧失获利机会。

4. 源自冷链物流企业外部的环境风险

环境风险可分为市场风险、法律风险、政策风险及环保风险。市场风险是指冷链物流企业的生产销售计划赶不上市场变化导致产品滞销,从而难以偿还贷款所产生的风险。我国对冷链物流金融的立法尚不健全,存在的一些漏洞或矛盾可能对冷链物流供应链的正常运行产生负面影响,法律风险不可小觑。同时,政策变化也可能给供应链中的冷链物流企业融资或其他管理活动带来重大影响。受温室效应影响,全球气候逐渐变暖,国际上更加严格地控制温室气体排放,因此,国内燃料价格上涨,冷链物流企业为环保付出的代价也越来越大。

13.1.3 冷链物流系统金融风险识别

1. 危险与可操作性分析

危险与可操作性分析主要通过对工艺流程运作衔接的状态进行分析,找出运作过程中的一些缺陷或风险,是对危险进行定性分析评价的方法。其具体操作过程如图 13-1 所示。

2. 冷链物流系统 HAZOP 金融风险分析步骤

在一般的 HAZOP 风险分析流程的基础上,按照以下步骤对冷链物流系统金融风险进行具体的分析。

(1)在 HAZOP 风险分析中需要确定研究对象的分析范围。冷链物流系统金

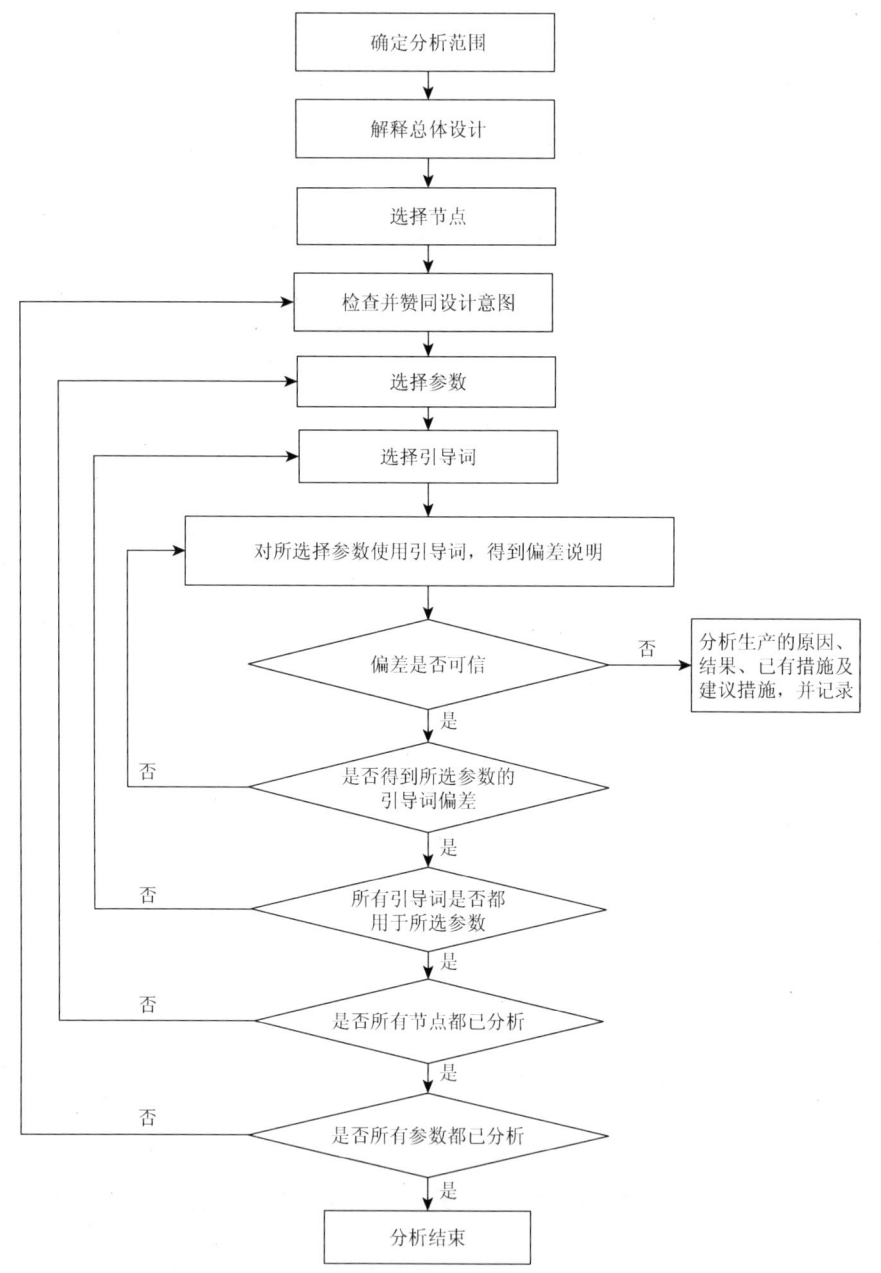

图 13-1 HAZOP 具体操作过程

融风险分析范围包括供应商提供冷链产品、核心企业进行仓储、冷链物流企业开展运输、经销商接收货物等环节,即将冷链物流划分为 5 个节点。整个冷链物流节点划分如表 13-1 所示。

第 13 章 冷链物流系统金融风险分析

表 13-1 冷链物流节点划分

序号	节点类型
1	核心企业
2	供应商
3	经销商
4	金融机构
5	外部环境

(2) 借助风险分析矩阵对偏差进行 HAZOP。风险矩阵表根据事故发生频率及后果的严重程度划分,在这个环节中需要咨询专家小组,根据冷链物流系统金融领域的专家小组的意见,划分出冷链物流系统金融风险矩阵。具体内容如表 13-2 所示。

表 13-2 风险矩阵表

后果严重程度	事故发生可能性				
	1 不可能发生	2 很少发生	3 偶尔发生	4 可能发生	5 经常发生
A 无影响	低	低	低	低	低
B 轻微的	低	低	中	中	中
C 较小的	低	中	中	高	高
D 重大的	中	中	高	高	高
E 特大的	中	高	高	高	高

(3) 分析造成偏差的原因及后果。本章则需根据投影寻踪模型的分析结果,确定冷链物流系统中权重较大的风险之间的关系,并对风险大小进行排序。

(4) 针对不同的偏差提出初步安全措施。本章在此运用德尔菲法得到有关风险防护的安全措施,并结合冷链物流系统金融风险矩阵表,整理、归纳所有研究资料,得到初步的 HAZOP 研究记录表。如表 13-3 所示。

表 13-3 HAZOP 研究记录表

节点	偏差	原因	后果	风险矩阵	安全措施
核心企业	信用风险	资金管理水平不高	供应链断裂	E_4	建立完善的资金管理体系
		利用优势采取利己行为	其他中小企业资金紧张	D_3	提升企业道德感
	仓储风险	储存不当,温度失控	商品发生感染、受潮现象	E_4	提升专业知识
		冷链商品具有时效性强、储存条件严苛等特点	传统模式不适用	D_4	采用循环质押的方式

续表

节点	偏差	原因	后果	风险矩阵	安全措施
供应商	监管风险	偷窃、盗抢	品质下降	D_2	提高仓库安全监管水平与硬件监控条件配置
		商品以次充好			
经销商	财务风险	财务制度尚不健全	资信程度不高	C_2	健全企业财务管理制度
		企业信息透明度不高		C_3	建立全面信息分享系统
金融机构	抵押风险	价格的变动大	质押对象会面临升值或贬值	C_3	关注市场风向
		内部人员的操作失误	抵押品估值错误	B_3	加强内部人员的专业培训
外部环境	市场风险	汇率变化	融资成本上升	B_5	提高创新能力

13.2 冷链物流系统金融风险评估

利用 HAZOP 方法对冷链物流系统金融风险进行了初步分析，本节在此基础上运用投影寻踪模型开展定量研究，深入评估冷链物流系统金融风险。

13.2.1 投影寻踪模型

投影寻踪是处理高维数据的一种方法，它将高维数据通过维度缩减投影到低维空间，利用投影值分析高维数据的结构特征。该方法弥补了模糊综合评价、层次分析法在处理高维数据时的不足之处。其模型的构建过程如下。

1. 样本数据归一化

设样本集为 $\{x^*(i,j)|i=1,2,\cdots,n;j=1,2,\cdots,p\}$，其中 $x^*(i,j)$ 表示第 i 个样本的第 j 个指标值，为消除各指标值的量纲和统一各指标值的变化范围，采用式（13-1）进行归一化处理：

$$x(i,j) = \frac{x^*(i,j) - x_{\min}(j)}{x_{\max}(j) - x_{\min}(j)} \quad (13-1)$$

其中，$x_{\min}(j)$、$x_{\max}(j)$ 分别为样本中第 j 个指标值的最小值和最大值。

2. 构造投影指标函数

投影寻踪方法就是把 p 维数据 $\{x(i,j)|j=1,2,\cdots,p\}$ 综合成以 $a=(a(1),a(2),\cdots,a(p))$ 为投影方向的一维投影值 $z(i)$，具体公式如下：

$$z(i) = \sum_{j=1}^{p} a(j) \times x(i,j) \tag{13-2}$$

然后根据 $\{z(i)|i=1,2,\cdots,n\}$ 的一维散布图进行分类。式（13-2）中 a 为单位长度向量。在综合投影值时，要求投影值 $z(i)$ 的散步特征为：局部投影点尽可能密集，最好凝聚成若干个点团，而在整体上各个投影点团间尽可能散开。据此，投影指标函数可构造为

$$Q(a) = S_z D_z \tag{13-3}$$

其中，S_z 为投影值 $z(i)$ 的标准差；D_z 为投影值 $z(i)$ 的局部密度。即

$$S_z = \sqrt{\frac{\sum_{i=1}^{n}(Z_i - \bar{Z})^2}{n-1}} \tag{13-4}$$

$$D_z = \sum_{i=1}^{n}\sum_{j=1}^{n}(R - r_{ij})u(R - r_{ij}) \tag{13-5}$$

其中，$\bar{Z}$ 为序列 $\{z(i)|i=1,2,\cdots,n\}$ 的平均值；R 为局部密度的窗口半径，一般可取值为 0.1；r_{ij} 表示样本之间的距离，$r_{ij} = |r(i) - r(j)|$；$u(t)$ 为一单位阶跃函数，当 $t \geq 0$ 时，其值为 1，当 $t < 0$ 时，其值为 0。

3. 优化投影指标函数

当各指标值的样本集给定时，投影指标函数 $Q(a)$ 只随着投影方向 a 的变化而变化，可以通过求解投影指标函数最大化问题来估计最佳投影方向：

$$\begin{aligned} Q_{\max}(a) &= S_z D_z \\ \text{s.t.} \quad &\sum_{j=1}^{p} a^2(j) = 1 \end{aligned} \tag{13-6}$$

13.2.2 冷链物流系统金融风险模型构建与分析

根据 13.1 节 HAZOP 的初步分析结果，本节将利用投影寻踪模型对冷链物流系统金融风险进行更加深入的研究。在总结现有文献并向从事金融工作的专业人员进行咨询的基础上，本节将核心企业的两大风险、中小企业的财务管理风险合并为企业风险；将供应商的安全监管风险归为操作风险，并补充了组织管理、人员素质、信息传递、交通运输等二级风险指标；同时，将金融机构抵押风险细分为四个质押物风险，且添加了客户资信风险，从而将冷链物流系统金融风险的 5 个一级指标进一步划分为 19 个二级指标，每个二级指标根据风险强度不同划分为四个层次。通过德尔菲法，得到风险评价度量矩阵，如表 13-4 所示。

表 13-4　风险评价度量矩阵

风险内容	一级指标	二级指标	很大	较大	一般	很小
冷链物流系统金融风险	企业风险	核心企业信用风险	0.2	0.3	0.3	0.2
		核心企业仓储风险	0.3	0.4	0.2	0.1
		中小企业管理风险	0.2	0.2	0.4	0.2
	操作风险	组织管理风险	0.1	0.1	0.4	0.4
		人员素质风险	0.1	0.1	0.4	0.4
		安全监管风险	0.2	0.3	0.3	0.2
		信息传递风险	0.2	0.3	0.3	0.2
		交通运输风险	0.3	0.4	0.2	0.1
	质押物风险	质押物投保风险	0.1	0.3	0.4	0.2
		质押物合法性	0.1	0.2	0.6	0.1
		质押物自然属性	0.1	0.2	0.5	0.2
		仓单风险	0.1	0.3	0.3	0.3
	环境风险	法律风险	0.0	0.2	0.5	0.3
		政策风险	0.0	0.2	0.4	0.4
		市场风险	0.1	0.3	0.4	0.2
		环保风险	0.1	0.3	0.3	0.3
	客户资信风险	客户信用状况	0.1	0.3	0.4	0.2
		客户经营能力	0.1	0.3	0.3	0.3
		客户发展能力	0.1	0.2	0.3	0.4

遵循投影寻踪模型的分析步骤，采用式（13-1）对上述度量值矩阵进行归一化处理，可得建模矩阵，如表 13-5 所示。

表 13-5　建模矩阵

风险内容	一级指标	二级指标	很大	较大	一般	很小
冷链物流系统金融风险	企业风险	核心企业信用风险	0.0000	1.0000	1.0000	0.0000
		核心企业仓储风险	0.6667	1.0000	0.3333	0.0000
		中小企业管理风险	0.0000	0.0000	1.0000	0.0000
	操作风险	组织管理风险	0.0000	0.0000	1.0000	1.0000
		人员素质风险	0.0000	0.0000	1.0000	1.0000
		安全监管风险	0.0000	1.0000	1.0000	1.0000
		信息传递风险	0.0000	1.0000	1.0000	0.0000
		交通运输风险	0.6667	1.0000	0.3333	0.0000
	质押物风险	质押物投保风险	0.0000	0.6667	1.0000	0.3333
		质押物合法性	0.0000	0.2000	1.0000	0.0000
		质押物自然属性	0.0000	0.2500	1.0000	0.2500
		仓单风险	0.0000	1.0000	1.0000	1.0000

续表

风险内容	一级指标	二级指标	很大	较大	一般	很小
冷链物流系统金融风险	环境风险	法律风险	0.0000	0.4000	1.0000	0.6000
		政策风险	0.0000	0.5000	1.0000	1.0000
		市场风险	0.0000	0.6667	1.0000	0.3333
		环保风险	0.0000	1.0000	1.0000	1.0000
	客户资信风险	客户信用状况	0.0000	0.6667	1.0000	0.3333
		客户经营能力	0.0000	0.3333	0.6667	1.0000
		客户发展能力	0.0000	1.0000	1.0000	1.0000

将归一化后的样本序列代入式（13-2）～式（13-6），利用 MATLAB 软件进行计算，得到最佳投影方向为

a^*（0.2530，0.2597，0.1582，0.1946，0.1616，0.1481，0.2222，0.2403，0.2362，0.1295，0.1295，0.2330，0.1103，0.1067，0.1699，0.1678，0.1409，0.1694，0.2272）

满足式（13-6）中的约束条件，故可得 19 个指标的具体权重为

w =（0.0877，0.0905，0.0389，0.0558，0.0436，0.0371，0.0580，0.0785，0.0640，0.0350，0.0350，0.0780，0.0319，0.0168，0.0516，0.0499，0.0361，0.0501，0.0615）

通过指标权重的计算结果发现，权重相对较大的 4 个二级指标为：核心企业仓储风险＞核心企业信用风险＞交通运输风险＞仓单风险。可见，在开展冷链物流金融业务时，核心企业信用及仓储风险对冷链物流金融业务的影响最大，需要特别关注核心企业的发展动态变化。此外，交通运输风险和仓单风险对于冷链物流系统金融业务也有显著影响。这是因为冷链产品是一种特殊的质押物，其市场价值具有很高的不确定性，所以冷链物流企业需要多加关注冷链产品的储存及运输情况，可以雇佣专业人才对冷链设施设备进行管理，从而有效降低仓储风险。

13.3 冷链物流系统金融风险控制

本节选取风险权重前两位的核心企业仓储风险及信用风险，利用保护层分析法分别对两种情况下的保护措施展开分析，并判断其有效性。

13.3.1 保护层分析法

保护层分析主要是在 HAZOP 识别偏差后采取的防护措施，并且能够量化保护层对风险弱化的程度。该技术是一种半定量的风险评价方法，它的引入可以改

善在 HAZOP 中存在的不能定量识别风险的不足。此外，与其他定量风险技术相比，它是一种更易操作的系统分析方法。

在分析冷链物流系统金融风险时，事故后果严重程度的划分是根据冷链物流企业对风险的评估来制定的。通过走访南京地区的冷链物流企业，与企业的负责人进行深入交流，本书得到了关于冷链物流系统风险评估的一手资料，对收集到的资料进行整理、归纳，得到风险等级划分表和事故发生频率表，如表 13-6、表 13-7 所示。

表 13-6 风险等级划分表

风险等级	分值	描述	需要的行动	改进建议
IV级风险	15~25	严重风险	必须通过专门措施限期将风险降低到Ⅱ级或以下等级	制订专门的方案降低风险等级
Ⅲ级风险	10~14	高度风险	应当通过专门措施限期将风险降低到Ⅱ级或以下等级	制订专门的方案降低风险等级
Ⅱ级风险	5~9	中度风险	依据实行成本决定是否采取措施	开展个案评估，检验现有控制措施是否有效
Ⅰ级风险	1~4	低度风险	不需要采取措施来降低风险	可以适当考虑提高安全水平

表 13-7 事故发生频率表

频率等级	每年发生次数
1	$1.0\times10^{-7} \sim 1.0\times10^{-6}$
2	$1.0\times10^{-6} \sim 1.0\times10^{-5}$
3	$1.0\times10^{-5} \sim 1.0\times10^{-4}$
4	$1.0\times10^{-4} \sim 1.0\times10^{-3}$
5	$1.0\times10^{-3} \sim 1.0\times10^{-2}$
6	$1.0\times10^{-2} \sim 1.0\times10^{-1}$
7	$1.0\times10^{-1} \sim 1.0$

13.3.2 冷链物流系统金融风险控制措施有效性分析

根据事故发生频率表，计算未减轻事件发生频率，结合 LOPA 法对冷链物流系统金融风险中的核心企业信用及仓储风险进行集成分析，结果如表 13-8、表 13-9 所示。

表 13-8 基于核心企业金融风险分析的 LOPA 报告

事故场景	后果严重程度	始发事件描述及频率	中间事件描述	后果事件描述及频率
核心企业发生信用风险	高	资金管理水平不高,利用优势采取利己行为,1.0×10^{-1}	核心企业经营规模大,信用往往会被放大	其他中小企业资金紧张,供应链断裂,1.0×10^{-1}
核心企业发生仓储风险	高	冷链商品具有时效性强、储存条件严苛等特点,储存不当导致产品变质,1.0×10^{-1}	储存温度达不到特定要求	商品发生交互感染、受潮现象,影响商品质量,1.0×10^{-1}

表 13-9 集成分析

事故场景	未减轻事件			独立防护层措施		减轻事件			建议措施
	频率	频率等级	风险等级	描述	频率	频率	频率等级	剩余风险等级	
核心企业发生信用风险	1.0×10^{-2}	6	III	提高资金管理水平	1.0×10^{-3}	1.0×10^{-5}	3	II	不必增加额外的安全措施
核心企业发生仓储风险	1.0×10^{-2}	6	IV	改善仓储条件	1.0×10^{-2}	1.0×10^{-4}	4	III	需要增加额外的安全措施

通过对核心企业信用及仓储风险进行 LOPA,核心企业信用风险为III级风险,这种高风险事件超出了企业可以承担的能力范围。然而,由于在设计过程中相应保护措施的积极实施,事件发生频率大大降低,而且风险等级也从III级降至II级,使得企业可从容应对此类风险。因此,核心企业信用风险事件无须提供额外保护措施。

相比核心企业信用风险,仓储风险更为严重,风险等级高达IV级,且采取相应保护措施后,事件发生频率依然没有降低,风险等级位于III级,企业仍无法承受风险。由此可见,企业还需采取额外的安全措施以确保业务正常运营。

13.4 本章小结

本章首先回顾了国内外相关学者对冷链物流系统金融风险的研究成果,发现现有文献对于冷链产品的研究很少。为填补这一空白,首先,本章结合特定的冷链物流产品,利用 HAZOP 和德尔菲法总结了冷链物流系统的金融风险,并得出初步研究结论;其次,运用了投影寻踪模型对风险指标进行排序;最后,选取核心企业的仓储及信用风险进行 LOPA 相关风险控制分析。本章只是对风险权重所占较大的两个风险指标开展了定量研究,在今后的研究中还可以对其余风险指标进行 LOPA。

参 考 文 献

[1] Buzacott J A, Zhang R Q. Inventory management with asset-based financing. Management Science, 2004, 50(9): 1274-1292.
[2] 李莉, 苑德江, 车静. 我国物流金融风险评价体系研究. 物流技术, 2010, 29 (13): 51-54.
[3] 李电生, 员丽芬. 基于物流金融模式的中小型企业融资风险评价研究. 技术经济与管理研究, 2010, (1): 62-64.
[4] Shi R L, Guo C X. The game analysis on risks of logistics enterprises participate in logistics finance. Advanced Materials Research, 2011, 335-336: 1039-1043.
[5] 曲卫涛. HNZY 公司物流金融风险防范策略. 物理工程与管理, 2011, 33 (9): 41-43.
[6] 储雪俭, 胥丽莉. 基于信息不对称的物流金融风险缓释探讨. 江苏商论, 2011, (12): 81-83.

第 14 章　冷链物流系统合作伙伴选择

　　冷链物流系统的良好运行离不开上下游企业间的相互配合,而合作伙伴的选择往往因信息的不确定性等因素存在较大的风险。考虑到单个方法的优缺点,本章运用犹豫层次分析法与云模型相结合的方式,对冷链物流系统上游产品供应商设立指标进行评价,接着运用数据包络分析与层次分析法相结合的方式,对下游第三方冷链物流服务商进行选择分析,为冷链物流系统合作伙伴的选择提供指导方法。

14.1　冷链物流系统合作伙伴评价方法

14.1.1　引言

　　生活水平的提高使得人们对乳制品、海鲜、果蔬等产品的需求与日俱增,借此机遇,冷链物流进入了一个快速发展的时期。冷链物流的运行离不开上游产品供应商、中游配套服务企业及下游第三方冷链物流服务商之间的相互衔接,然而上下游企业间往往存在为赢得合同、压低价格而降低产品质量等问题,因此,通过建立合作伙伴关系最大限度地提高用户满意水平,通过增加产品的价值以实现"双赢",越来越成为大家的共识[1]。而作为连接上游产品供应商和下游第三方冷链物流服务商的纽带,冷链物流企业为了给予消费者更高的产品质量和更好的服务体验,往往会选择更专业的产品供应商及第三方冷链物流服务商作为合作伙伴。然而合作伙伴的选择因信息的不完全及不确定存在着风险,因此,对合作伙伴的评价和选择就显得尤为重要。选择愿景相近的合作伙伴,可以让冷链物流系统中的企业都能集中优势资源开展自己的核心业务,从而为买方带来更好的用户体验,推动冷链物流的长远发展。

　　供应链管理的研究始于 20 世纪 80 年代末期,主要集中在供应链与制造商间的战略伙伴关系。在合作伙伴的评价研究方面,Ellram[2]、Stuart[3]、Landeros 等[4]都提出了对供应链合作伙伴关系(supply chain partnership)的不同定义,且都强调了承诺和效力对于双方合作伙伴关系的重要性。1966 年,Dickson 最早开始系统地研究合作伙伴评价问题,提出了 23 项评价合作伙伴的准则,并对它们进行了重要性排序[5]。Weber 等则以 Dickson 的 23 项准则为基础,深入分析了 1967 年~1990 年分别从不同角度研究 Dickson 所提出的关于合作伙伴选择原则的 74 篇文献[6]。1997年，Schneider-Stock等对供应链合作伙伴关系进行了较全面的内涵定义：在供应链内部两个或两个以上独立的成员之间形成的一种协调关系，以保证实现某个特定的目标或效益[7]。此后，Achabal等将伙伴关系定义成为了取得整体经营系统即价值链的效率而结成的买卖双方的独占关系[8]。

此外，在合作伙伴的选择方法方面，王浩澂在建立服务商评价指标体系的基础上，使用多层次灰色评价模型对冷链物流合作伙伴进行了选择[9]。同时，层次分析法（AHP）也是用来选择供应链合作伙伴的常见方法，例如，洪伟民等[10]、赵娜等[11]、庞洋等[12]在层次分析法的基础上，均加入了数据包络分析法（DEA）来对供应链上的合作伙伴进行选择。刘晓菊等[13]、胡军[14]与俞燕等[15]则将模糊数学与AHP相结合，用以处理合作伙伴选择过程中的不确定性因素。孙珊珊在分析电子商务企业合作伙伴时，使用在AHP上发展而来的网络分析法以求得各层次间的混合权重，并加入了相关度指标，从而保证了伙伴合作的可行性[16]。吴隽等则基于证据推理及粗集理论，对供应链合作伙伴选择的方法展开了研究，得到更符合实际合作伙伴选择的评价结论[17]。

通过对上述文献梳理可见，学者多从定性角度分析如何评价合作伙伴，缺乏严谨的定量分析，未充分考虑评价时信息的主客观性；同时，现有研究多从定量角度分析合作伙伴的选择方法，较少考虑定性分析的全面性优势。因此，本章以冷链物流系统风险为基础，从定性与定量相结合的视角出发，对冷链物流企业在评价与选择合作伙伴的内容展开风险治理研究。具体地，本章将运用犹豫层次分析法与云模型相结合的方式，对上游产品供应商设立指标进行评价，运用数据包络分析与层次分析法相结合的方法，对下游第三方冷链物流服务商进行选择，进而为冷链物流企业的合作伙伴评价与选择提供方法论指导。

14.1.2 合作伙伴评价方法

冷链物流企业作为冷藏供应链中的核心企业，它的上游合作伙伴主要是产品供应商，下游的主要合作伙伴是第三方冷链物流服务商。产品供应商所提供的产品质量的好坏以及第三方冷链物流服务商的作业质量，都能在很大程度上决定了顾客对冷链物流企业所提供的产品的评价以及顾客的回头消费率，因而选择可靠的合作伙伴在冷链物流系统中非常重要。

本章主要对合作伙伴的评价方法展开研究。常见的合作伙伴评价方法有灰色关联分析法、遗传算法、神经网络分析法、线性权重法、模糊综合评价法、云模型等，本节选择的是将犹豫层次分析法与云模型结合的综合方法，考虑层次分析法在处理多目标规划时带有的模糊性，利用云模型来对层次分析法进行改进具有较大的客观性，从而能够避免评价时的模糊性，使评价结果更加客观、合理。

1. 云模型描述

1995年,我国工程院院士李德毅教授首次提出云模型概念,这种建立在模糊数学和概率统计基础上的新型方法能够实现确定和不确定的功能互换[18],将定性(定量)概念转变为定量(定性)数值。

(1) 云定义。设所研究论域为 U, $U=\{x_1,x_2,\cdots,x_m\}$,用 C 表示定量论域 U 上的定性概念。若定量值 x 是 C 上的一次随机实现,x 对 C 的确定度 $\mu(x)\in[0,1]$ 则是具有稳定倾向性的随机数,即 $\mu:U\to[0,1],\forall x\in U,x\to\mu(x)$。

论域 U 既可以是一维的又可以是多维的,对于任意一个定量值 $x\in U$,x 到区间[0,1]属于"一对多"的映射,同时 x 对定性概念 C 的确定度不是一个固定的数值,而是一个概率分布。确定度类似于模糊集合的隶属度,反映了模糊性,同时这个值自身也是随机值,可以用其概率分布函数来描述。因此,云将模糊性和随机性有机地结合起来了,正态云(cloud)即可定义为 x 在论域 U 上的分布,每一个称为一个"云滴"。

(2) 云的数字特征。云模型主要依靠三个数值,即期望、熵、超熵来计量某个概念。

期望:云滴在论域区间中分布的期望,也是云滴的重心位置,代表定性概念的一个量值。

熵:最开始是由德国数学家 Rudolf 在 1854 年提出的一个热力学概念,指的是体系的混乱程度。在这里,熵表示一个定性概念可被度量的范围,熵越大,概念越宏观,即可被度量的范围越广。

超熵:熵的未知性的度量,是熵的熵,表示样本的随机性以及在论域空间上所有表示语言值云滴的离散程度。超熵的大小与云层的厚度和离散度成正比关系。

综合风险云,简称综合云,是虚拟云的一种。综合云可对若干个基云进行合并,综合成一个更广义的语言值,更适用于相关性强的指标之间的融合,且合并后的云的覆盖范围更广泛。本书具体运用层次分析法二级指标权重,得到了综合云的数字特征值:

$$E_x = \frac{E_{x_1}W_1 + E_{x_2}W_2 + \cdots + E_{x_n}W_n}{W_1 + W_2 + \cdots + W_n} \tag{14-1}$$

$$E_n = \frac{W_1^2}{W_1^2 + W_2^2 + \cdots + W_n^2} \times E_{n_1} + \cdots + \frac{W_n^2}{W_1^2 + W_2^2 + \cdots + W_n^2} \times E_{n_n} \tag{14-2}$$

$$H_e = \frac{W_1^2}{W_1^2 + W_2^2 + \cdots + W_n^2} \times H_{e_1} + \cdots + \frac{W_n^2}{W_1^2 + W_2^2 + \cdots + W_n^2} \times H_{e_n} \tag{14-3}$$

由此得到云模型的主要覆盖范围是 (E_x-3E_n,E_x+3E_n),进而可以根据评语集的云模型表达数字特征,确定综合风险的风险级别。

（3）云发生器。云发生器（cloud generator），即云生产算法，是定性与定量之间的联系工具。云发生器按照功能可分为正向云发生器和逆向云发生器。正向云发生器是指输入云的3个数字特征（期望，熵，超熵）与想要生成的云滴数，通过正向云这个向前的过程，输出每一个云滴在论域 U 中的坐标及所表示概念的确定度，其原理如图14-1所示。与正向云发生器相反，逆向云发生器是输入符合某一种分布规律的云滴，输出该云模型对应的3个数字特征（期望，熵，超熵），其原理如图14-2所示。

图14-1　正向云发生器　　　　　　图14-2　逆向云发生器

2. 云模型转换

根据指标资料的特点，将评价程度分为极差、较差、中等、较好与极好。而云的期望最能代表定性概念的值，正好对应各级中心值，在此基础上按照云定义对风险度论域进行均匀划分。

云模型转换首先得出确定评价指标权重。在权重分析与权重评估的建模中，传统的AHP是通过专家对各层次因素之间进行两两比较，并采用1~9的标度进行打分，但该方法主观性较强，因为其权重分配一般根据专家个人的经验、知识以及定性的规范来确定。但是，由于问题相似性或决策者自身的主观原因，当遇到两个类似的选项时，不得不考虑决策者不能决断的情况。为此，朱斌基于传统的AHP引入了犹豫偏好的概念，用概率分布描述犹豫偏好，并将其运用到AHP之中，提出了犹豫层次分析法（H-AHP）[19]。H-AHP适用于当决策者在选择、判断决策的过程中犹犹豫豫做不了决断的情况，在此情况下，H-AHP对决策者的多个可能值的偏好信息进行描述，并且不需要集成或修改，这些可能值就能够提高其排序结果的准确性[20]。

引入H-AHP对产品供应商的评价指标进行评估的原理，是根据评价指标之间彼此相对重要的程度来构建概率型犹豫型偏好关系（P-HMPR），随后应用Monte Carlo模拟方法计算同层次元素对上一层次某元素相对重要性的权重，再根据权重大小进行排序，层层比较，从底层结构开始对方案各层的权重进行排序，直到获得综合排序权值，最终获取各指标的权重。

3. 构建概率型犹豫积型偏好关系

对于一个控制属性，将决策问题分解，构造从上到下的结构层次（包括控制层、属性层和方案层），每一层次还可包含子层次。对一个集合 $X = \{x_1, x_2, \cdots, x_n\}$，

假设决策者对 X 中元素进行两两比较,然后给出概率型犹豫偏好信息,根据专家意见构造概率型犹豫积型偏好关系 $Y=(y_{ij})_{n\times n}$。其中 $y_{ij}=\left(y_{ij}^{(l)}p_{ij}^{(l)}\big|l=1,\cdots,|y_{ij}|\right)$,$|y_{ij}|$ 是 y 中可能值的数量,y_{ij} 表示 x_i 对 x_j 的偏好度,且满足 $y_{ij}^{(l)}p_{ij}^{(l)}=1$,$y_{ii}=1$,$|y_{ij}|=|y_{ji}|$,$p_{ij}^{(l)}=p_{ji}^{(l)}$,$i,j=1,2,\cdots,n$。

$$y_{ij}^{\rho(l)} \leqslant y_{ij}^{\rho(l+1)}, \quad i<j \tag{14-4}$$

其中,$y_{ij}^{\rho(l)}$ 为 y_{ij} 的第 ρ 个可能值;$p_{ij}^{\rho(l)}$ 为 $y_{ij}^{\rho(l)}$ 的概率。

根据产品供应商评估指标体系,基于 1~9 标度,邀请相关专家以属性层中的每一个属性为支配元素进行两两比较,给出犹豫偏好信息,并依据评估结果来构造概率型犹豫积型偏好关系。

首先要对概率型犹豫积型偏好关系进行一致性检验。在概率分布 p_{ij} 的基础上,从 y_{ij} 中随机选择 $y_{ij}^{(l)}$,可以得到一个 MPR $Y^{(l)}=(y_{ij}^{(l)})_{n\times n}$。$Y^{(l)}$ 的一致性指标,表现为 $\text{GCI}_{Y^{(l)}}=(y_{ij}^{(l)})_{n\times n}$,而根据行几何平均法,对于 MPR $Y^{(l)}=(y_{ij}^{(l)})_{n\times n}$,方案 x_i 的排序值 ω_i 为 $Y^{(l)}$ 中的行元素的几何平均数:

$$\omega_i = \frac{\left(\prod_{j=1}^{n} y_{ij}^{(l)}\right)^{\frac{1}{n}}}{\sum_{i=1}^{n}\left(\prod_{j=1}^{n} a_{ij}\right)^{\frac{1}{n}}} \tag{14-5}$$

Aguaron 曾提出用几何一致性指标(GCI)在排序值 ω_i 基础上,检验 $Y^{(l)}$ 的一致性水平:

$$\text{GCI}_{Y^{(l)}} = \frac{2}{(n-1)(n-2)}\sum_{i<j}\log_2 e_{ij}, \quad e_{ij} = \frac{y_{ij}^{(l)}\omega_j}{\omega_i} \tag{14-6}$$

再令 Y 为一个犹豫偏好空间,则 Y 的期望集合的一致性指标可以这样定义:

$$E(\text{GCI})_Y = \left(\prod_{i,j=1}^{n}\frac{1}{|y_{ij}|}\right)\sum_{Y}\text{GCI}_{Y^{(l)}} \tag{14-7}$$

要得出 $E(\text{GCI})_Y$,则需使用 Monte Carlo 模拟方法,计算各概率型犹豫积型偏好关系的几何一致性指标,如果 $E(\text{GCI})_Y \leqslant \text{GCI}^{(n)}$,则 Y 是满足一致性的;反之,则不一致。

14.1.3 产品供应商评价指标

本节的产品供应商评价研究以生鲜食品为例。与其他食品相比,生鲜类食品具有易腐、易烂、易损耗、运输要求苛刻等特点,因而在选择生鲜食品供应商时,生鲜产品的品质是生鲜食品冷链物流企业评价生鲜供应商的关键要素，以此来满足消费者对生鲜农产品新鲜度、营养价值、卫生等方面的要求[21]。

供应商合作伙伴关系是供应链合作伙伴关系的首要环节[22]。本节在生鲜食品供应商评价要素识别的基础上，首先构建生鲜食品供应商的评价指标体系，随后引入犹豫层次分析法与云模型，研究建立冷藏供应链中生鲜食品供应商的评价模型，进而根据销售商与消费者对生鲜食品供应商的要求，将生鲜食品供应商的评价指标细分为3个方面：质量、价格与交付能力。

1. 质量指标

随着消费者生活质量的提高，在购买生鲜产品时，消费者越来越重视食品所富含的营养价值与安全卫生状况。毫无疑问，高质量的生鲜能够赢得更多的市场。生鲜食品的品质主要包括生鲜产品新鲜度及其营养价值、生物和化学危害检查合格率、生鲜在其运输过程中的损耗率以及商品的合格率[23]。

（1）食品新鲜度。食品新鲜度能够反映生鲜食品的新鲜程度，主要根据经验定性判断。

（2）食品营养价值。食品营养价值是指食物中的成分和能量能够满足人体营养需要的程度。

（3）生物和化学危害检测合格率。生物和化学危害检测合格率是指对商品细菌、病毒等微生物危害，农药、兽药残留、添加剂等化学性危害，以及食品杂质等物理性危害的检测合格数。

（4）食品合格率。食品合格率＝合格生鲜食品的数量/全部生鲜食品的数量。

（5）商品损耗率。商品损耗率＝损耗商品数量/全部商品数量。

2. 价格指标

由于生鲜产品运输过程与一般普通商品的运输过程存在巨大差异，因而压缩成本以降低价格始终是冷链物流企业提高自身竞争力，扩大市场份额的重要手段之一[24]。价格指标具体包括商品自身的内在价格与外在价格，二级指标如下：

（1）相对价格竞争力。相对价格竞争力反映生鲜食品供应商的产品价格与市场同类商品相比的优劣情况，用某种生鲜食品的价格和该生鲜食品的市场平均价格的比值表示。

（2）数量折扣。数量折扣即企业大批量购买某一种商品，供应商所能给予的折扣。

（3）付款方式。付款方式具体包括付款期限和提前付款折扣，同时还包括若供应商要求提前付款，则应给平台企业一定的价格折扣。

（4）运输费用。运输费用指一定数量的商品每一公里所需要支付的费用。

3. 交付能力指标

随着电子商务和物流的蓬勃发展,消费者对响应速度的要求越来越高,供应商的交付能力会直接影响到冷链物流企业对顾客的响应速度和购买数量。交付能力指标所设二级指标如下:

(1) 订单满足率。订单满足率即实际订单交付数量与总确认订单数的比值。

(2) 准时交货率。准时交货率即按时交货的商品的批次与订单确认的交货商品总批次的比值。

(3) 供货柔性。供货柔性指供应商在食品品种、数量品种和时间等方面的灵活处理情况。

14.1.4 实例分析

某生鲜食品冷链物流企业在采购生鲜食品时,需要对 4 个供应商进行评价,其通过设定多个评价指标,选择最合适的生鲜供货商。指标信息如表 14-1 所示。

1. 指标权重的确定

基于 1~9 的标度,邀请 5 名冷链物流领域专家根据表 14-1 的指标属性信息,两两比较,给出犹豫偏好信息。

表 14-1 生鲜产品供应商评价指标体系

一级指标	二级指标	指标属性
商品质量 B_1	商品新鲜度 C_1	越大越好
	商品营养价值 C_2	越大越好
	生化危害检查合格率 C_3	越大越好
	商品合格率 C_4	越大越好
	商品损耗率 C_5	越小越好
价格 B_2	相对价格竞争力 C_6	越小越好
	数量折扣 C_7	越大越好
	付款方式 C_8	越大越好
	运输费用 C_9	越小越好
交付能力 B_3	订单满足率 C_{10}	越大越好
	准时交货率 C_{11}	越大越好
	供货柔性 C_{12}	越大越好

根据专家的评估结果,构建概率型犹豫积型偏好关系。专家对一级指标商品质量 B_1、价格 B_2 与交付能力 B_3 的评分如表 14-2 所示。

表 14-2 关于准则层的概率型犹豫积型偏好关系

准则层	B_1	B_2	B_3
B_1	1	(4, 5)	7
B_2	(1/4, 1/5)	1	2
B_3	1/7	1/2	1

在行几何平均法(GRMM)的基础上,利用 Monte Carlo 模拟方法,从相对重要性的角度出发,计算同层次的元素对于其上层某元素的排序权值,再从结构底层的方案层开始对上一层次中元素集成整个方案的排序权值,直到获得方案层对控制属性的综合排序权值。相关指标及其权重如表 14-3 所示。

表 14-3 各级指标及其权重

一级指标	权重	二级指标	权重
商品质量 B_1	0.728	商品新鲜度 C_1	0.490
		商品营养价值 C_2	0.107
		生化危害检测合格率 C_3	0.215
		商品合格率 C_4	0.134
		商品损耗率 C_5	0.054
价格 B_2	0.177	相对价格竞争力 C_6	0.543
		数量折扣 C_7	0.192
		付款方式 C_8	0.149
		运输费用 C_9	0.116
交付能力 B_3	0.096	订单满足率 C_{10}	0.622
		准时交货率 C_{11}	0.253
		供货柔性 C_{12}	0.125

2. 确定评价值及指标云

根据 4 个生鲜供应商本身的运营情况、管理方式与绩效等级,邀请 12 位本公司的项目主管以及熟悉物流行业的从业者与专家,对这 12 个二级指标进行逐一打分。总分是 100,每隔 20 为一个等级,一共分为极差(0~20)、较差(20~40)、中等(40~60)、较好(60~80)与极好(80~100) 5 个等级,分数属于哪个等级区间,则按所在区间对应的等级作为评语。4 个生鲜食品供应商的等级指标评语如表 14-4 所示。

表 14-4 生鲜食品供应商二级指标评语

指标层	供应商一	供应商二	供应商三	供应商四
C_1	极好	较好	较差	极差
C_2	较好	中等	较差	较差
C_3	中等	中等	较好	较差
C_4	较好	较差	较好	中等
C_5	极差	极差	较差	较好
C_6	较好	中等	中等	较好
C_7	较差	中等	极好	中等
C_8	较好	较好	较好	较好
C_9	中等	较好	较好	较好
C_{10}	较好	中等	极好	中等
C_{11}	较好	中等	较好	较差
C_{12}	中等	极好	极好	较好

在正向云发生器的基础上,利用云模型的三个数字特征 (E_x, E_n, H_e) 对评价集 V=(极低,较低,中等,较高,极高) 进行评价。评价的指标分为两种:一种指标值是越小越好,另一种指标值是越大越好,需要根据它们不同的特点,分别提出云评价模型。

第一种:越大越好型指标。评价集 V_L=(极高,较高,中等,较低,极低) 所对应的取值区间分别是 (80,100)、(60,80)、(40,60)、(20,40)、(0,20)。对应云模型分别是

$$\begin{aligned}
&\mathrm{SC}\upsilon_{L1}(100, 6.67, 0.1) | x \leqslant E_x \\
&\mathrm{SC}\upsilon_{L1}(70, 3.33, 0.1) \\
&\mathrm{SC}\upsilon_{L1}(50, 3.33, 0.1) \\
&\mathrm{SC}\upsilon_{L1}(30, 3.33, 0.1) \\
&\mathrm{SC}\upsilon_{L1}(0, 6.67, 0.1) | x \geqslant E_x
\end{aligned} \quad (14\text{-}8)$$

第二种:越小越好型指标。评价集 V_S=(极高,较高,中等,较低,极低) 所对应的取值区间分别是 (0,20)、(20,40)、(40,60)、(60,80)、(80,100),对应云模型分别是

$$SCv_{S1}(0,6.67,0.1)|x \geqslant E_x$$
$$SCv_{S1}(30,3.33,0.1)$$
$$SCv_{S1}(50,3.33,0.1) \quad (14\text{-}9)$$
$$SCv_{S1}(70,3.33,0.1)$$
$$SCv_{S1}(100,6.67,0.1)|x \leqslant E_x$$

对于评价集中的双边约束评语：较差、中等、较好，其表达公式为

$$\begin{cases} E_x = \dfrac{a+b}{2} \\ E_n = \dfrac{b-a}{6} \\ H_e = k \end{cases} \quad (14\text{-}10)$$

对于单边约束评语：极好、极差，可以让其单边界作为默认期望值，其表达公式为

$$\begin{cases} E_x = a \text{或} b \\ E_n = \dfrac{b-a}{3} \\ H_e = k \end{cases} \quad (14\text{-}11)$$

3. 云模型的期望修正

在得到云模型的三个数字特征期望 E_x、熵 E_n 与超熵 H_e 后，考虑到分指标权重对 E_x 的放大作用，应根据指标的权重大小调整并修正其 E_x，使修改后的期望 $\text{modify}(E_{x_i}) \leqslant 100$，且更能表达指标对综合评价的贡献率。

$$\text{modify}(E_{x_i}) = \min(W_i \times m \times E_{x_i}) \leqslant 100 \quad (14\text{-}12)$$

其中，E_{x_i} 是第 i 个指标云模型 SC_i 的期望值；W_i 是第 i 个指标的权重；m 是指标的总个数。

4. 综合评价的云计算

针对一级指标与二级指标的不同特征，二级指标选用浮动云算法：

$$\begin{cases} E_x = \dfrac{E_{x_1}W_1 + E_{x_2}W_2 + \cdots + E_{x_n}W_n}{W_1 + W_2 + \cdots + W_n} \\ E_n = \dfrac{W_1^2}{W_1^2 + W_2^2 + \cdots + W_n^2} \times E_{n_1} + \cdots + \dfrac{W_n^2}{W_1^2 + W_2^2 + \cdots + W_n^2} \times E_{n_n} \\ H_e = \dfrac{W_1^2}{W_1^2 + W_2^2 + \cdots + W_n^2} \times H_{e_1} + \cdots + \dfrac{W_n^2}{W_1^2 + W_2^2 + \cdots + W_n^2} \times H_{e_n} \end{cases} \quad (14\text{-}13)$$

而一级指标选用综合云算法：

$$\begin{cases} E_x = \dfrac{E_{x_1}E_{n_1}W_1 + E_{x_2}E_{n_2}W_2 + \cdots + E_{x_n}E_{n_n}W_n}{E_{n_1}W_1 + E_{n_2}W_2 + \cdots + E_{n_n}W_n} \\ E_n = E_{n_1}W_1 n + E_{n_2}W_2 n + \cdots + E_{n_n}W_n n \\ H_e = \dfrac{H_{e_1}E_{n_1}W_1 + H_{e_2}E_{n_2}W_2 + \cdots + H_{e_n}E_{n_n}W_n}{E_{n_1}W_1 + E_{n_2}W_2 + \cdots + E_{n_n}W_n} \end{cases} \quad (14\text{-}14)$$

根据式（14-13）和式（14-14），可得出主要覆盖范围是$(E_x - 3E_n, E_x + 3E_n)$的云模型，随后根据评价集的云模型来评定等级。据表14-4中一级指标和二级指标的评语获得评价集的期望E_x、熵E_n、超熵H_e，随后结合评价权重修订云重心，综合指标值得到生鲜食品供应商评价指标在市场变化下的云模型的数字特征值。

供应商1：$SC_1 = (72.889, 15.549, 0.1)$

供应商2：$SC_2 = (50.781, 10.205, 0.1)$

供应商3：$SC_3 = (38.241, 10.971, 0.1)$

供应商4：$SC_4 = (26.876, 15.482, 0.1)$

5. 指标评价云模型的生成

根据正向云发生器的生成方法，构建指标评价的云模型图，具体步骤如下。

第一步：生成正态随机数n，其中以E_n为期望，H_e^2为方差；

第二步：生成正态随机数x，其中以E_x为期望，E_n^2为方差；

第三步：计算$\mu(x_i) = e^{-\dfrac{(x_i - E_x)^2}{2(E_{n_i})^2}}$；

第四步：重复以上步骤，直到产生所需的第n个云滴为止。

由上述计算步骤可得到满足要求的期望E_x、熵E_n、超熵H_e的正态云分布图，如图14-3所示。

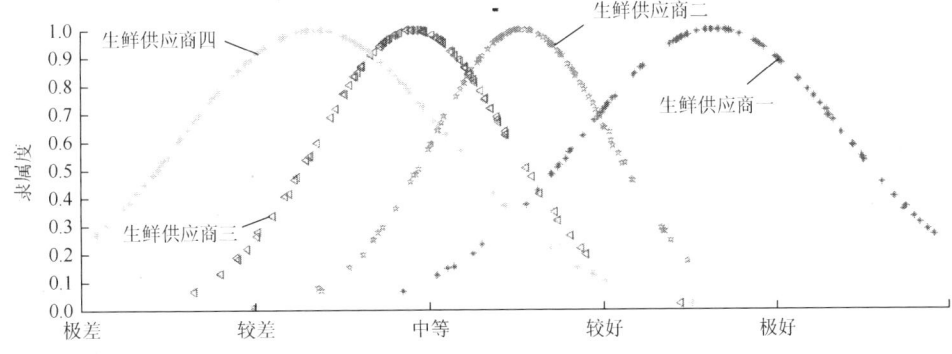

图14-3 四个生鲜食品供应商的评价云分布图

6. 评价结果分析

E_x 表现了专家意见的集中趋势,而由 E_n 和 H_e 所确定的云滴的离散程度则体现了开展评价工作过程中的不确定性。供应商一在市场变化背景下的云模型元素大都落于较好评价和极好评价区间内,由此可以将供应商一的评价等级归为较好;供应商二的云模型评价区间元素大多在中等评价和较好评价内,所以供应商二的评价等级为中等偏上;供应商三的评价元素大都位于中等评价和较差评价区间内,可认为供应商三的综合评价等级为较差;供应商四的主要评价大多位于较差评价范围,所以供应商四的综合评价等级为较差。

根据图 14-3 并结合生鲜食品供应商的评价指标分析可知,供应商一的评价在候选的 4 个生鲜供应商中最好,应成为冷链物流企业优先选择的供应商。云模型将定量的数据用图形和语言的方式来表达,同时结合之前的评价指标可知,同指标下生鲜食品供应商一所供应的食品最为新鲜,并且损耗率最低,而且综合食品营养价值高、相对价格竞争力高、订单满足率高等,能够作为评价最好的合作伙伴。可见,云模型不仅可以反映客观世界中概念的模糊性和随机性,还能将两者结合起来利用直观的云图方式呈现评价效果,这为企业供应商的评价开拓了新的思路。

14.2 冷链物流系统合作伙伴选择方法

由于生鲜食品易腐易坏的特性,它的运输与流通需要始终处于规定的低温环境之中,从产地收获或采摘后,以及在后续的加工、运输、仓储、搬运和配送的过程,各个环节都必须紧密连接以防止食物变质或营养流失,因而冷链物流企业在其服务与业务处理过程中对设施设备与人员操作都有极高的要求。冷链物流企业为节约成本,集中资源发展自己的主营优势业务,往往会选择将自己辅助业务外包给能够提供完整冷链服务的第三方冷链物流服务商。面对良莠不齐的服务商,如何选择合适的冷链外包公司已成为冷链物流企业的燃眉之急。

第三方冷链物流服务商作为冷链物流系统的下游合作企业,承担了整个供应链中最重的责任。作为直接面对消费者的企业,它的设备基础、人员技术、服务质量都非常重要。与评价方法一样,目标服务商的选择方法也分为定性与定量两种,定性方法中较多使用的有直观判断法、招标法与协商选择法,定量方法有采购成本比较法、ABC 成本法、层次分析法及神经网络算法等,本节在对第三方冷链物流服务商的选择上使用的是层次分析法与数据包络分析结合的方法。

14.2.1 基于 DEA 与 AHP 的冷链物流企业合作伙伴选择方法

企业合作伙伴的选择方法有很多，但 DEA 与 AHP 结合的方法可以让完全依赖于客观指标数据的 DEA 利用 AHP 考虑到决策者的偏好，从而更合理地对评价方案进行评价。

1. DEA

DEA 是一种使用数学规划模型比较决策单元间的相对效率，进而对决策单元进行评价的方法[25]。企业开展生产活动的目的是经济效益的最大化，想要产出一定数量的产品，就需要投入一定的生产要素，如资金、厂房、技术、人员等，这个投入产出的过程称为决策单元（diesel multiple unit, DMU）。DMU 可以是企业，也可以是个人，只要是同类型的主体即可。DEA 能够评价各 DMU 间的相对有效性，适用于多输入尤其是多输出问题的有效性评价，并被广泛利用在投入产出效率的分析中。

DEA 的原理是根据被评价对象的"输入"数据，如生产要素等越小越好的指标，以及"输出"数据，如产出数量、质量和利润等越大越好的指标，求得有效生产前沿面。若评价对象在前沿面上则其规模或技术有效，反之则无效。

2. AHP

1937 年，AHP 由美国运筹学家 Satty 提出，其是一种针对多目标的，将定性分析与定量分析相结合的决策分析方法。AHP 的最大特点是在处理复杂的多目标问题时，将行为科学与系统科学结合在一起，让决策者能够根据自身经验用 9 个标度量化自己的判断。AHP 的基本步骤如下。

（1）建立递阶层次结构模型。将各因素按照隶属关系分成自上到下的 3 个层次，即目标层、准则层与方案层。通常最高层只有一个，即决策的目标；准则层作为目标达到与否的衡量标准，可以有准则、子准则等多层；最下面一层则为众多的备选方案。目标层支配准则层，准则层可以支配下一级的子准则层，方案层则受与之对应的上层准则支配，从而构成从上到下的递阶层次结构。

（2）比较判断矩阵 A 的构造。建立层次结构后的首要任务是确定各准则对目标以及各方案对每个准则的权重。面对难以比较或量化的准则层，可用两两比较的方式来计算其对目标的权重。具体方法是每次取一个准则 C_i 与另一个准则 C_j 相比较，比值为 a_{ij}，全部比较完后用矩阵 $A=(a_{ij})$ 表示，a_{ij} 的大小通常由 9 个标度来表示，矩阵 A 则称为准则层的比较判断矩阵。随后可按照同样的方法构造出各方案对上一层中每个准则的比较判断矩阵。

(3)单准则排序。通过计算求出矩阵 A 的最大特征值 λ_{max} 和特征向量 W，经归一化处理（向量中各元素之和为 1），即可得到各准则对各方案的排序权重向量。

(4)一致性检验。

第一步：定义一致性指标 C.I.，$C.I. = \dfrac{\lambda_{max} - n}{n - 1}$，其中，$n$ 是矩阵的阶数。

第二步：找出平均随机一致性指标 R.I.，其具体数值如表 14-5 所示。

表 14-5　平均随机一致性指标

n	1	2	3	4	5	6	7	8	9	10	11
R.I.	0.00	0.00	0.58	0.90	1.12	1.24	1.32	1.41	1.45	1.49	1.51

第三步：计算一致性比率 C.R.，$C.R. = \dfrac{C.I.}{R.I.}$。当 C.R. < 0.1 时，一致性检验通过，则可用其归一化特征向量作为权向量。

(5)层次总排序及一致性检验。计算各层元素对总目标的合成权重，即层次总排序，并对整体进行一致性检验。

3. DEA/AHP 两阶段分析法

基于 DEA 与 AHP 各自的优缺点，本节选择了 DEA 与 AHP 相结合的方式进行合作伙伴的选择。DEA 的有效性与否通过 DMU 的输入输出数据来判定，而 AHP 的应用能够避开冷链物流系统中存在的多层次的复杂结构，对于决策单元的评价来说，是一种客观的方法。但是，权重的可变性不能解决全部 DMU 的排序问题，而只能解决 DMU 的相对有效性问题，因而需要将 DMU 划分为有效和无效两类。AHP 可以通过最大特征根和特征向量的大小对不同单元进行排序，但其指标间两两比较的相对重要程度由主观决定，所以排序结果在客观性方面仍存在欠缺。

C^2R 的线性规划模型如下：

$$h_{j0} = \max \dfrac{\sum\limits_{r=1}^{s} \mu_r y_{rj0}}{\sum\limits_{i=1}^{m} v_i x_{ij0}} \tag{14-15}$$

其中，x_{ij} 是第 j 个决策单元在 i 项的输入值；y_{rj} 是第 j 个决策单元在 r 项输出值；μ_r 是第 r 个输出数的权数；v_i 是第 i 个输出数的权数；h_{j0} 是第 $j0$ 个 DMU 的效率值。

$$\text{s.t.} \begin{cases} \dfrac{\sum\limits_{r=1}^{s} \mu_r y_{rj}}{\sum\limits_{i=1}^{m} v_i x_{ij}} \leqslant 1, & j=1,2,\cdots,n \\ v_i \geqslant 0, \quad \mu_r \geqslant 0 \\ i=1,2,\cdots,m, \quad r=1,2,\cdots,s \end{cases} \quad (14\text{-}16)$$

式（14-16）是一个分式规划，可利用 C^2 转换为等价线性规划，如式（14-17）所示：

$$h_{j0} = \max \sum_{r=1}^{s} \mu_r y_{rj0}$$

$$\text{s.t.} \begin{cases} \sum\limits_{i=1}^{m} v_i x_{ij} - \sum\limits_{r=1}^{s} \mu_r y_{rj} \geqslant 0, & j=1,2,\cdots,n \\ \sum\limits_{i=1}^{m} v_i x_{ij0} = 1 \\ v_i \geqslant 0, \quad \mu_r \geqslant 0, \quad i=1,2,\cdots,m, \quad r=1,2,\cdots,s \end{cases} \quad (14\text{-}17)$$

4. 利用 DEA/AHP 两阶段分析法综合评价冷链物流企业

以 DEA 方法构造的成对比较矩阵由客观效率的比值构成，计算结果的依据是多输入、多输出的指标，正好弥补了 AHP 中专家的主观性；另外，这种方法也不用对矩阵进行比较，进行一致性检验。DEA 方法主要分为两个步骤。

第一步，运用 DEA 方法对每一对 DMU 进行有效性分析。首先，每次有效性分析仅把两个 DMU 纳入考虑的范围；其次，以第一阶段计算结果为依据，建立成对比较矩阵，在 AHP 的基础上，计算所有 DMU 的全排序值。

假设有 n 个第三方冷链物流服务商参与竞争，每个供应商有两类指标，有 m 个输入指标和 s 个输出指标。x_{ij} 是第 j 个第三方冷链物流服务商的第 i 项的输入量，y_{rj} 表示第 j 个第三方冷链物流服务商的第 r 项输出值。随机选出 2 个第三方冷链物流服务商作为例子，用数据包络分析法求出这 2 个第三方冷链物流服务商的有效值。h_{11} 是目标函数 PL_1 的最优解、h_{12} 是 PL_2 的最优解。

$$h_{11} = \max \sum_{r=1}^{s} \mu_r y_{r1}$$

$$PL_1 \text{ s.t.} \begin{cases} \sum\limits_{i=1}^{m} v_i x_{ij} - \sum\limits_{r=1}^{s} \mu_r y_{rj}, & j=1,2,\cdots,n \\ \sum\limits_{i=1}^{m} v_i x_{i1} = 1 \\ v_i \geqslant 0, \quad \mu_r \geqslant 0 \\ i=1,2,\cdots,m, \quad r=1,2,\cdots,s \end{cases} \quad (14\text{-}18)$$

$$h_{12} = \max \sum_{r=1}^{s} \mu_r y_{r2}$$

$$\text{PL}_2 \text{ s.t.} \begin{cases} \sum_{i=1}^{m} v_i x_{i2} - \sum_{r=1}^{s} \mu_r y_{r2} \geqslant 0 \\ h_{11} \sum_{i=1}^{m} v_i x_{i1} - \sum_{r=1}^{s} \mu_r y_{r1} = 0 \\ \sum_{i=1}^{m} v_i x_{i2} = 1 \\ v_i \geqslant 0, \quad \mu_r \geqslant 0 \\ i = 1, 2, \cdots, m, \quad r = 1, 2, \cdots, s \end{cases} \quad (14\text{-}19)$$

同理，能够计算得出 h_{22} 与 h_{21}，对于 DMU_1 和 DMU_2 的效率比为

$$a_{12} = \frac{h_{11} + h_{12}}{h_{22} + h_{21}} \quad (14\text{-}20)$$

对 n 个第三方冷链物流服务商的两两效率比值公式：

$$a_{ij} = \frac{h_{ii} + h_{ij}}{h_{jj} + h_{ji}}, \quad a_{ji} = \frac{i}{a_{ij}} \text{ 且 } a_{ii} = 1 \quad (14\text{-}21)$$

第二步，利用 AHP 进行排序。根据上一步对比中的 DEA 求得两两比较判断矩阵 $A = [a_{ij}]_{n \times n}$，利用 AHP 计算出最大特征值 $\lambda_{\max}$ 和特征向量 $\omega(A\omega = \lambda\omega)$。随后对特征向量进行排序，排列在第 n 位的 ω 就是第 n 个 DMU 的优先度。

14.2.2 实例分析

某生鲜食品冷链电商企业 A，主营业务为通过电商平台销售生鲜食品，如乳制品、海鲜、水果等。为集中资金，提高核心业务水平，A 企业决定将产品的运输、存储与配送外包给拥有专业冷藏设备和技术的第三方冷链物流服务商。现假设有 5 家服务商可供选择，其基本数据如表 14-6 所示。

表 14-6 基本数据表

合作伙伴	单位价格/元	单位装卸时间/h	相对地理距离/km	完好率	准时率	准确率	网点覆盖率
1	335	5.4	47	0.84	0.87	0.12	0.07
2	265	1.4	8	0.99	1.00	0.33	0.24
3	305	2.9	20	0.93	0.94	0.23	0.15
4	310	3.4	37	0.89	0.85	0.19	0.12
5	280	3.7	33	0.94	0.92	0.25	0.20

1. 构造输入输出指标

上面 7 个指标可以分为两类,即投入指标与产出指标。投入指标包括单位价格、单位装卸时间和相对地理距离,产出指标包括完好率、准时率、准确率和网点覆盖率。

(1) 单位价格。第三方冷链物流服务商提出的每一单位商品或服务的合同报价。

(2) 单位装卸时间。在生鲜食品转运的过程中,装卸、搬运速度的快慢决定了生鲜食品在常温环境中暴露的时间的长短,因此,冷链生鲜食品企业对第三方冷链物流服务商的装卸、搬运时间有更加严格的要求。

(3) 相对地理距离。每个冷链外包服务商到生鲜电商仓库的距离。

(4) 完好率。生鲜食品在服务商的运输、储存与配送过程中,由于外在环境等客观因素或操作不当等主观因素,无可避免地会发生损耗,如生鲜食品的碰撞、摩擦、腐烂、变质等,为了衡量第三方冷链服务商在物流作业过程中对生鲜产品的保存保管情况,设置了完好率指标:

$$完好率 = \frac{完好交货数量}{总交货量} \times 100\%$$

(5) 准时率。第三方冷链物流服务商在规定时间内准时提货、发货、交货的概率。

$$准时提货率 = \frac{按照要求准时提货的次数}{总提货次数} \times 100\%$$

$$准时发货率 = \frac{按照要求准时发货的次数}{总提货次数} \times 100\%$$

$$准时交货率 = \frac{按照要求准时交货的次数}{总提货次数} \times 100\%$$

(6) 准确率。第三方冷链物流服务商对生鲜食品电商企业所提要求的达成程度:

$$订单处理准确率 = \frac{准确处理订单的次数}{总订单数} \times 100\%$$

(7) 网点覆盖率。第三方冷链物流服务商在一定地理范围内可提供的服务的比率。

2. 运用数据包络分析法建立数学模型

根据表 14-5,利用单纯形法求解:

$$h_{11} = \max(0.84\mu_1 + 0.87\mu_2 + 0.12\mu_3 + 0.07\mu_4)$$

$$\text{s.t.} \begin{cases} 335v_1 + 5.4v_2 + 47v_3 - 0.84\mu_1 - 0.87\mu_2 - 0.12\mu_3 - 0.07\mu_4 \geqslant 0 \\ 265v_1 + 1.4v_2 + 8v_3 - 0.99\mu_1 - \mu_2 - 0.33\mu_3 - 0.24\mu_4 \geqslant 0 \\ 335v_1 + 5.4v_2 + 47v_3 = 1 \\ v_i \geqslant 0, \quad i = 1,2,3 \\ \mu_r \geqslant 0, \quad r = 1,2,3,4 \end{cases} \quad (14\text{-}22)$$

求得 $h_{11} = 0.6882$。同理：

$$h_{21} = \max(0.99\mu_1 + \mu_2 + 0.33\mu_3 + 0.24\mu_4)$$

$$\text{s.t.} \begin{cases} 265v_1 + 1.4v_2 + 8v_3 - 0.99\mu_1 - \mu_2 - 0.33\mu_3 - 0.24\mu_4 \geqslant 0 \\ 0.6882(335v_1 + 5.4v_2 + 47v_3) - 0.84\mu_1 - 0.87\mu_2 - 0.12\mu_3 - 0.07\mu_4 \geqslant 0 \\ 265v_1 + 1.4v_2 + 8v_3 = 1 \\ v_i \geqslant 0, \quad i = 1,2,3 \\ \mu_r \geqslant 0, \quad r = 1,2,3,4 \end{cases} \quad (14\text{-}23)$$

求得 $h_{21} = 1$。

因此，供应商 1 和供应商 2 的效率比分别为

$$a_{12} = \frac{h_{11} + h_{12}}{h_{22} + h_{21}} = \frac{0.6882 + 0.6882}{1 + 1} = 0.6882$$

$$a_{21} = \frac{1}{a_{12}} = 1.435$$

3. 构造比较矩阵

通过计算，易得如下各供应商间的比较矩阵：

$$\begin{bmatrix} 1 & 0.6882 & 0.8426 & 0.9471 & 0.7904 \\ 1.453 & 1 & 1.224 & 1.301 & 1.113 \\ 1.187 & 0.8167 & 1 & 1.062 & 1 \\ 1.056 & 0.7685 & 0.9416 & 1 & 1 \\ 1.265 & 0.8986 & 1 & 1 & 1 \end{bmatrix}$$

随后利用层次分析法进行排序，在符合相应要求的前提下，可以用"和法"计算排序权向量 ω，其步骤如下。

第一步：将比较矩阵按列归一化；

第二步：将归一化后的矩阵按行加总；

第三步：将加总后的向量再归一化，即得所求特征向量 w，

$$w = [0.1681 \quad 0.2399 \quad 0.1996 \quad 0.1883 \quad 0.2039]^T$$
$$Aw = [0.8400 \quad 1.2006 \quad 0.9991 \quad 0.9422 \quad 1.0202]^T$$

第四步：求得矩阵 A 的最大特征值 $\lambda_{\max}$，

$$\lambda_{\max} = \frac{1}{n}\left(\frac{(Aw)_i}{w_i}\right) = \frac{1}{5}\left(\frac{0.8400}{0.1681} + \frac{1.2006}{0.2399} + \frac{0.9991}{0.1996} + \frac{0.9422}{0.1883} + \frac{1.0202}{0.2039}\right) = 5.0028$$

第五步：对矩阵 A 利用指标 C.I. 进行一致性检验，

$$\text{C.I.} = \frac{\lambda_{\max} - n}{n - 1} = 0.0007$$

第六步：计算一致性比例 $\text{C.R.} = \frac{\text{C.I.}}{\text{R.I.}} < 0.1$，因而可以接受判断矩阵的一致性。

4. 选择服务商

5 个第三方冷链物流服务商的评价值依次是 0.1681、0.2399、0.1996、0.1883、0.2039，可以看出服务商 2 的评价值最大，服务商 3 和服务商 5 的评价值居中，服务商 1 和服务商 4 的评价值最低，说明服务商 2 的综合实力最强，被选中的概率也最大。

5. 选择结果分析

通过用数据包络分析法来比较提供相似服务的第三方冷链物流服务商，不仅可以全面地考虑多种资源的运用和多种服务的产生，还能够清晰地说明投入和产出的哪个组合更优，更符合选择标准。作为核心企业，为了最大限度地避免因冷链断裂所造成的经济损失，优先考虑第三方冷链物流服务商的设备设施是否符合本企业的客观需要，但在同等设备条件下，第三方冷链物流服务商的柔性服务就显得很重要。本例中完好率、准时率、准确率、单位装卸时间等指标是第三方冷链物流服务商对客户的承诺，这些指标并非能够以金钱衡量，第三方冷链物流服务商没有完善的管理监督制度、绩效考核制度或企业文化，往往这些指标的水平不尽如人意，所以，核心企业看重并选择的是第三方冷链物流服务商的内外在共同的服务。

14.3 本章小结

冷链物流合作伙伴的好坏决定了整个供应链上企业的效率和利润，因而对合作伙伴的评价与选择显得尤为重要。本章以生鲜食品为例，在建立冷链物流企业对生鲜供应商的评价指标体系的基础之上，利用犹豫层次分析法及云模型相结合的方式，对实例中的生鲜供应商进行了评价；同时，还通过数据包络分析法与层次分析法相结合的两阶段综合分析法构建了选择模型,通过案例对第三方冷链物流服务商进行了选择并验证了其有效性。通过上述分析可以得到以下结论:

(1) 供应商评价是供应链管理中的一个重要环节,合理地选择供应商将直接影响到企业成本、服务柔性及市场竞争力[26]。食品质量、价格以及交付能力是评价生鲜供应商最重要的三个一级指标,也是衡量供应商是否值得合作的三个最基础的准则。生鲜食品的新鲜度、相对价格竞争力和订单满足率也是生鲜食品冷链物流企业衡量生鲜供应商的重要标准。

(2) 在对第三方冷链物流服务商的选择中,本章利用个体案例进行分析。通过数据包络分析可知,数据包络分析法在研究多服务商间的相对有效性,即决策实施的效果可形象地通过数学模型模拟出来。根据此方法,企业可以合理地选择合作伙伴。在冷链物流的服务作业中,为了最大限度地避免冷链断裂对生鲜食品质量造成的影响,核心企业看中的不应仅是冷藏物流设备设施等硬性条件,更重要的还应对企业的软实力进行全面考察,如在装卸搬运过程中第三方冷链物流服务商是否在温度、时间等的控制上有严格要求。

参 考 文 献

[1] 马新安,张列平,冯芸. 供应链合作伙伴关系与合作伙伴选择. 工业工程与管理,2000,5 (4):33-36.

[2] Ellram L M. A managerial guideline for the development and implementation of purchasing partnerships. International Journal of Purchasing and Materials Management,1991,27 (2):2-8.

[3] Stuart F I. Supplier partnerships: Influencing factors and strategic benefits. International Journal of Purchasing and Materials Management,1993,29 (3):21-29.

[4] Landeros R,Reck R,Plank R E. Maintaining buyer-supplier partnerships. Journal of Supply Chain Management,1995,31 (2):2-12.

[5] Dickson G W. An analysis of vendor selection systems and decisions. Journal of Purchasing,1966,2 (1):5-17.

[6] Weber C A,Current J R,Benton W C. Vendor selection criteria and methods. European Journal of Operational Research,1991,50 (1):2-18.

[7] Schneider-Stock R,Walter H,Radig K,et al. Supply chain partnerships: Opportunities for operations research. European Journal of Operational Research,1997,101 (3):419-429.

[8] Achabal D D,Mcintyre S H,Smith S A,et al. A decision support system for vendor managed inventory. Journal of Retailing,2000,76 (4):430-454.

[9] 王浩澂. 冷链物流合作伙伴的选择. 物流科技,2012,35 (6):106-109.

[10] 洪伟民,刘晋. 基于DEA/AHP法的供应链合作伙伴综合评价. 商业研究,2006,(21):9-11.

[11] 赵娜,祝海梅,陈焕标,等. 基于AHP和DEA的港口供应链合作伙伴选择. 水运工程,2009,(3):57-59+121.

[12] 庞洋,韩飞. 供应链合作伙伴选择综合评价分析与AHP应用. 牡丹江师范学院学报(哲学社会科学版),2014,(6):31-33.

[13] 刘晓菊,曾建潮. 基于AHP和模糊方法的供应链合作伙伴的评价与选择. 太原科技大学学报,2004,(2):81-86.

[14] 胡军. 基于AHP-Fuzzy算法的供应链合作伙伴选择研究. 物流科技,2008,31 (1):75-77.

[15] 俞燕,黄文胜. 基于 AHP 及模糊综合评价的供应链合作伙伴选择模型探讨. 中国管理信息化,2009,12(16):80-82.
[16] 孙珊珊. 基于网络分析法的电子商务企业合作伙伴选择评价. 对外经贸,2014,(5):114-116.
[17] 吴隽,张剑英,任丽娟. 基于证据推理与粗集理论的供应链合作伙伴选择方法研究. 中国软科学,2005,(3):130-133.
[18] 李德毅,杜鹢. 不确定性人工智能. 北京:国防工业出版社,2005.
[19] 朱斌. 基于偏好关系的决策方法及应用研究. 南京:东南大学,2014.
[20] 宋晨阳,张韧. 基于犹豫层次分析和云模型的我国沿海军港气候变化影响与风险评估. 军事运筹与系统工程,2016,30(2):75-80.
[21] 王亚赛. 生鲜供应商选择与评价. 物流工程与管理,2016,38(7):175-176.
[22] 代小春. 供应链管理的合作伙伴关系研究. 重庆:重庆大学,2002.
[23] 宋宝娥,朱文茵,李晓明. 基于 TOPSIS 法的超市生鲜食品供应商选择模型研究. 食品与机械,2013,(4):223-228.
[24] 夏慧玲,林小芳. 基于熵组合权和 TOPSIS 法相结合的连锁超市生鲜商品供应商选择. 企业改革与管理,2014,(21):74-77.
[25] 王莹. 第四方物流供应商选择分析. 大连:大连海事大学,2010.
[26] 马士华,林勇,陈志祥. 供应链管理. 北京:机械工业出版社,2000.

第15章　冷链物流系统预测与预警

伴随冷链物流系统的迅速发展，冷链物流系统运营中事故频发，对冷链物流系统运营风险的预测与预警的研究，显得至关重要。本章首先建立风险预测指标，运用马尔可夫链与贝叶斯网络结合的方式，对冷链物流系统的运营风险展开预测；然后运用 ANP 法与灰色模糊评价结合的方式，对冷链物流系统运营风险进行预警；最后针对预测与预警的结果，对冷链物流系统运营中的风险提出防范与控制对策。

15.1　冷链物流系统运营风险的预测

15.1.1　引言

随着生活水平的提高及国家在冷链物流方面不断出台利好政策，冷链物流迅速发展，但冷链物流运行成本高且经营环境复杂多变，系统运行过程中往往在流通加工、运输、仓储等环节存在各种各样的风险，这大大制约了冷链物流的发展。此时，对冷链物流系统进行预测与预警，使得冷链物流企业在风险发生时能够采取及时且恰当的防范措施，则显得尤为重要。通过对运营风险进行预测与预警，有利于降低冷链物流系统在运行中风险发生的概率，更好地推动冷链物流的健康发展。

在风险预测方面，Son 等将供应链看作一个马尔可夫过程，运用概率状态方程来对多级串联供应链的可靠性进行了分析求解[1]。Engel 等则报道了基于本体模型的冷链物流环境的上下文感知方法的可能组合[2]。杨玮等指出贝叶斯网络是一种将概率和图论知识相结合，广泛应用于风险的原因分析和预测的一种方法[3]。王双成等研究了贝叶斯网络中变量的最优预测问题，提出对贝叶斯网络中的任一变量进行预测时，联合概率是最优的预测[4]。陈洪根运用故障树及贝叶斯网络相结合的方式，建立了食品供应链安全风险预测模型，为食品供应链安全监管提供参考建议[5]。李柯等则建立了基于贝叶斯网络的应急物流风险预测模型，为降低应急物流风险提供全新的思路[6]。在风险预警方面，李志伟等运用简单加权法和灰色理论，对物流信息系统网络进行研究，通过验证发现该方法对系统的变化趋势有一个更好的拟合[7]。Wee 等从农产品品质、种植环境、人员、设备四大方面，采用 BP 神经网络构建果蔬冷链预警模型[8]。张岩等运用灰色预测法分品类预测短期铁路货运量，并将预测结果与回归预测的结果、移动加权平均预测的结果进行比较分析，最后得出运用灰色预测法的预警效果最为接近实际值的结论[9]。藤兴乐等在研究冷链物流安全预警的模型之上，构建了多维度的农产品冷链物流安全预警指标体系，并运用关联函数进行分析验证[10]。Kim 等则提出了冷链物流的智能风险管理框架，即 i-RM，旨在通过预测实时风险管理的概念来适应各种风险状况[11]。

可见，不管是对于风险的预测或是预警，大多数学者都只运用一个方法对风险进行分析，研究方法过于单一；同时，单一的方法在预测或预警时也存在许多不足之处，预测或预警的结果往往需要改进。因此，本章运用马尔可夫链与贝叶斯网络相结合的方式，结合二者的优缺点对冷链物流的运营风险进行预测；同时，运用 ANP 法与灰色模糊评价法相结合的方式，对运营风险展开预警，为冷链物流系统运营中的风险防范提供有效的指导措施。

15.1.2 冷链物流系统运营风险分析

1. 冷链物流系统运营流程

冷链物流系统是指在生产、储藏、运输、销售等各项活动中，商品始终处于受控制的温度环境中，以确保商品质量与安全的一项系统工程[12]。冷链物流系统一般由 5 个环节构成，第一环节是采购，第二环节是流通加工，第三环节是仓储，第四环节是运输，第五环节是销售，这些环节中多多少少都存在若干因素影响冷链物流系统的正常运行，对冷链物流系统的运营造成风险（图 15-1）。

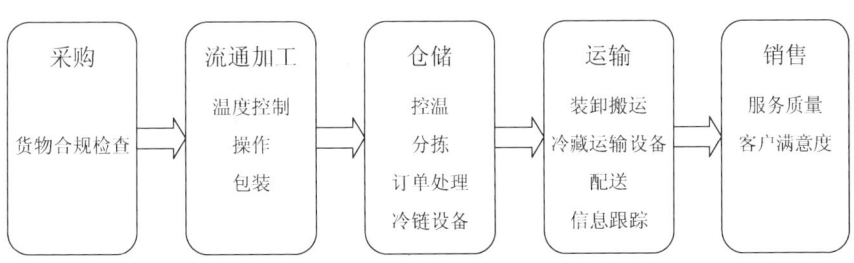

图 15-1 冷链物流系统运营流程图

2. 冷链物流系统运营风险

在冷链物流系统的运营过程中，主要问题存在于流通加工环节、仓储环节、运输环节、销售环节四大方面。流通加工环节中，包装技术落后、温度监控缺失、消毒方式不标准等，导致了产品变质、受污染等问题。仓储环节中，问题主要普遍存在于信息录入错误、装卸搬运不及时、库存积压、专业人才缺乏、温度控制不合规等。在运输环节中，预冷环节缺失、经营分散、运输网络落后与缺乏有效的信息管理系统，是导致我国冷链物流系统成本高、效率低的主要原因。在销售环节中，销售人员的服务水平及态度，给客户的购物体验带来很大程度上的影响。当然，产品的质量是客户最看重的。这一系列的原因，凸显出我国冷链物流系统面临的问题，而行业的短板恰恰是行业发展的机遇。

根据危害分析与关键控制点（HACCP）体系之中的风险来源分析，本章在参考有关学者研究成果的基础上，结合冷链物流系统工作流程，将冷链物流系统运营的风险因素归纳为流通加工、仓储、运输、装卸搬运、销售5个子系统（表15-1），再根据冷链物流系统预测与预警的特点，分别对其归纳各风险指标[13]。

表15-1 冷链物流系统危害分析及关键点确定

物流流程	冷链物流危害分析	关键控制点确定
订单处理	数量、时间、地点有误直接影响整个物流质量	否
流通加工	作业时间过长，操作不符合标准，食品变质、变腐，工作人员操作不符合规定	是
仓储	储藏环境温度过高或时间过长（超出保质期），网络信息反馈不及时，货物囤积	是
运输	覆盖面广、温度控制不当或在途时间过长而导致的食品变质，多种食品交叉感染，运输途中发生自然事故或灾害等不可抗因素	是
装卸搬运	作业环境温度过高，作业时间过长，运输车辆未预冷或预冷未达标，运输温度过高或二次解冻导致微生物超标，作业操作不合理造成货物遗失、破损	是
组织协调	车辆运输调配不合理，导致准时率低，组织人员之间的矛盾冲突，使工作效率低，组织决策的失误，引起整个系统运营效率低下	是
销售	冷链运输装备，作业时间过长造成食品变质，不能在保质期内完成销售，客户投诉率高	是

15.1.3 冷链物流系统运营风险预测方法

本章采用马尔可夫链和贝叶斯网络对运营风险共同进行预测。冷链物流系统运营中的风险有着动态性、反复性的特点，使用马尔可夫链预测能够更好地反映其运营中的风险；而贝叶斯网络能够真正有效地处理不完整数据，因而贝叶斯网络从某种意义上说更加客观，与数据所反映的现实关系也更加密切。

1. 马尔可夫链预测

马尔可夫链预测主要研究一个运行系统的状态和状态的转移，基本方法是用转移概率矩阵进行预测。

若随机过程 $E=\{E_n,n\in N\}$ 满足 $P(E_{t_n}\in A|E_{t_1},E_{t_2},\cdots,E_{t_{n-1}})=P(E_{t_n}\in A|E_{t_{n-1}})$，则称 E 为马尔可夫链（MC），称 $P_{ij}^{(k)}(n)=P\{E_{n+k}=j|E_n=i\}$ 为 E 在时刻 n 的 k 步转移概率，并称 $P^{(k)}$ 为转移概率矩阵。构造统计量 E^2，检验随机过程是否具有马尔可夫性，齐次马尔可夫链 n 步转移概率 $P_{ij}^{(n)}$ 具有以下性质：

$$P_{ij}^{(n)}=\sum_{k\in S}P_{ik}^{(1)}P_{kj}^{(n-1)} \text{ 且 } P^{(n)}=PP^{(n-1)}=P^n \tag{15-1}$$

式（15-1）为 C-K 方程，它表示：马氏链从状态 i 出发经过 n 步转移到状态 j，可以从状态 i 出发，经过 1 步转移到中间状态 k，其中 S 为状态空间。马尔可夫链预测的步骤如下：

（1）对数据进行马尔可夫性检验，若有，则进行步骤（2）；
（2）计算每个指转移概率，并建立数学模型，得到转移概率矩阵；
（3）用初始分布进行预测；
（4）分析预测的结果与误差。

当状态的未来转向难以确定时，需要考虑 2 步或多步转移概率矩阵，则可得出结论：通过马尔可夫链预测结果，可以对现有的风险在一段时间内的转移进行分析，并预测未来一段时间内风险转移的变化情况，以便提前采取措施进行防控。

2. 贝叶斯网络预测

贝叶斯网络包含类似于图模型的有向无回路图，但贝叶斯网络根据数据中变量之间的相关关系来构建图中的变量联系，同时也可以加以主观的介入。网络中的每条边表示指标之间的相互依赖关系，每个节点对应一个条件概率表（CPT），以条件概率表示其关系强弱。

$$P(x_1,x_2,\cdots,x_n)=\prod_{i=1}^{n}P(x_i|\text{Parents}(x_i)) \tag{15-2}$$

由贝叶斯网络预测可知，式（15-2）为贝叶斯网络预测中任意随机变量组合的联合条件概率，其中 Parents 为 x_i 的直接前驱节点的联合。

贝叶斯网络预测的步骤如下：
（1）进行后验分析；
（2）进行贝叶斯网络结构学习；
（3）通过贝叶斯网络做出推断。

3. 两方法融合预测

马氏链应用的基础是无后效性和平稳性，故当环境发生突变时，用此法得到的结果与现实差距较大。因此，通过贝叶斯网络修正转移概率，能使预测结果更吻合现实。而贝叶斯的局限性表现在：一是需要的数据多，分析计算比较复杂，特别是在有大量复杂数据的时候；二是有些数据必须使用主观概率，这导致了其可信度不强。同时，马尔可夫预测是运用马尔可夫链及转移概率矩阵对事件的未来变化趋势进行预测，是纵向预测的方法，而贝叶斯网络得出的是各个基本事件间因果的关系，是截面预测。可见，两方法融合预测能取长补短，得出更全面的预测结果。

两种方法相结合的步骤如下：
（1）检验随机过程的马氏性；
（2）建立贝叶斯网络；
（3）选取初始状态，进行马尔可夫链预测；
（4）将步骤（3）中的预测结果作为证据输入贝叶斯网络中；
（5）学习贝叶斯网络并推断预测。

马尔可夫链中当前状态只与前一状态有关，与其他时刻状态无关，同时状态随着时间转移，当前观测变量由当前状态决定。而贝叶斯网络中每一个节点受制于其父节点（即其上一层指标），独立于其他节点，没有时间序列的概念，节点间是逻辑上确定的因果关系。用贝叶斯网络预测能够使先验知识和复杂数据有机地结合，同时避免了指数复杂性问题。因此，两方法结合，可以使预测的准确度更高。

15.1.4 冷链物流系统风险预测指标体系

本章通过研究冷链物流系统运营中的风险因素，说明其对冷链物流系统运营的影响。根据冷链物流系统运营风险管理实际和文献调研结果，可将预测指标分为1个一层指标，即冷链运营风险，4个二层指标和11个三层指标：①企业资源风险（人力资源风险、资金资源风险、设施设备故障风险）；②仓储风险（信息技术与安全、贮存方式不当、存货周转率低）；③运输风险（事故发生、运输时间延迟、货物损耗）；④协调风险（装卸不及时、信息不对称）。风险预测指标如图15-2所示。

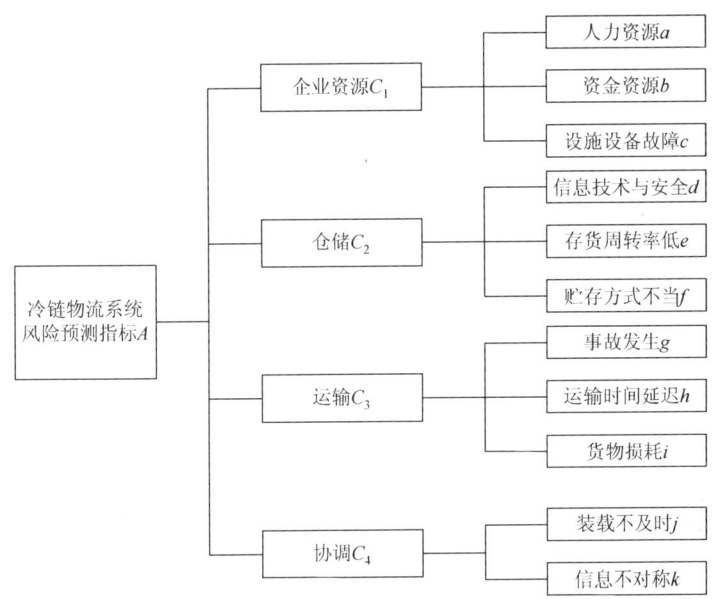

图 15-2 冷链物流运营风险预测指标

15.1.5 实例分析

下面以某物流公司采集到的数据为例进行分析（表 15-2）。在贝叶斯网络中，对一个变量的预测，由父节点提供的信息和条件相互独立的子节点提供的信息组成。图 15-2 中序号表示上层指标与底层指标的关系，即 A 为第一层指标，C_1、C_2、C_3、C_4 为中层指标，a、b、$\cdots$、k 构成的集合为底层指标。如 C_1 表示在企业资源风险与其下层指标，即人力资源（a）、资金资源（b）与设备设施故障（c）之间的关系。其他关系以此类推。

表 15-2 样本数据

日期	a	b	c	d	e	f	g	h	i
1.1	1/4	1/3	2	1	1/3	2	1	1/2	1/2
1.2	1/3	1	2	3	1	3	2	1	1
1.3	1	3	1	1/2	1/3	1	1	1/2	1/2
1.4	1/3	1/2	1	1/2	1/4	2	1/2	1/3	1/3
⋮	⋮	⋮	⋮	⋮	⋮	⋮	⋮	⋮	⋮
6.1	1/2	1	2	1	0	1/3	1	1/2	1/3
6.2	1	1/3	1	1/4	1/3	1	1/2	1/5	1/2

1. 马尔可夫预测

此处运用多元统计分析中的相关分析来确定相关系数并对指标进行筛选，消除冗余指标 j 和 k，将冷链物流系统运营风险预测指标划分为三种状态，即高（high）、中（mid）与低（low）三个状态，并根据各个指标的实际情况确定其状态对应的阈值，如表 15-3 所示。将 E_i 分别定义为矩阵：高 = [100]、中 = [010]、低 = [001]，式（15-3）为初始概率转移矩阵；表 15-4 为风险等级的状态转移表。

$$\begin{bmatrix} P_{11} & P_{12} & P_{13} \\ P_{21} & P_{22} & P_{23} \\ P_{31} & P_{32} & P_{33} \end{bmatrix} \quad (15\text{-}3)$$

表 15-3 阈值

状态	a	b	c	d	e	f	g	h	i
高（high）	[2, +]	[2, +]	[3, +]	[3, +]	[1, +]	[2, +]	[2, +]	[1, +]	[1, +)
中（mid）	[1, 2)	[1, 2)	[2, 3)	[2, 3)	[0, 1)	[1, 2)	[1, 2)	(0, 1)	(0, 1)
低（low）	[0, 1)	[0, 1)	[0, 2)	[0, 2)	0	[0, 1)	[0, 1)	0	0

表 15-4 状态转移表

日期	a	b	c	d	e	f	g	h	i
1.1	low	low	mid	low	low	low	mid	mid	mid
1.2	low	mid	mid	high	high	high	high	high	high
1.3	mid	high	low	low	mid	mid	mid	mid	mid
1.4	low	low	low	low	mid	high	low	mid	mid
⋮	⋮	⋮	⋮	⋮	⋮	⋮	⋮	⋮	⋮
6.1	low	mid	low	low	mid	high	mid	mid	mid
6.2	mid	low	low	low	mid	mid	low	mid	mid

用 X^2 统计量来检验数据是否具有"马尔可夫性"：

$$X^2 = \sum_{m=1}^{m} \sum_{n=1}^{n} f_{ij} \left| \log \frac{P_{ij}}{P_j} \right| \quad (15\text{-}4)$$

使用 MATLAB 软件，统计量 X^2 服从自由度为 $(n-1)^2$ 的 X^2 分布，取显著性水平 $\alpha = 0.05$。经过计算，可知各个指标都具有马尔可夫性。

马尔可夫链预测：状态 E 的初始状态 $V=(V_1,V_2,V_3)$，则预测值的状态与概率转移矩阵相乘，即一步预测的结果：

$$E_{预测值}=VP \tag{15-5}$$

首先根据状态转移表（表 15-4）和式（15-1）计算状态转移概率矩阵 P，选取 1.1～6.2 日测得的数据对下一时间段进行预测，各个指标分别进行 1～10 步预测。经过计算并与实际值对比后，得到第 5 步预测最接近实际值，则采用第 5 步的概率转移矩阵。取 1.3 日作为样本输入，预测 6.2 日的冷链物流系统运营风险的发生概率，然后将预测值与实际值比较分析，如表 15-5 所示。

表 15-5 马尔可夫预测

指标	低（low）	中（mid）	高（high）	预测	实际
a	0.4167	0.5833	0.0000	中	中
b	0.0000	0.0000	0.0000	低	低
c	0.6111	0.3889	0.0000	低	低
d	0.8125	0.0000	0.1875	低	低
e	0.0000	1.0000	0.0000	中	中
f	0.0000	1.0000	0.0000	中	中
g	0.2500	0.7500	0.0000	中	低
h	0.0000	0.8125	0.1875	中	中
i	0.0000	0.8125	0.1875	中	中

预测误差率：22.23%

结果显示，马尔可夫链的预测结果与实际值存在的误差率为 22.23%。比如，在预测事故发生的风险上，75%的概率落入中状态区间，25%的概率为低状态风险，而实际结果为低状态风险。总体上，预测结果与实际值虽有一定的出入，但 b 指标预测结果为 0，换而言之，该指标预测的结果为无风险，而实际中指标 b 风险发生的概率低，由于在 b 指标的阈值中，本书把 0 归纳在低风险状态，因而该风险预测较为粗糙。

2. 贝叶斯网络

统计该企业 1.1～6.2 日各个风险指标处于高、中、低三个状态的频数，并从纵向分别统计各状态在该指标状态总数中的占比，即所占的权重，作为贝叶斯网络的初始概率证据输入其结构中，其模型结构如图 15-3 所示。

运用 Netica 软件预测 6.2 日的结果，如表 15-6 所示。

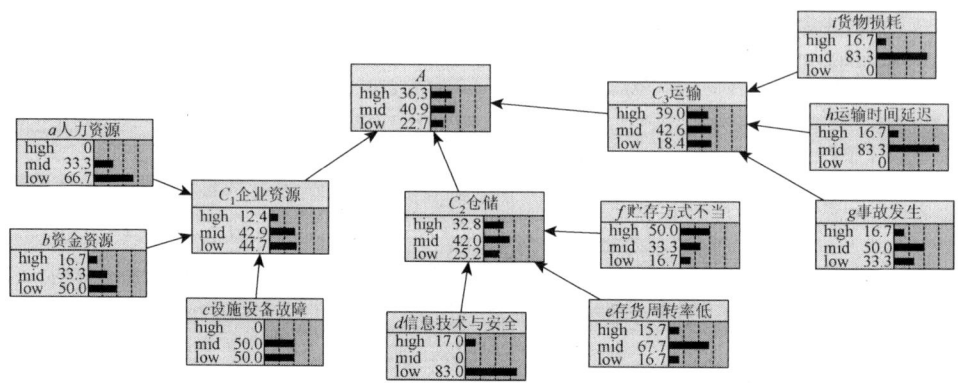

图 15-3 贝叶斯初始模型结构

表 15-6 贝叶斯网络预测

指标	低（low）	中（mid）	高（high）	预测	实际
a	0.730	0.269	0.000	低	中
b	0.600	0.283	0.107	低	低
c	0.560	0.440	0.000	低	低
d	0.917	0.100	0.080	低	低
e	0.180	0.730	0.090	中	中
f	0.170	0.400	0.430	高	中
g	0.380	0.500	0.120	中	低
h	0.010	0.890	0.100	中	中
i	0.000	0.920	0.080	中	中

预测误差率为：33.33%

由此可得，贝叶斯网络预测人力资源为低风险，贮存方式不当为高风险，事故发生为中风险，而事实上，人力资源为中风险，贮存方式不当为中风险，事故发生为低风险。可见，贝叶斯网络预测的结果与实际值有较大出入，误差率为 33.33%。

3. 融合预测

首先，将马尔可夫链的预测结果（表 15-5）作为证据输入贝叶斯网络模型中，其结构模型如图 15-4 所示。

运用贝叶斯网络推理预测，具有"牵一发而动全身"的特点，当一个子节点的状态根据观测信息发生变化时，整个网络结构中的节点都将根据算法更新它的状态概率分布，两方法融合后的结果如表 15-7 所示。

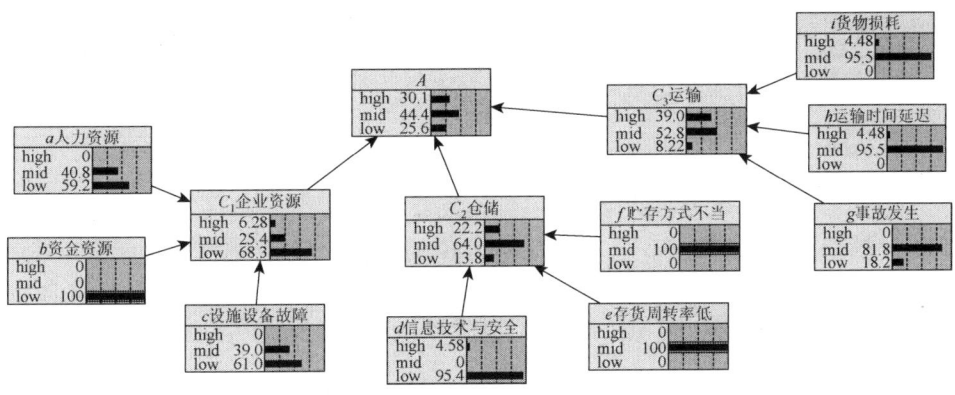

图 15-4 贝叶斯网络图

表 15-7 融合预测

指标	低（low）	中（mid）	高（high）	预测	实际
C_1	0.68	0.26	0.06	低	低
C_2	0.23	0.64	0.13	中	中
C_3	0.20	0.51	0.29	中	中
A	0.31	0.44	0.25	中	中
预测符合率为：99%					

经过计算得到上一层风险的概率。结果表明，预测值与实际值的符合率为 99%。由此可见，马尔可夫链与贝叶斯网络相结合的方法预测精度更高。

通过对比图 15-4 与图 15-3，可以看出，将马尔可夫预测的结果输入模型的三级指标中，一、二级指标的三个状态明显发生了变化。由于融合预测是依据状态划分的标准来确定所处的风险区间，且采用的是二级指标的预测结果，其结果相比马尔可夫链与贝叶斯网络单独预测的结果虽然更接近实际情况，但该方法还存在一些不足，预测结果略为粗糙。

15.2 冷链物流系统运营风险的预警

15.2.1 ANP 方法

冷链物流系统运营风险因素之间具有相互联系和反馈的特点，本书首先采用 ANP 法（网络分析法）确定风险因素的权重；其次，受评价者主观意识、边界模糊等主观因素的影响,加上运营风险具有不完全性和非确定性等灰色特征,构建 ANP-灰色模糊评价法相结合的冷链物流系统运营风险综合评价模型。

1. ANP 法确定风险权重

ANP 方法将系统分为两个部分,即控制层和网络层。控制层分为目标层和准则层,准则层是相互独立的,根据风险因素影响关系来确定风险指标权重,并借助 Super Decision 软件构建 ANP 结构模型。对风险因素权重计算按以下步骤进行:

(1)计算风险属性权重,运用 AHP 法中的两两比较的方法对二级指标进行评判;

(2)分别计算单准则下的各风险因素权重。

主要过程分为以下几步:

(1)建立超矩阵。进行风险因素的相对重要度比较,然后计算其特征向量,即相应的局部权重向量。按式(15-6)建立超矩阵,其中 w_{ij} 表示风险因素类别 R_j 中风险因素受 R_i 类别中因素影响的向量矩阵。

$$W = \begin{bmatrix} w_{11} & w_{12} & \cdots & w_{1n} \\ w_{21} & w_{22} & \cdots & w_{2n} \\ \vdots & \vdots & & \vdots \\ w_{n1} & w_{n2} & \cdots & w_{nn} \end{bmatrix} \quad (15\text{-}6)$$

(2)建立加权矩阵。最后需要进行一致性检验,加权矩阵如式(15-7)所示:

$$S = \begin{bmatrix} s_{11} & s_{12} & \cdots & s_{1n} \\ s_{21} & s_{22} & \cdots & s_{2n} \\ \vdots & \vdots & & \vdots \\ s_{n1} & s_{n2} & \cdots & s_{nn} \end{bmatrix} \quad (15\text{-}7)$$

(3)对式(15-6)和式(15-7)进行加权求解。将超矩阵按式(15-7)进行加权可得到加权超矩阵,并按权重大小进行排序,得到加权超级矩阵 $\overline{W}$:

$$\overline{W} = \begin{bmatrix} a_{11}w_{11} & a_{12}w_{12} & \cdots & a_{1n}w_{1n} \\ a_{21}w_{21} & a_{22}w_{22} & \cdots & a_{2n}w_{2n} \\ \vdots & \vdots & & \vdots \\ a_{n1}w_{n1} & a_{n2}w_{n2} & \cdots & a_{nn}w_{nn} \end{bmatrix} \quad (15\text{-}8)$$

(4)计算多准则风险因素权重。以损失、不可控制性为标准,对各风险因素按第 2 步进行权重向量求解,然后对各准则下的因素权重进行合成并排序,最后对 $\overline{W}$ 做极限超矩阵转换 W^{∞}。

2. 风险预警指标

冷链物流的低效率、高成本成为制约实体经济竞争力提升的重要瓶颈。冷链物流系统的管理主要包括温控设施设备技术、产品链管理、运输网络跟踪、市场监督等方面，在上一节预测的基础上，本节依据指标的相关性、有效性、系统性、客观性等原则，提炼风险预警指标并进行指标的优化，剔除冗余性因子，同时增加了包装和服务两个二级指标。而冷链包装存在着以下三点问题：一是物流包装的浪费和成本问题，二是物流包装标准化问题，三是包装材料和包装设备低劣陈旧的问题。

依据上述方法，以风险涉及范围广、企业损失大、风险发生频繁为主要筛选标准，确定冷链物流行业的预警指标，并建立预警指标模型，如图15-5所示。

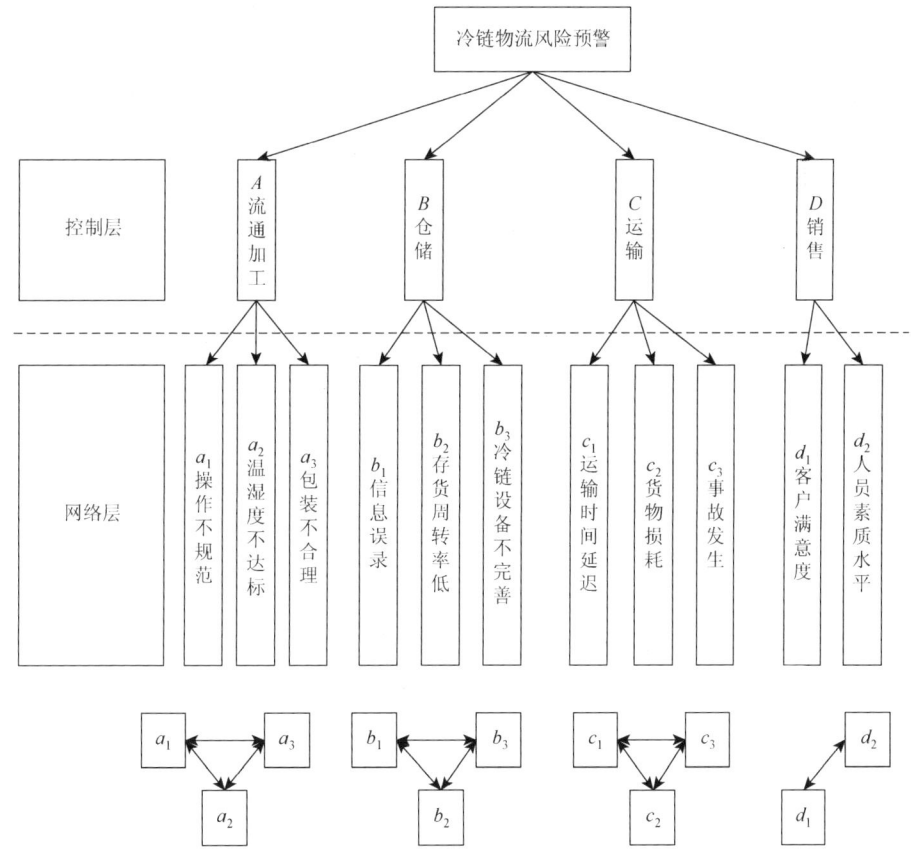

图 15-5　ANP 结构模型

15.2.2　灰色模糊评价模型

1. 灰色预测

灰色系统的预测，是对系统行为特征指标建立一组相互关联的灰色预测模型，预测系统中众多变量间相互协调关系的发展变化。灰色理论是对部分信息已知，部分信息未知或不明确的系统进行定性、定量地研究分析。

灰色预测法通过灰色信息处理技术寻找系统演化过程的规律，同时能有效减少系统内部信息的不确定性。它是对在一定范围内变化的，与时间有关的灰色系统进行预测的方法，预测结果较稳定。

2. 灰色评价矩阵

本节根据上述研究总结，确定风险评价系统。同时运用灰色系统构建模糊评价矩阵，将冷链物流系统运营风险划分为 5 个状态，分别为很高、高、中、低、很低。然后分别赋值量化，取各状态的对应数为 9、7、5、3、1，而 8、6、4、2 则介于各警值之间。由此可确定集合，根据 1～9 标度法构造判断矩阵，A、B、C、D 为二级预警指标，m_i（即 a_i、b_i、c_i、d_i）为三级预警指标。邀请 k 位专家对各个指标进行权重评分，由于专家评分法具有一定的主观性，即灰色性，所以 $V_{m_i k}$ 表示第 k 位专家对评价指标 m_i 评价灰类的样本数据。

利用白化权函数，确定评价灰类，并计算灰色评价矩阵，式(15-9)～式(15-13)分别为其相应的白化权数。

$$f_1(V_{m_i k}) = \begin{cases} 0, & V_{m_i k} \notin [0,10] \\ 1, & V_{m_i k} \in [0,1) \\ \dfrac{10 - V_{ijk}}{9}, & V_{m_i k} \notin [1,10] \end{cases} \quad (15\text{-}9)$$

$$f_2(V_{m_i k}) = \begin{cases} 0, & V_{m_i k} \notin [0,10] \\ \dfrac{1}{3} V_{ijk}, & V_{m_i k} \in [0,3) \\ \dfrac{10 - V_{ijk}}{7}, & V_{m_i k} \notin [3,10] \end{cases} \quad (15\text{-}10)$$

$$f_3(V_{m_i k}) = \begin{cases} 0, & V_{m_i k} \notin [0,10] \\ \dfrac{1}{5} V_{ijk}, & V_{m_i k} \in [0,5) \\ \dfrac{10 - V_{ijk}}{5}, & V_{m_i k} \notin [5,10] \end{cases} \quad (15\text{-}11)$$

$$f_4(V_{m_i k}) = \begin{cases} 0, & V_{m_i k} \notin [0,10] \\ \dfrac{1}{7} V_{ijk}, & V_{m_i k} \in [0,7) \\ \dfrac{10 - V_{ijk}}{3}, & V_{m_i k} \notin [7,10] \end{cases} \quad (15\text{-}12)$$

$$f_5(V_{m_i k}) = \begin{cases} 0, & V_{m_i k} \notin [0,10] \\ \dfrac{1}{9} V_{i,j,k}, & V_{m_i k} \in [0,9) \\ 1, & V_{m_i k} \notin [9,10] \end{cases} \quad (15\text{-}13)$$

根据白化权公式（15-9）～式（15-13），求解灰色评价系数 $g_{m_i j} = \sum_{k=1}^{p} f_n(V_{m_i k})$ 和总灰色统计数 $G_{m_i}(m=a,b,c,d;i=1,2,3,\cdots)$，通过加和可得总灰系数 $G_{m_i} = \sum_{j=1}^{V} g_{m_i j}$，风险预警指标 a_i、b_i、c_i、d_i 对应第 n 个评价灰类的评价权数，进而可得出各风险预警指标的灰色评价权：

$$r_{m_i j} = \frac{g_{m_i j}}{G_{m_i}} \quad (15\text{-}14)$$

$r_{m_i j}$ 表示第 t 位专家对评价指标 m_i 隶属于第 j 评价灰类的隶属度，则冷链物流系统风险预警指标的灰色评价矩阵为 R：

$$R = \begin{bmatrix} r_{m_1 1} & r_{m_1 2} & \cdots & r_{m_1 j} \\ r_{m_2 1} & r_{m_2 2} & \cdots & r_{m_2 j} \\ \vdots & \vdots & & \vdots \\ r_{m_i 1} & r_{m_i 2} & \cdots & r_{m_i j} \end{bmatrix} \quad (15\text{-}15)$$

通过灰色模糊综合评价得到风险评价等级向量 Q：

$$Q = \overline{W} \times R = [q_1 \ q_2 \ \cdots \ q_j] \quad (15\text{-}16)$$

根据风险评价等级 $L = (1,3,5,7,9)$，可求出综合风险警值 Z：

$$Z = Q \times L^{\mathrm{T}} \quad (15\text{-}17)$$

15.2.3 实例分析

通过邀请 5 位业内专家对冷链物流系统运营风险的各指标进行评分，得到样本评价矩阵 V，如表 15-8 所示。

表 15-8 评价矩阵

序号	a_1	a_2	a_3	b_1	b_2	b_3	c_1	c_2	c_3	d_1	d_2
V_1	1	3	2	4	3	4	5	5	4	3	3
V_2	2	4	2	3	2	6	6	5	5	3	3
V_3	2	3	2	4	2	6	8	7	4	5	4
V_4	2	3	3	5	3	7	5	7	5	4	4
V_5	1	5	4	3	4	4	5	6	4	3	4

根据 ANP 方法，运用 Super Decision 软件得到超级加权矩阵，即各个三级指标的全局权重与二级指标的权重，如表 15-9 所示。

表 15-9　三级指标的全局权重与二级指标的权重

准则层	总权重	网络层	局部权重	全局权重
A	0.245	a_1	0.30	0.073
		a_2	0.38	0.095
		a_3	0.32	0.077
B	0.247	b_1	0.26	0.064
		b_2	0.43	0.106
		b_3	0.31	0.077
C	0.367	c_1	0.20	0.076
		c_2	0.69	0.250
		c_3	0.11	0.041
D	0.141	d_1	0.34	0.048
		d_2	0.66	0.093

运用加权超矩阵构建各二级指标的极限超矩阵，如表 15-10 所示。

表 15-10　极限超矩阵

指标	a_1	a_2	a_3	b_1	b_2	b_3	c_1	c_2	c_3	d_1	d_2
a_1	0.073	0.073	0.073	0.073	0.073	0.073	0.073	0.073	0.073	0.073	0.073
a_2	0.095	0.095	0.095	0.095	0.095	0.095	0.095	0.095	0.095	0.095	0.095
a_3	0.077	0.077	0.077	0.077	0.077	0.077	0.077	0.077	0.077	0.077	0.077
b_1	0.063	0.063	0.063	0.063	0.063	0.063	0.063	0.063	0.063	0.063	0.063
b_2	0.106	0.106	0.106	0.106	0.106	0.106	0.106	0.106	0.106	0.106	0.106
b_3	0.077	0.077	0.077	0.077	0.077	0.077	0.077	0.077	0.077	0.077	0.077
c_1	0.075	0.075	0.075	0.075	0.075	0.075	0.075	0.075	0.075	0.075	0.075
c_2	0.252	0.252	0.252	0.252	0.252	0.252	0.252	0.252	0.252	0.252	0.252
c_3	0.041	0.041	0.041	0.041	0.041	0.041	0.041	0.041	0.041	0.041	0.041
d_1	0.048	0.048	0.048	0.048	0.048	0.048	0.048	0.048	0.048	0.048	0.048
d_2	0.093	0.093	0.093	0.093	0.093	0.093	0.093	0.093	0.093	0.093	0.093

由此，根据各个指标的局部权重和全局权重可得其风险权重：$W = [w_{a_1} \ w_{a_2} \ \cdots \ w_{d_2}] = [0.073 \ 0.095 \ 0.077 \ 0.064 \ 0.106 \ 0.077 \ 0.076 \ 0.250 \ 0.041 \ 0.048 \ 0.093]$。

根据专家评价矩阵 V，构建灰色模糊综合评价矩阵 R：

$$R = \begin{bmatrix} 0.4256 & 0.2432 & 0.1459 & 0.1042 & 0.0811 \\ 0.2182 & 0.2805 & 0.2209 & 0.1578 & 0.1227 \\ 0.2964 & 0.2781 & 0.1875 & 0.1339 & 0.1041 \\ 0.2088 & 0.2684 & 0.2303 & 0.1645 & 0.1280 \\ 0.2550 & 0.3399 & 0.1785 & 0.1275 & 0.0992 \\ 0.1658 & 0.1430 & 0.2465 & 0.2502 & 0.1946 \\ 0.1421 & 0.1827 & 0.2558 & 0.2233 & 0.1962 \\ 0.1331 & 0.1711 & 0.2395 & 0.2567 & 0.1996 \\ 0.1820 & 0.2339 & 0.2573 & 0.1838 & 0.1430 \\ 0.2182 & 0.2805 & 0.2209 & 0.1578 & 0.1227 \\ 0.2182 & 0.2805 & 0.2209 & 0.1578 & 0.1227 \end{bmatrix} \quad (15\text{-}18)$$

接着，根据式（15-16）计算冷链物流系统风险评价向量 Q：$Q = [0.2101 \quad 0.2358 \quad 0.2197 \quad 0.1871 \quad 0.1473]$。

最后，由式（15-17）得到 $Z = 4.6514$。

结果表明，冷链物流系统风险评价指标警值 $Z = 4.6514$，介于低和中警之间，但接近中警级别，说明该冷链物流系统存在一些风险，应当注意防范风险。同时在冷链企业运营中可以看出，冷链行业最大的问题存在于最基础的物流环节，其中运输环节对其运营的影响最大，其次是仓储环节，运输环节中货物损耗的风险最严重、受灾面最广。

15.3 结论与启示

15.3.1 研究结论

马尔可夫链与贝叶斯网络联合的预测方法可精确地预测出未来一段时间内风险因素及其所对应的概率的大小，提高了预测的精度。从预测结果看，事故发生的风险概率较大，企业需要做好各方面的防范。考虑到冷链物流系统风险因素多为定性指标，运用 ANP 法与灰色模糊评价法相结合的方式对冷链物流系统的运营风险进行预警评判，得出在冷链物流系统的运营中，货物损耗、温度卫生不达标存在的风险隐患较大，且风险评价接近中警，应针对性地采取预控措施，及时扭转不良的发展趋势。ANP 法与灰色模糊评价法的结合使预警结果更加客观可信，从而能进一步有效地预防风险事故的发生。

15.3.2 研究启示

根据本章对冷链物流系统的预测与预警,并针对冷链物流系统现有的主要问题,提出以下几点建议:

(1)加大冷链基础设施设备的投入。冷链基础设施设备是冷链物流系统有效运行的重要保障。从本书的预警分析中可见货物损耗、温度卫生不达标的风险隐患较大,而这些都与基础设施设备及人员相关,可见加大对基础设施设备的投资能在一定程度上解决温控问题,同时提高产品质量,减少货物损耗。此外,为及时反馈运营中的信息并实时跟踪,应当建设物流网络信息平台,形成互联互通、流畅共享的网络信息平台。

(2)提高冷链物流企业运作人员的素质。冷链物流系统存在的风险,如储存不当、运输时间延迟、装卸不及时等都与操作人员有着一定的关系。首先应加大对冷链物流的宣传推广,提高操作人员的重视程度;其次应对相关操作人员进行专业知识培训,增加一些必要的考核和考试等,提高操作人员的工作水平;最后还应增强人们的管理意识、安全意识及法律意识。

(3)加强对冷链物流的立法与监管。国家对冷链物流的运营制定相关的法律法规,出台相关的国家标准及行业标准能有效地引导冷链物流走上规范化、正规化的道路。此外,企业、行业协会、政府等相关监管部门要加强监管力度,对冷链物流运行中不符合规范的操作等存在的各方面问题及时地指出,并有效地采取措施,扭转不良的趋势。社会各方的积极努力将更好地引导冷链物流健康、有序地发展。

15.4 本章小结

对冷链物流系统进行预测与预警能有效减少冷链物流系统运营中风险发生的概率,促进冷链物流系统的健康发展。本章建立了风险预测指标,并运用马尔可夫链与贝叶斯网络结合的方法,对冷链物流系统的运营风险进行预测。结果表明,两种方法结合预测比单独预测的精度更接近实际值。同时,建立风险预警指标,运用ANP法与灰色模糊评价模型相结合的方法,对冷链物流系统运营中的风险因子进行了预警。结果表明,该系统处于接近中警的状态。最后,根据预测与预警的分析对冷链物流系统风险管控提出如下建议:加大冷链基础设施设备的投入、提高冷链物流企业运作人员的素质、加强对冷链物流的立法与监管,以此对冷链物流系统运营过程中可能发生的风险及时进行防范、控制。

参 考 文 献

[1] Son V Q，Wenning B L，Timm-Giel A，et al. A model of wireless sensor networks using context-awareness in logistic applications. International Conference on Intelligent Transport Systems Telecommunications，Lille，2010：2-7.

[2] Engel V J L，Supangkat S H. Context-aware inference model for cold-chain logistics monitoring. International Conference on ICT for Smart Society，Bandung，2015：192-196.

[3] 杨玮，曹薇. BP 神经网络在果蔬冷链物流预警中的应用. 计算机工程与科学，2015，37（9）：1707-1711.

[4] 王双成，程新章，王振海. 贝叶斯网络中变量的最优预测. 计算机应用与软件，2007，24（5）：9-11.

[5] 陈洪根. 基于 FTA-BN 的食品供应链安全风险预测模型. 物流技术，2015，34（9）：232-234+265.

[6] 李柯，谭柱森，唐小艳. 基于贝叶斯网络的应急物流风险预测与控制研究. 物流科技，2017，40（2）：98-101+106.

[7] 李志伟，宋守信，王昕亮. 基于灰色理论的物流信息系统风险态势预测模型建立及优化. 物流技术，2009，28（9）：128-130.

[8] Wee Y Y，Cheah W P，Tan S C，et al. A method for root cause analysis with a bayesian belief network and fuzzy cognitive map. Expert Systems with Applications，2015，42（1）：468-487.

[9] 张岩，吴文娟，戴钰桀，等. 灰色预测算法在铁路货运预警系统中的应用研究. 铁道货运，2015，(5)：41-46.

[10] 滕兴乐，张峰，宋晓娜. 基于可拓关联的农产品冷链物流安全预警模型及应用. 山东理工大学学报（自然科学版），2016，（1）：51-57.

[11] Kim K，Kim H，Kim S K，et al. I-RM：An intelligent risk management framework for context-aware ubiquitous cold chain logistics. Expert Systems with Applications，2016，（46）：463-473.

[12] Bogataj M，Bogataj L，Vodopivec R. Stability of perishable goods in cold logistic chains. International Journal of Production Economics，2005，93-94（1）：345-356.

[13] 余建海，付锐. 基于 HACCP 的冷链物流食品安全管理应用研究. 物流技术，2015，34（15）：45-47+108.

第16章 冷链物流系统质量规制及治理

近年来随着冷链物流系统的快速发展,冷链物流系统的服务质量问题受到越来越多人的关注。本章以药品冷链为例,在分析我国政府冷链物流系统规制现状及存在问题的基础上,运用博弈论分别建立政府与一家及多家药品冷链物流企业的监管博弈,最后针对博弈分析结果提出冷链物流系统服务质量的治理对策。

16.1 我国冷链物流系统服务质量规制的概述

16.1.1 引言

近年来,我国冷链物流系统得到了迅速发展,但同时冷链物流系统的服务质量问题也层出不穷。2016年,天津疫苗事件中因运输方未能严格按照疫苗所需的环境来设置运输温度,导致疫苗失效;同年,山东也发生了疫苗未经严格冷链存储运输的事件,这两起疫苗事件从侧面折射出我国冷链物流系统在服务质量规制方面存在的一些问题。追根究底,冷链物流系统服务质量问题的产生主要还是由于国家的监管强度和处罚力度不够,以及在冷链物流系统方面的法制法规体系不完善等。可见,对冷链物流系统展开质量规划治理十分必要。对冷链物流系统服务质量规制进行研究,既能完善我国冷链物流系统服务质量的规制体系,又能减少规制不到位造成的大量资源的浪费,给我国带来不容忽视的经济利益。

质量规制是政府规制的一种,是政府进行社会性规制所采取的重要手段之一。近年来,我国经济发展迅速,迫切需要政府干预经济以保证有序的市场环境,因此,研究质量规制应用的文献不在少数。Lack等对燃料质量的监管研究表明,当航运企业服从政府监管时,会间接减少温室效应[1]。刘承毅等指出我国在城市垃圾处理中存在的问题需要通过声誉激励、社会监督以及质量规制的方法来解决[2]。而Baldwin等研究了澳大利亚监管与老年住宅护理质量之间的关系[3]。Gunnarsdottir等则研究了政府监管对冰岛饮用水质量的作用[4]。医药品质量的问题一直是颇受关注的,诸多学者在医药品监管方面开展了研究。康永娟指出,要发展现代医药品冷链物流就需要建立医药品冷链物流相关标准,大力发展第三方冷链物流[5]。熊颖等针对我国药品冷链物流中存在的问题,从完善药品冷链物流体系和完善国家或行业标准等角度出发,提出了相应的解决措施[6]。师绘敏则提出了发展现代医药冷链物流，需要从完善药品冷链物流体系、采用先进的技术及设备、完善相关标准与监管制度等方面着手[7]。张绚绚等研究了日本在药品质量规制方面的法律法规和监管机构，为完善我国药品质量规制提出了借鉴[8]。

服务质量规制方面，Schaller 研究了美国和加拿大两国的出租车行业现状，并通过实地调研得出结论，如果不对出租车行业的服务进行规范，其服务质量就会因供大于求而下降[9]。Darbéra 则指出政府应该采用准入机制和价格控制机制两种规制手段来规制出租车行业，但出租车发展史表明，这两种规制手段所起效果微乎其微[10]。陈红丽等则从国内外的研究现状以及当前我国冷链物流业存在的问题等方面出发，说明开展冷链物流服务质量评价指标体系研究的必要性[11]。田雪等对生鲜冷链物流服务质量进行了研究，指出要提高其服务质量，须从鼓励第三方物流的发展和完善政府部门的相关法律法规等方面着手[12]。

通过对相关文献的梳理可以看出，在质量规制方面，对于医药品的研究大都集中在医药品质量本身，对于医药品冷链存在的质量问题涉及甚少；在服务质量规制方面，定性角度的研究较多，从定量角度建模对质量规制进行探究的文献有待完善。因而，本章以药品冷链物流为例，在分析我国政府规制现状及问题的基础上，运用博弈论建立政府监管部门与企业之间一对一及一对多的博弈模型，将定性与定量分析相结合，力求找出治理对策。

16.1.2 冷链物流系统服务质量规制相关概念

1. 质量规制

规制，也可以称为监管或管制，规制的概念有狭义与广义之分。从狭义上看，规制是指行政机构按照法律法规对市场进行监管，监管的目的是解决市场失灵的问题，使市场有序运行，促进市场的健康竞争。从广义上看，规制是政府机构进行宏观和微观的管理。

质量规制一般指产品质量规制，产品质量规制是政府规制行为的一种，是指由特定行政主体实施的，直接影响产品质量主体及其行为的，设定规则、制定政策、采取干预措施等行政活动和相关制度的总称。

2. 服务质量规制

服务质量是质量规制的一种，按照国际质量认证组织的 ISO 8402：1994 的定义，服务质量指服务满足规定或潜在需要的特征和特性的总和，服务质量规制是指政府通过设定法规政策来规制企业的服务行为，督促企业提供良好的服务。

3. 冷链物流系统服务质量规制

冷链物流系统服务质量是指顾客对服务提供方所提供的冷链物流服务过程和结果的满意程度，描述了冷链物流系统服务水平的高低。

一般谈及物流服务质量，便会想到 7Rs 的定义，该定义是指企业在恰当的时间，以正确的货物状态和适当的货物价格，伴随着准确的商品信息，将商品送达正确的地点。结合相关文献对于物流服务质量的定义，衡量维度以及冷链物流自身的特性，本章将从以下几个方面来界定冷链物流系统服务质量的内容。

（1）货品精确率。冷链物流企业应该将正确的货物品种与货物数量送至正确的地点与收货人手中。

（2）货品完好程度。冷链物流企业在运输产品的过程中要保证货物的完好性，不能发生产品损坏或变质等问题。冷链物流所运输的产品最重要的就是质量问题，如果产品变质，就会降低顾客的满意度，导致达不到服务质量的要求。

（3）货品时效性。冷链物流企业应该遵守其服务承诺，在约定的时间内将货物送至顾客的手中。顾客对于任何服务的要求都是快捷、方便的，冷链物流方面的服务当然也不例外，货物不能及时送至顾客手中，会严重影响顾客的满意度。

16.1.3 我国药品冷链行业政府质量规制的现状

1. 我国药品冷链行业政府规制机构

我国药品冷链的政府质量规制机构主要有国家食品药品监督管理总局、全国物流标准化技术委员会冷链物流分技术委员会和国家工商行政管理总局。国家食品药品监督管理总局的主要职能是对食品药品中供产、销售各个环节中的安全性进行统一管理，并对各个环节中发生的重大事故进行处理。全国物流标准化技术委员会冷链物流分技术委员会（冷标委）是根据国家标准化管理委员会国标委办〔2009〕160号文件成立的，受命负责我国冷链物流领域技术、管理、服务等国家和行业标准制修订工作。而国家标准化管理委员会（中华人民共和国国家标准化管理局）为国家质检总局管理的事业单位，是国务院授权的履行行政管理职能，统一管理全国标准化工作的主管机构。国家工商行政管理总局则对进入商品流通环节的奶制品等一系列产品的经济主体进行监督与规范，通过对产品生产企业和个体经营户进行资格审查，监督其是否符合卫生审批的相关规定。

2. 我国药品冷链行业政府规制方法

药品冷链行业的政府规制方法大致可以从四个方面来阐述：行业的法律法规、市场准入规则、国家级标准化建设以及对药品质量事件的处理规制。

截至 2017 年底，我国关于药品质量安全的法律法规主要是《中华人民共和国药品管理法》和《药品经营质量管理规范》，药品冷链作为药品行业的一个分支也在这些法律法规的管辖范围内。除这两个管理法外，我国近几年还颁布了不少关于药品行业的法律法规。

在市场准入规则方面，鉴于药品安全的重要性，我国政府为保证药品质量，要求进入药品行业的企业必须要具备以下条件：①具有依法经过资格认定的药学技术人员、工程技术人员及相应的技术工人；②具有与其药品生产相适应的厂房、设施和卫生环境；③具有能对所生产药品进行质量管理和质量检验的机构、人员以及必要的仪器设备；④具有保证药品质量的规章制度。制定市场准入规则可以提高进入药品行业的企业的质量，但这一举措并不能完全将隐患扼杀在萌芽之中，所以政府又针对药品企业的运营制定了一系列的标准，例如，运输药品应当使用封闭式货物运输工具，在冷藏、冷冻药品运输途中，应当实时监测并记录冷藏车、冷藏箱或者保温箱内的温度数据等。

虽然有监督与体制，但也要建立良好的事件处理机制。这其中就包括建立良好的质量监控体系和加强对各个质量规制部门的监督管理。中央和地方的质量监管部门要对药品企业的生产、运输和储存的各个环节严加把控，对每一个环节中不符合国家标准的行为进行严厉的打击，务必做到违法必究。除此之外，卫生部要对涉及质量规制的部门严加监督，防止发生规制俘获问题。

16.1.4 我国药品冷链行业政府质量规制存在的问题

1. 药品冷链行业规制机构存在的问题

虽然我国药品行业的政府质量规制机构分为多个部门，但在职权范围界定方面比较模糊，例如，国家食品药品监督管理总局、冷标委都负责对药品冷链质量突发事故进行惩处。各个部门都有自身的利益，加之法律法规的漏洞，整个质量规制体系运转不畅，造成政府质量规制部门执行上存在诸多不便，同时职能重叠也易造成规制部门对药品冷链事故上的越位与缺位。从整个规制体系来看，卫生部、工商局等质量规制机构都各自依据本部门的相关质检规章进行相关的质量检验，由于各个部门质检标准存在一定的出路及权责不清，极易造成重复检测和质检结果不符等问题，这就会对整个药品冷链行业的质量检测体系的规制效率造成不良的影响。

2. 药品冷链行业政府规制方法存在的问题

（1）药品冷链服务质量法制建设不健全。虽然我国对药品质量规制非常重视，每年都会补充修订药品管理的相关法律,但是药品冷链毕竟是近年来新兴起的概念,因而我国关于药品冷链方面的法律法规不够完善,存在诸多漏洞,尤其是在冷链物流服务质量方面。

(2) 对药品冷链物流企业的进入规制不够成熟。虽然我国对于开设药品冷链物流企业设定了一系列的门槛,但是这些条件其实非常含糊,从而使得药品企业可以较容易地进入药品市场,同时我国政府规制部门执法也不严格,从而让某些唯利是图的企业有机可乘。

(3) 药品冷链物流方面的标准体系不够完善。我国的药品冷链起步较晚,这导致了两种后果,一是在借鉴西方药品冷链的规制方法时不考虑我国的实际情况,有时甚至是照搬,从而导致相关标准与我国实际相脱节;二是我国有关冷链物流的相关标准不能与国际标准相衔接。

(4) 药品冷链的标准不够规范。首先我国在冷链物流温度带确定标准方面还不够完善,使得一些企业有漏洞可钻;其次我国并没有科学合理的、便于操作的各类冷链物流标准;最后有关冷链物流方面的温度控制的强制标准未有效实施。

16.2 冷链物流系统服务质量规制的博弈分析

本节主要研究政府和冷链物流企业两个主体在冷链物流系统服务质量过程中的关系,通过建立一对一、一对多的博弈模型,探索冷链物流系统质量规制治理的有益对策。

16.2.1 模型描述

药品冷链物流企业往往会通过降低物流服务质量等手段来提升利润,此时政府监管可以很好地减少这些行为的发生概率。本章研究的是政府对药品冷链行业服务质量的监管问题,当政府以监管者的身份对药品冷链物流企业进行检查时,药品冷链物流企业有自律和不自律两种应对策略。自律策略是药品冷链物流企业自觉服从监管机制的管理,严格按照政府要求购买设备以运输药品,确保药品运输过程中的安全质量问题;不自律策略则是指药品冷链物流企业不服从监管机制,没有按照政府要求购买设备,运输过程中不遵守法律法规,最终导致运输的药品存在安全质量问题。

1. 符号定义

k:政府检查率;

f_i:第 i 个药品冷链物流企业的自律概率;

f_{ni}：n 个药品冷链物流企业中有 i 个企业自律的概率；

P：药品冷链物流企业不自律的情况下，不出现服务质量问题情况的概率；

C：政府部门检查每个药品冷链物流企业所消耗的成本；

C_1：药品冷链物流企业自律时，对运营流程、设备和管理进行整顿所产生的成本；

C_2：药品冷链物流企业不自律时，政府部门检查到企业时，企业停工整顿恢复经营所产生的成本；

C_3：药品冷链物流企业不自律时，发生药品质量问题时，企业为消除对社会不利影响的处置成本；

E_0：一周期内，市场被一个药品冷链物流企业垄断时，企业所获得利润收入；

E_{ni}：一周期内，市场上 n 个药品冷链物流企业，这些企业中有 i 个企业自律，自律企业（$j=i$）和不自律企业（$j=i+1$）的收益，其中，$0 \leqslant i \leqslant n$，$i \leqslant j \leqslant i+1$，$j \leqslant n$；

F：监管中药品冷链物流企业的收益；

S：监管中社会的损失，包括政府的检查成本、消除安全事件的损失成本等。

2. 基本假设

假设 1：政府部门和药品冷链物流企业均是理性人。在监管过程中，药品冷链物流企业追求自身利益最大化，而政府部门检查药品冷链物流企业需要检查成本，不检查药品冷链物流企业则市场存在发生药品质量事件的风险，从而遭受巨大损失。基于此，政府部门追求最小化社会损失的目标。

假设 2：市场上所有的药品冷链物流企业都是同质的，即药品冷链物流企业的规模和应对风险的能力均相等，只有在自律概率方面存在差异。

假设 3：药品冷链物流企业自律时，则不发生安全事件；药品冷链物流企业不自律时，若政府部门检查到该药品冷链物流企业时，不自律则会被查出，药品冷链物流企业此时就需要停工整顿；若政府部门未检查，则如果发生质量问题，该药品冷链物流企业负全责并赔偿损失。

假设 4：$C_2 > C_1 > PC_3 > 0$，这是药品冷链物流企业不自律的动因；$C > PC_3 > 0$，此时政府部门更倾向于不检查药品冷链物流企业产品；此外，假设药品冷链物流企业的销售收益大于发生质量问题时的药品冷链物流企业损失，即 $E_{nj} > PC_3$，此时自律药品冷链物流企业的收益是相同的，即 $E_{ni0} = E_{ni1} = \cdots = E_{nii}$，不自律的药品冷链物流企业收益也是相同的，即 $E_{ni(i+1)} = E_{ni(i+2)} = \cdots = E_{nin}$。

假设 5：当市场上自律的药品冷链物流企业的个数不变时，不自律药品冷链物流企业的个数越多，自律药品冷链物流企业的收益越小，即 $E_0 > E_{2ii} > \cdots > E_{nii}$；

当不自律的药品冷链物流企业个数不变时,自律的药品冷链物流企业个数越多,不自律的药品冷链物流企业销售效益越大,即 $E_0 > E_{n(n-1)n} > \cdots > E_{n12}$;当药品冷链物流企业个数不变时,不自律的药品冷链物流企业越少,则不自律的药品冷链物流企业收益越大、自律的药品冷链物流企业收益越小,此时 $E_0 > E_{n(n-1)n} > E_{n(n-2)(n-1)} > \cdots > E_{n12} > E_{nnn} > E_{n01} > E_{n(n-1)(n-1)} > \cdots > E_{n11}$,即当市场上存在药品冷链物流企业不自律时,不自律的药品冷链物流企业利用自律的药品冷链物流企业改进的人力、物力、财力等资源提升自身服务水平和宣传水平,扩大销售收益;随着不自律的药品冷链物流企业个数的增加,整个药品冷链市场规模因药品冷链物流企业不自律的影响而缩小,从而导致自律药品冷链物流企业的销售收益越发下滑。

16.2.2 政府与一家药品冷链物流企业的监管博弈

假设市场上仅有一家药品冷链物流企业,政府会以 k 的检查概率对其产品进行检查,同时假设药品冷链物流企业选择自律策略的概率为 f_i,此时政府与一家药品冷链物流企业的博弈树如图 16-1 所示。

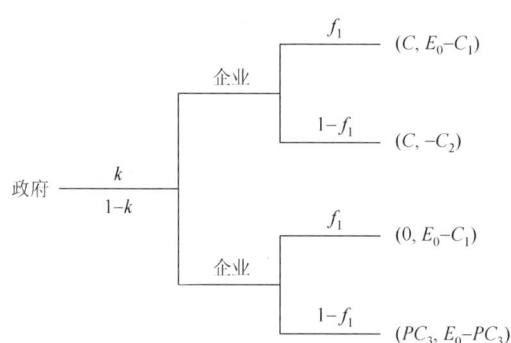

图 16-1 政府与一家药品冷链物流企业的博弈树

需要注意的是,图 16-1 的 $(C, E_0 - C_1)$ 中,C 为社会的损失,$E_0 - C_1$ 为药品冷链物流企业获得的收益,下同。则有社会的损失与药品冷链物流企业的收益如式(16-1)和式(16-2)所示:

$$S(k, f_1) = kC + (1-k)(1-f_1)PC_3 \tag{16-1}$$

$$F(k, f_1) = k[f_1(E_0 - C_1) - C_2(1-f_1)] + (1-k)[f_1(E_0 - C_1) + (1-f_1)(E_0 - PC_3)] \tag{16-2}$$

定理 1 政府与单个药品冷链物流企业博弈中,药品冷链物流企业的最优策略为

$$f_1 = \begin{cases} 0, & k < k_{11} \\ 1, & k \geq k_{11} \end{cases}, \quad k_{11} = \frac{C_1 - PC_3}{E_0 + C_2 - PC_3} \quad (16\text{-}3)$$

证明 药品冷链物流企业自律收益为 $k(E_0 - C_1) + (1-k)(E_0 - C_1)$，不自律收益为 $k(-C_2) + (1-k)(E_0 - PC_3)$，其均衡解为 $k_{11} = \frac{C_1 - PC_3}{E_0 + C_2 - PC_3}$。

当政府检查概率 $k < k_{11}$ 时，药品冷链物流企业不自律的收益大于自律收益，药品冷链物流企业选择不自律；相反，当政府检查概率 $k \geq k_{11}$ 时，药品冷链物流企业则会选择自律。

定理 1 表明当市场上仅存一家药品冷链物流企业时，药品冷链物流企业的策略选择完全受政府监管策略的影响。当政府检查概率 $k \geq k_{11}$ 时，该药品冷链物流企业选择自律；反之，则选择不自律。此时政府可选择合适的检查概率来有效控制药品冷链物流企业冷链质量问题。

定理 2 政府与单个药品冷链物流企业博弈中，政府部门的最优策略为

$$k = \begin{cases} 0, & S(0,0) < S(k_{11},1) \\ k, & S(0,0) \geq S(k_{11},1) \end{cases}, \quad k_{11} = \frac{C_1 - PC_3}{E_0 + C_2 - PC_3} \quad (16\text{-}4)$$

证明 当 $k < k_{11}$ 时，药品冷链物流企业不自律，$f_1 = 0$；当 $k \geq k_{11}$ 时，药品冷链物流企业自律，$f_1 = 1$。对于 $k < k_{11}$ 和 $k \geq k_{11}$，药品冷链物流企业策略保持不变，社会的损失一阶偏导有 $S'(k, f_1) = C - PC_3 + f_1 PC_3 > 0$，即 $S(k, f_1)$ 为 k 的单调递增函数，当 $k < k_{11}$ 时，政府最优检查概率为 0；当 $k \geq k_{11}$ 时，政府最优检查概率为 $k = k_{11}$。此外，

$$S(0,0) = PC_3 S(k_{11},1) = k_{11}C = \frac{C(C_1 - PC_3)}{E_0 + C_2 - PC_3} \quad (16\text{-}5)$$

当 $S(0,0) < S(k_{11},1)$ 时，政府部门不检查，此时药品冷链物流企业选择不自律；在政府以 k_{11} 的概率检查时，药品冷链物流企业选择自律。

定理 2 表明当仅一家药品冷链物流企业时，政府有两种应对机制，即检查与不检查。当政府部门选择不检查时，药品冷链物流企业不自律；当政府以 k_{11} 的概率检查时，药品冷链物流企业选择自律，政府部门的最优策略是选择使社会损失最小的机制。

16.2.3 政府与多家药品冷链物流企业的监管博弈

考虑市场上不只存在一家药品冷链物流企业，各药品冷链物流企业之间存在竞争关系，这会让药品冷链物流企业的选择变得复杂。在政府部门与多个药品冷链物流企业的监管博弈中，政府部门制定检查策略为 k，多家药品冷链物流企业

根据政府的策略同时进行博弈，制定自律概率 f_i，政府与多家药品冷链物流企业的博弈树如图 16-2 所示。

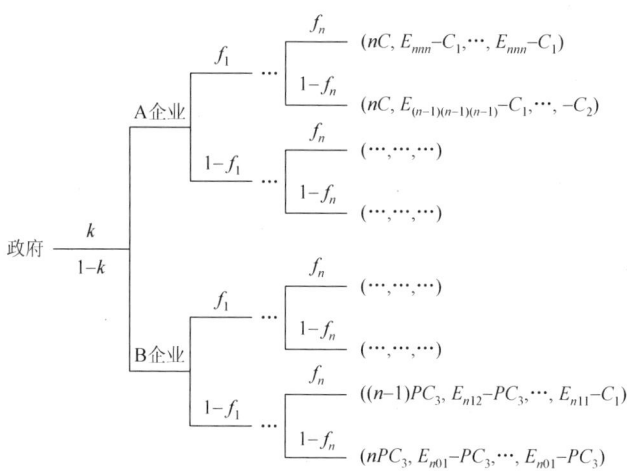

图 16-2　政府与多家药品冷链物流企业的博弈树

需要注意的是，图 16-2 的 $(nC, E_{nn1}-C_1,\cdots,E_{nnn}-C_1)$ 中，nC 为社会损失，其后分别为第一个药品冷链物流企业到第 n 个药品冷链物流企业的收益，下同。则有社会损失如下：

$$S(k, f_1, f_2, \cdots, f_n) = k(nC) + (1-k)[f_1 f_2 \cdots (1-f_n)PC_3 + f_1 f_2 \cdots (1-f_{n-1})PC_3$$
$$+ \cdots + (1-f_1)(1-f_2)\cdots(1-f_n)nPC_3] = nkC + (1-k)\left(n - \sum_{i=1}^{n} f_i\right)PC_3$$

（16-6）

定理 3　政府与多个药品冷链物流企业博弈中，政府部门最优策略为

$$f(x)\begin{cases} 0, & S(0,0,\cdots,0) \leqslant S(k_{ni}, f_{ni}^*, \cdots, f_{ni}^*), S(k_{nn}, 1, \cdots, 1) \\ k_{n1}, & S(k_{n1}, f_{n1}^*, \cdots, f_{n1}^*) \leqslant S(0,0,\cdots,0), S(k_{ni}, f_{ni}^*, \cdots, f_{ni}^*), S(k_{nn}, 1, \cdots, 1) \\ k_{ni}, & S(k_{ni}, f_{ni}^*, \cdots, f_{ni}^*) \leqslant S(0,0,\cdots,0), S(k_{nj}, f_{nj}^*, \cdots, f_{nj}^*), S(k_{nn}, 1, \cdots, 1) \\ & \cdots\cdots \\ k_{nn}, & S(k_{nn}, f_{nn}, 1, \cdots, 1) \leqslant S(0,0,\cdots,0), S(k_{ni}, f_{ni}^*, \cdots, f_{ni}^*) \end{cases}$$

（16-7）

其中，$k_{n1} = \dfrac{-E_{n11}+E_{n01}+C_1-PC_3}{E_0-E_{n11}+E_{n01}+C_2-PC_3}, k_{nn} = \dfrac{-E_{nnn}+E_{n(n-1)n}+C_1-PC_3}{E_{n(n-1)n}+C_2-PC_3}$。

证明　（1）要使（不自律,$\cdots$,不自律）为纳什均衡，则任何一家药品冷链物流企业都要有不自律收益大于自律收益，即要求：

$$k(-C_2)+(1-k)(E_{n01}-PC_3) > k(E_0-C_1)+(1-k)(E_{11}-C_1) \quad (16\text{-}8)$$

求解得 $k_{n1} = \dfrac{-E_{n11}+E_{n01}+C_1-PC_3}{E_0-E_{n11}+E_{n01}+C_2-PC_3}$。

（2）要使（自律,…,自律）为纳什均衡，则任何一家药品冷链物流企业都要有自律收益大于不自律收益，即要求：

$$E_{nnn}-C_1 \geqslant k(-C_2)+(1-k)(E_{n(n-1)n}-PC_3) \quad (16\text{-}9)$$

求解得 $k_{nn} = \dfrac{-E_{nnn}+E_{n(n-1)n}+C_1-PC_3}{E_{n(n-1)n}+C_2-PC_3}$。

（3）i 家药品冷链物流企业自律，$n-i$ 家药品冷链物流企业不自律，自律药品冷链物流企业的收益则为 $k(E_{(n-i)(n-i)(n-i)}-C_1)+(1-k)(E_{n(n-i)(n-i)}-C_1)$，而不自律药品冷链物流企业的收益为 $k(-C_2)+(1-k)(E_{n(n-i)(n-i+1)}-PC_3)$；当 $i-1$ 家药品冷链物流企业自律，$n-i+1$ 家药品冷链物流企业不自律时，不自律药品冷链物流企业的收益为 $k(-C_2)+(1-k)(E_{n(n-i+1)(n-i+2)}-PC_3)$；当 $i+1$ 家药品冷链物流企业自律，$n-i-1$ 家药品冷链物流企业不自律时，自律药品冷链物流企业的收益为 $k(E_{(n-i-1)(n-i-1)(n-i-1)}-C_1)+(1-k)(E_{n(n-i-1)(n-i-1)}-C_1)$。

当 $k_{ni} \leqslant k \leqslant k_{n(i+1)}$ 时，有 i 家药品冷链物流企业自律，$n-i$ 家药品冷链物流企业不自律，则有

$$\begin{cases} k(E_{(n-i)(n-i)(n-i)}-C_1)+(1-k)(E_{n(n-i)(n-i)}-C_1) \geqslant k(-C_2)+(1-k)(E_{n(n-i+1)(n-i+2)}-PC_3) \\ k(-C_2)+(1-k)(E_{n(n-i)(n-i+1)}-PC_3) > k(E_{(n-i-1)(n-i-1)(n-i-1)}-C_1)+(1-k)(E_{n(n-i+1)(n-i+1)}-C_1) \end{cases}$$
$$(16\text{-}10)$$

求解得
$$\begin{cases} k \geqslant \dfrac{E_{n(n-i+1)(n-i+2)}+E_{n(n-i)(n-i)}+C_1-PC_3}{E_{(n-i)(n-i)(n-i)}-E_{n(n-i)(n-i)}+E_{n(n-i+1)(n-i+2)}+C_2-PC_3} \\ k < \dfrac{E_{n(n-i)(n-i)}-E_{n(n-i-1)(n-i-1)}+C_1-PC_3}{E_{(n-i-1)(n-i-1)(n-i-1)}-E_{n(n-i-1)(n-i-1)}+E_{n(n-i)(n-i)}+C_2-PC_3} \end{cases}$$，即

$k_{ni} = \dfrac{E_{n(n-i+1)(n-i+2)}-E_{n(n-i)(n-i)}+C_1-PC_3}{E_{(n-i)(n-i)(n-i)}-E_{n(n-i)(n-i)}+E_{n(n-i+1)(n-i+2)}+C_2-PC_3}$。

对于 $k < k_{ni}$、$k_{ni} \leqslant k \leqslant k_{n(i+1)}$ 以及 $k \geqslant k_{nn}$，根据最值定理，总存在一个 f^* 使得药品冷链物流企业利润最大，即药品冷链物流企业自律概率 f 在各个区间均为常数，此时关于 $S'(k,f_1,f_2,\cdots,f_n) = n(C-PC_3)+(f_1+f_2+\cdots+f_n)PC_3 > 0$，即 $S(k,f_1,f_2,\cdots,f_n)$ 是关于 k 的单调增函数。当 $k < k_{n1}$ 时，政府的最优策略为 $k=0$；同理当 $k_{ni} \leqslant k \leqslant k_{n(n+i)}$ 时，$k=k_{ni}$；当 $k \geqslant k_{nn}$ 时，$k=k_{nn}$。所以，当 $S(0,0,0,\cdots,0) \leqslant S(k_{ni},f_{ni}^*,f_{ni}^*,\cdots,f_{ni}^*)$，$S(k_{nn},1,1,\cdots,1)$ 时，政府部门最优策略 $k=0$；当 $S(k_{ni},f_{ni}^*,f_{ni}^*,\cdots,$

$f_{ni}^*) \leqslant S(0,0,0,\cdots,0)$, $S(k_{ni},f_{ni}^*,f_{ni}^*,\cdots,f_{ni}^*)$, $S(k_{nn},1,1,\cdots,1)$ 时，政府部门最优策略 $k = k_{ni}$；当 $S(k_{nn},1,1,\cdots,1) \leqslant S(0,0,0,\cdots,0)$, $S(k_{ni},f_{ni}^*,f_{ni}^*,\cdots,f_{ni}^*)$ 时，政府的最优策略为 $k = 1$。

定理 3 表明政府在与多个药品冷链物流企业的博弈中，政府部门有 $n+1$ 种策略可以选择，当政府以 k_{ni} 的策略进行检查时，n 个药品冷链物流企业中有 i 个自律，$n-i$ 个不自律，政府部门的最优策略是在 $n+1$ 种策略下选择让社会损失最小的策略，在社会损失允许范围内，以 k_{nn} 检查概率以确保药品市场不会发生安全事件。

定理 4 政府与多个药品冷链物流企业博弈中，政府检查概率具有一些性质，即 $k_{ni} > k_{(n-1)i} > \cdots > k_{21} > k_{11}$，$k_{nn} > k_{(n-1)(n-1)} > \cdots > k_{22} > k_{11}$。可见，政府使得一家自律药品冷链物流企业检查的概率随药品冷链物流企业的个数变化而变化。

证明

（1）因为 $E_{n01} > E_{(n-1)01} > \cdots > E_{301}$，$E_0 > E_{2ii} > E_{3ii} > \cdots > E_{(n-i)ii} > E_{nii}$，所以，$E_{(n-i)11} - E_{n11} > 0$，$E_{(n-i)01} - E_{n01} < 0$。进一步：

$$\Leftrightarrow E_{(n-1)01} - E_{n01} < E_{(n-1)11} - E_{n11}$$
$$\Leftrightarrow E_{(n-1)01} - E_{n01} + (E_0 + C_2 - PC_3) < E_{(n-1)11} - E_{n11} + (E_0 + C_2 - PC_3)$$
$$\Leftrightarrow 0 < E_{(n-1)01} - E_{(n-1)11} + (E_0 + C_2 - PC_3) < E_{n01} - E_{n11} + (E_0 + C_2 - PC_3)$$
$$\Leftrightarrow \frac{1}{E_{(n-1)01} - E_{(n-1)11} + (E_0 + C_2 - PC_3)} > \frac{1}{E_{n01} - E_{n11} + (E_0 + C_2 - PC_3)}$$

当 $C_1 - C_2 - E_0 < 0$ 时，则有

$$1 + \frac{C_1 - C_2 - E_0}{E_{(n-1)01} - E_{(n-1)11} + (E_0 + C_2 - PC_3)} < 1 + \frac{C_1 - C_2 - E_0}{E_{n01} - E_{n11} + (E_0 + C_2 - PC_3)}$$

$$\Leftrightarrow \frac{-E_{(n-1)11} + E_{(n-1)01} + C_1 - PC_3}{E_{(n-1)01} - E_{(n-1)11} + (E_0 + C_2 - PC_3)} < \frac{-E_{n11} + E_{n01} + C_1 - PC_3}{E_{n01} - E_{n11} + (E_0 + C_2 - PC_3)}$$

当 $n = 3$ 时，则有

$$\frac{-E_{211} + E_{201} + C_1 - PC_3}{E_{201} - E_{211} + (E_0 + C_2 - PC_3)} < \frac{-E_{311} + E_{301} + C_1 - PC_3}{E_{301} - E_{311} + (E_0 + C_2 - PC_3)}$$

进一步，则有 $k_{21} < k_{31} \Leftrightarrow k_{21} < \cdots < k_{(n-1)1} < k_{n1}$，且 $0 < PC_3 < C_1C_2, C_2 > C_1, E_{201} - E_{211} > 0$。所以，$C_1 - PC_3 \geqslant 0, C_2 - PC_3 > 0, (C_2 - PC_3 + E_0)(E_{201} - E_{211}) > 0, (C_1 - PC_3) + (E_{201} + E_{211}) > 0$。因此：

$$(C_1 - PC_3)^2 + (C_1 - PC_3)(C_2 - C_1 + E_0) + (C_1 - PC_3)(E_{201} - E_{211}) < (C_1 - PC_3)^2 +$$
$$(C_1 - PC_3)(C_2 - C_1 + E_0) + (C_1 - PC_3)(E_{201} - E_{211}) + (C_2 - C_1 + E_0)(E_{201} - E_{211})$$

$$\Leftrightarrow \frac{C_1 - PC_3}{(C_1 - PC_3) + (C_2 - C_1 + E_0)} < \frac{(C_1 - PC_3) + (E_{201} - E_{211})}{(C_1 - PC_3) + (C_2 - C_1 + E_0) + (E_{201} - E_{211})}$$

即 $k_{11} < k_{21}$。

综上所述，有 $k_{11} < k_{21} < \cdots < k_{n1}$。

（2）因为 $E_0 > E_{n(n-1)n} > \cdots > E_{n12} > E_{n01} > E_{nnn} > E_{n(n-1)(n-1)} > \cdots > E_{n11}$，$C_1 - PC_3 > 0$，$C_2 - PC_3 > 0$，$E_{n(n-1)n} > E_{(n-1)(n-2)(n-1)} > \cdots > E_{312} > E_{201}$，所以，$E_{212} - E_{222} > 0$，进一步则有 $\dfrac{E_{212} - E_{222} + C_1 - PC_3}{E_{212} + C_2 - PC_3} > \dfrac{E_{212} - E_{222} + C_1 - PC_3}{E_0 + C_2 - PC_3} > \dfrac{C_1 - PC_3}{E_0 + C_2 - PC_3}$，即 $k_{11} < k_{22}$。

因为

$$\dfrac{C_2 - C_1 + E_{nnn}}{E_{n(n-1)n} + C_2 - PC_3} < \dfrac{C_2 - C_1 + E_{(n-1)(n-1)(n-1)}}{E_{(n-1)(n-2)(n-1)} + C_2 - PC_3}$$

$$\Leftrightarrow 1 - \dfrac{C_2 - C_1 + E_{nnn}}{E_{n(n-1)n} + C_2 - PC_3} > 1 - \dfrac{C_2 - C_1 + E_{(n-1)(n-1)(n-1)}}{E_{(n-1)(n-2)(n-1)} + C_2 - PC_3}$$

$$\Leftrightarrow \dfrac{-E_{nnn} + E_{n(n-1)n} + C_1 - PC_3}{E_{n(n-1)n} + C_2 - PC_3} > \dfrac{-E_{(n-1)(n-1)(n-1)} + E_{(n-1)(n-2)(n-1)} + C_1 - PC_3}{E_{(n-1)(n-2)(n-1)} + C_2 - PC_3} >$$

$$\cdots > \dfrac{-E_{222} + E_{212} + C_1 - PC_3}{E_{212} + C_2 - PC_3}$$

则有 $k_{22} < k_{33} < \cdots < k_{nn}$。

综上所述，有 $k_{11} < k_{22} < k_{33} < \cdots < k_{nn}$。

政府使得一家药品冷链物流企业自律与多家药品冷链物流企业自律的检查概率与药品冷链物流企业个数之间的函数关系如图 16-3 所示。

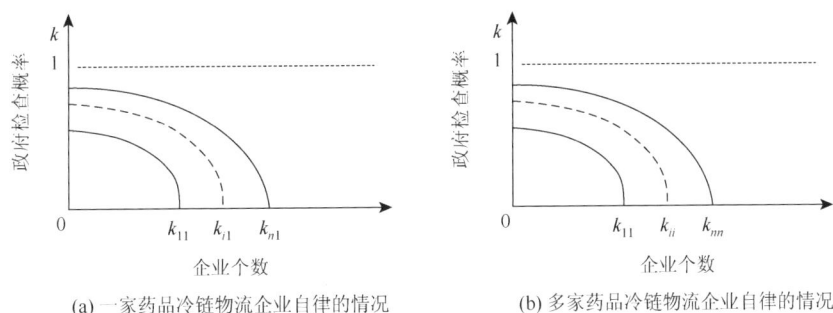

(a) 一家药品冷链物流企业自律的情况　　(b) 多家药品冷链物流企业自律的情况

图 16-3　政府检查概率随药品冷链物流企业个数增加的变化情况

定理 4 表明市场存在多个药品冷链物流企业时，药品冷链物流企业间存在激烈的竞争，并且相互影响，政府单一固定的监管机制无法有效监管这些状况，并且随着药品冷链物流企业数量的增加，政府监管失灵的现象会越来越严重。这就表示，当市场上不自律的药品冷链物流企业的个数不变时，随着药品冷链物流企业的个数增加，不自律的药品冷链物流企业的边际收益越大，此时药品冷链物流企业越倾向于不自律，这种情况下，政府必须加大检查概率才能达到有效监管的目的。

16.3 冷链物流系统服务质量治理对策

结合药品冷链行业存在的服务质量方面的问题以及模型的分析结果，本章从监管机构主体、法律法规建设以及监管体系三方面着眼，为改善我国冷链物流服务质量规制提出对策。

16.3.1 明确规制主体，建立健全责任追究机制

建立责任清晰、职责明确独立的冷链物流系统服务质量规制机构，同时加强相关服务质量的法制建设。中央和地方政府对相关规制部门的设定要做到权责明确，避免规制机构部门重叠以及规制部门越位与缺位等问题的发生，主要体现在执法方面。另外，我国药品冷链在执法方面存在权责不明晰，相互推卸责任等问题，这是造成我国冷链物流系统服务质量问题的重要影响因素。由于执法部门的懈怠及责任的不明晰，让冷链物流企业有机可乘，以降低服务质量为途径谋求更多的利润。通过明确规制主体，相关部门明确各自职权，能避免执法时的相互推诿与扯皮，端正工作态度，严格执法，也能引起相关冷链物流企业的重视，从而做到自律，减少冷链物流服务质量问题发生的概率。

16.3.2 完善相关法律法规，提高行业进入准则

我国政府在药品冷链行业规制方面的相关法律不够完善，存在诸多纰漏。相关冷链物流企业在利益的驱使下，钻法律的空子，导致冷链物流系统服务质量问题频发，而法律是政府规制最有效的武器，要想有效对冷链物流企业服务质量进行规制，首先需要完善相关的法律法规，做到有法可依。另外，我国也需加快完善冷链物流标准和服务规范体系，首先，要系统梳理和修订完善现行冷链物流各类标准，使得这些标准科学合理，便于操作；其次，要加快我国冷链物流不同标准之间以及与国际标准的衔接，然后确定科学的冷藏温度带标准，并形成覆盖全链条的冷链物流技术标准和温度控制要求；最后，要针对重要管理环节研究建立冷链物流服务管理规范，同时设定完善的进入准则，有效的进入准则的确立可以为后续政府的监管带来极大的便利，进入准则的设立是政府对于市场规制的主动出击，可以更好地保障市场安全有序。

16.3.3 加大监管检查力度，加大惩罚力度

政府部门的监管力度和处罚力度不够，是造成冷链物流企业不自律的重要

原因。当政府监管检查力度较小时,冷链物流企业不自律的概率将会加大;当药品冷链物流企业发生服务质量问题后,政府对该事件的处置成本越低,则企业的自律概率就越低。如果政府监管部门加大处罚力度,增加企业不自律的成本,药品冷链物流企业自律的概率就会提升,与此同时,企业的服务质量也会提升,因而政府需要通过加大监管力度,从而规制冷链物流企业和药品冷链物流企业的行为。同时,工业和信息化部、交通运输部应按职责分工负责,要充分发挥行业协会、第三方征信机构和各类现有信息平台的作用,完善冷链物流企业服务评价和信用评价体系,通过这些部门的监管以提高冷链物流行业的服务质量。

16.3.4 建立透明的信息平台,减少信息不对称

政府应建立透明的信息体制,鼓励药品冷链企业建立公共服务信息平台。在大数据时代,建立公共服务信息平台能方便政府对企业进行规制,有关药品冷链物流企业将信息发布到平台上后,不仅政府可以更好地进行监管,也可以让更多的消费者参与到监督管理中来。进一步,药品冷链物流企业因为信息的公开透明,将会更加重视规范冷链物流系统运行中的操作,更加注重树立企业在全社会的形象,企业在运营方面也将遵纪守法,药品冷链物流企业也将更倾向于选择自律。此外,政府之所以监管检查力度不到位,也是由于政府监管检查的成本太高,收效又不大,通过建立透明公开的信息共享平台,政府监管检查的成本能够大大降低,同时企业也将更加自律。但要求企业建立信息平台并非易事,政府也应加大政策扶持力度,提高相应的补贴。

16.4 本章小结

本章以冷链物流系统质量规制情况为研究对象,在分析我国冷链物流系统质量规制方面存在的问题的基础上,运用博弈论分别建立了政府与药品冷链物流企业之间一对一以及一对多的博弈监管模型,结果发现:①当市场上的药品冷链物流企业个数增加时,如果政府监管部门的检查概率不变,则被检查到的企业数量有限,药品冷链物流公司为了企业收益不自律的概率就越大,所以政府加大检查概率会提高药品冷链物流企业的服务质量;②当药品冷链物流企业发生服务质量问题后,政府对该事件的处置成本越低,则企业的自律概率就越低,如果政府监管部门加大处罚力度,增加企业不自律的成本,药品冷链物流企业自律的概率就会提升,与此同时,企业的服务质量也会提升。最后,通过对药品冷链行业存在的服务质量方面的问题的分析以及模型的分析结果,对提高冷链物流系统质量提

出建议：明确规制主体，建立健全责任追究机制；完善相关法律法规，提高行业进入准则；加大监管检查力度，加大惩罚力度；建立透明的信息平台，减少信息不对称。

参 考 文 献

[1] Lack D A, Cappa C D, Langridge J, et al. Impact of fuel quality regulation and speed reductions on shipping emissions: Implications for climate and air quality. Environmental Science and Technology, 2011, 45 (20): 9052-9060.

[2] 刘承毅，王建明. 声誉激励、社会监督与质量规制——城市垃圾处理行业中的博弈分析. 产经评论, 2014, 5 (2): 93-106.

[3] Baldwin R, Chenoweth L, Rama M D, et al. Quality failures in residential aged care in Australia: The relationship between structural factors and regulation imposed sanctions. Australasian Journal on Ageing, 2014, 34 (4): 7-12.

[4] Gunnarsdottir M J, Gardarsson S M, Jonsson G S, et al. Chemical quality and regulatory compliance of drinking water in Iceland. International Journal of Hygiene and Environmental Health, 2016, 219 (8): 724-733.

[5] 康永娟. 医药品冷链物流发展策略探析. 商场现代化, 2009, (19): 63-64.

[6] 熊颖, 田超. 我国医药冷链物流发展现状及其问题浅析. 现代营销 (下旬版), 2011, (5): 147.

[7] 师绘敏. 我国医药冷链物流发展中存在的问题及对策研究. 中国医药指南, 2012, 10 (19): 398-399.

[8] 张绚绚, 邵蓉. 日本药品质量规制及对我国的启示. 中国医药工业杂志, 2014, 45 (1): 88-94.

[9] Schaller B. Entry controls in taxi regulation: Implications of US and Canadian experience for taxi regulation and deregulation. Transport Policy, 2007, 14 (6): 490-506.

[10] Darbéra R. Taxicab regulation and urban residents' use and perception of taxi services: A survey in eight cities. Post-Print, 2010, 44 (44): 2508-2519.

[11] 陈红丽, 栗巾瑛, 刘永胜. 生鲜食品冷链物流服务质量研究述评. 物流技术, 2011, 30 (19): 32-34.

[12] 田雪, 郑彩云. 生鲜产品冷链物流服务质量研究. 中国储运, 2016, (2): 115-117.

后　　记

近年来，随着全球贸易规模的不断扩大以及信息技术的飞速发展，物流行业迈入了一个前所未有的黄金时期，其中，冷链物流的发展势头尤为强劲。美国、日本等发达国家较早地对冷链物流系统展开了理论研究，其政府也相继出台并完善了有关法律法规，并培育了一批知名的跨国冷链物流企业。发达国家或地区的冷链物流体系构建工作已基本完成，而我国的冷链物流行业仍处于起步阶段，尚存在一系列问题：行业标准尚未统一，市场化程度低，供应链缺乏整体规划，冷藏冷冻技术不能满足实践需要，信息化水平不高等。因此，我国冷链物流企业面临难得的发展机遇，但也面临各种复杂的风险，需要企业界和学术界深入探讨。

本书在借鉴众多国内外学者的研究成果基础上，从风险管理的视角对冷链物流系统存在的各种主要风险进行定性与定量研究。全书主要包括冷链物流系统的脆弱性风险、运营风险及商业模式风险分析、风险评估与风险治理等几部分内容，并利用风险分析工具建立了相应的定量分析模型，以期对冷链实践提出有针对性的建议。

本书得到了国家自然科学基金项目（71563030，71263040）、江苏高校品牌专业建设工程资助项目（TAPP）、江苏高校优势学科建设工程资助项目（PAPD）的资助，在此表示感谢！本书是团队集体协作的产物，参与本书编写与讨论的研究人员有屠羽、王圆缘、王雪娇、陈虹、周叶等，他们在资料收集、文献整理、数据处理、文字校对等方面做了大量工作。另外，南京信息工程大学雷丁学院的Burak Sungu博士也给出了很多建议，在此一并表示感谢！